高职高专计算机教学改革 **新体系** 教材

# Java Web 程序设计

魏　勇 编著

清华大学出版社
北　京

## 内 容 简 介

Java Web 是用 Java 技术来解决相关 Web 互联网领域技术问题的。Java Web 是由一组 Servlet、HTML 网页、类以及其他可以被绑定的资源构成，可以在各种供应商提供的实现 Servlet 规范的 Servlet 容器中运行。Java 在服务器端的应用非常广泛，比如 Servlet、JSP 和第三方框架等。

为方便读者快速入门，本书从一个 Hello World 引入 Servlet/JSP 编程。第 3 章是全书重点，在进一步阐述了 Servlet/JSP 基本结构的基础上，介绍了 Java Web 编程时常用到的跟踪技术，以及 JSP 中启用 JavaBean 和 MVC 结构等。为与企业实际开发衔接，本书还介绍了 Spring MVC。后面的章节展开了对连接数据库、配置服务端容器等技术的讲述。除此以外，还介绍了 Java Web 编程中的一些高级技术，如怎样处理中文乱码，如何实现过滤器/监听器、EL 表达式及 JSTL 标签，如何自定义标签等。最后一章简单介绍了前端编程语言 JavaScript，以及在实际开发中常用到的 JQuery 和 Ajax 技术。

本书注重实战，每一部分内容均从一个实例开始，重点问题配合例子讲解。

本书适合作为大专院校计算机相关专业高年级学生学习 Java Web 开发技术的教材，也适合作为 Java 工程开发人员的参考用书。



**图书在版编目(CIP)数据**

Java Web 程序设计/魏勇编著. —北京：清华大学出版社，2020.9（2021.8重印）
高职高专计算机教学改革新体系教材
ISBN 978-7-302-54445-6

Ⅰ. ①J…　Ⅱ. ①魏…　Ⅲ. ①JAVA 语言－程序设计－高等职业教育－教材　Ⅳ. ①TP312.8

中国版本图书馆 CIP 数据核字(2019)第 264258 号

**责任编辑**：颜廷芳
**封面设计**：常雪影
**责任校对**：袁　芳
**责任印制**：杨　艳

**出版发行**：清华大学出版社
　　**网　　址**：http://www.tup.com.cn，http://www.wqbook.com
　　**地　　址**：北京清华大学学研大厦 A 座　　**邮　　编**：100084
　　**社 总 机**：010-62770175　　**邮　　购**：010-62786544
　　**投稿与读者服务**：010-62776969，c-service@tup.tsinghua.edu.cn
　　**质量反馈**：010-62772015，zhiliang@tup.tsinghua.edu.cn
　　**课件下载**：http://www.tup.com.cn，010-83470410
**印 刷 者**：北京富博印刷有限公司
**装 订 者**：北京市密云县京文制本装订厂
**经　　销**：全国新华书店
**开　　本**：185mm×260mm　　**印　　张**：16.75　　**字　　数**：423 千字
**版　　次**：2020 年 9 月第 1 版　　**印　　次**：2021 年 8 月第 2 次印刷
**定　　价**：49.00 元

产品编号：084318-01

# 前言

FOREWORD

Java Web 是用 Java 技术来解决相关 Web 互联网领域技术问题的，包括 Web 服务器和 Web 客户端两部分。Java 在服务器端的应用非常广泛，比如 Servlet、JSP 和第三方框架等。

国内外现存同类教材在内容组织上已比较成熟。但普遍注重以学科为中心，编排形式以介绍 Java 程序设计知识为主，辅以例子加以验证。由于 Java 系统庞大，引入概念较多，初学者难以入门。

为了贯彻“以能力本位教育为基础，以提高职业素质为目的”的指导思想，我们把教学目标定位在：职业技能培养与训练贯穿于高职教学的全过程，重点培养学生分析和解决岗位实际问题的能力。

本书打破传统的以学科为中心的体系，内容编排贴近实际开发环境，时刻遵循能力培养规律，并结合课程实际，设计了与课程能力目标要求密切结合的工作任务模块，采用由简单到复杂的递进方式进行教学设计。将理论讲解与实训操作密切结合，在完成任务的过程中，使学生掌握分析问题和解决问题的能力，体验到知识的应用价值。

本书基于工作任务确定课程的学习任务，突出职业素质培养，以工作过程为导向贯穿全书。本书中的工作任务分别由实例、分析、代码实现、测试与运行、技术分析、问题与思考 6 个步骤来完成，其中部分章节对源代码进行了解析。每个步骤需要达到的目的如下。

(1) 实例：提出任务。

(2) 分析：提出实现任务的基本程序框架和主要算法等。

(3) 代码实现：用 Java 语句给出实现程序的完整的源程序，并对重点语句进行分析和说明。读者可以逐步锻炼写出自己的源程序，从而达到最终完成设计和编写源程序的目的。

(4) 测试与运行：对以上程序进行测试。有时用几组数据直接运行以上程序进行测试，有时需要编写测试程序，并对结果进行基本的分析。

(5) 技术分析：对引出的知识需要系统地整理。如果按学科体系组织教学内容，这个步骤应放在最前，然后再通过一些例子验证。基于工作过程，与以往教材不同的是，本书每个具体内容都先让读者知道如何做，再去梳里做的过程中所涉及的知识。

(6) 问题与思考：对学习过程中存疑的一些问题展开讨论，既可以为以后的知识做一些铺垫，也可以对所学内容起到举一反三的作用。

书中程序都调试通过，因此读者在上机实践时，都可以运行程序。

为帮助读者理解和进一步开展实验，本书提供了配套软件对应源代码，可以展示所有例子实际运行的效果。同时，书中还配套二维码视频资源，供读者学习使用。

书中难免有疏漏之处，欢迎业内专家和读者朋友批评、指正。

编　者

2020 年 5 月

# 目录

CONTENTS

第 1 章

# 初试 Servlet/JSP 编程

Chapter 1

## 1.1 Servlet 程序

**知识要点**

1. Servlet 的基本概念
2. Tomcat 的安装配置

网页本身是一种文本文件，而 HTML(HyperText Marked Language)则是编写网页的主要语言。

**例 1-1** 利用 HTML 编写一个输出 Hello World 的网页。

```
<html>
  <head>
    <title>一个简单的 HTML 示例</title>
  </head>
  <body>
    <h1>Hello World</h1>
  </body>
</html>
```

将以上源代码保存在文件 helloworld.html 中，用浏览器打开，可以看到图 1-1 所示的效果。

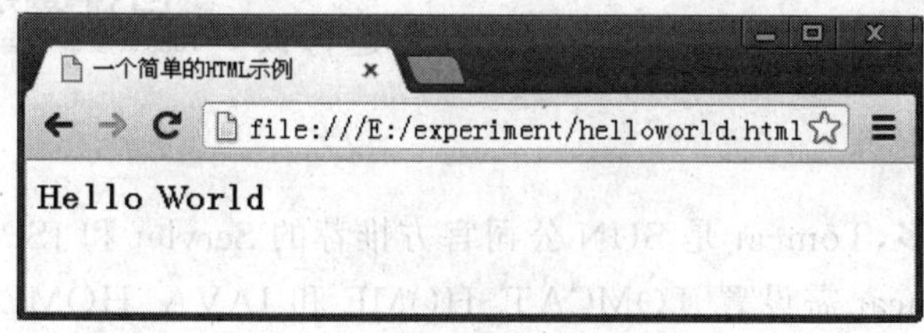


**图 1-1 HTML 示例**

HelloWorld-Servlet.wmv

Servlet 是用 Java 程序编写的服务器端程序，这一部分讨论了如何用 Java 编写 Servlet，以及如何实现服务器端与客户端的动态交互。

### 1. 实例

用 Java 编写 Servlet 程序，先发送一个 HTML 网页。

### 2. 分析

编写 Servelt 程序，首先应该继承 HttpServlet，然后根据是 GET 的 POST 请求，覆盖

doGet()、doPost()方法。

**3. 代码实现**

```
1.  import java.io.*;
2.  import javax.servlet.*;
3.  import javax.servlet.http.*;

4.  public class HelloWorld extends HttpServlet {
5.    public void doGet(HttpServletRequest request, HttpServletResponse response)
6.    throws ServletException, IOException {
7.      response.setContentType("text/html");
8.      PrintWriter out=response.getWriter();
9.      out.println("<html>" );
10.     out.println("<head><title>Hello World</title></head>" );
11.     out.println("<body>" );
12.     out.println("<h1>Hello World</h1>" );
13.     out.println("</body></html>");
14.   }
15.   public void doPost(HttpServletRequest request,
16.   HttpServletResponse response)
17.   throws ServletException, IOException {
18.     doGet(request, response);
19.   }
20. }
```

程序中第 7～13 行向客户端浏览器发送网页。out 是 PrintWriter 对象，println()方法把网页作为字符串发送到客户端浏览器。

**4. 测试与运行**

Tomcat 安装和运行.wmv

程序编写好后，还需选择一个 Web 容器发布 Servlet 动态网页，本书用的是 Tomcat。下面介绍如何配置 Tomcat 环境，以及如何运行该程序。

(1) Tomcat 的安装

支持 Servlet/JSP 的容器有很多，Tomcat 是 SUN 公司官方推荐的 Servlet 和 JSP 容器。

在 Windows 环境下，运行 Tomcat 需设置 TOMCAT_HOME 和 JAVA_HOME 两个环境变量，假设 Tomcat 安装在 D:\tomcat8 目录下，环境变量设置如图 1-2 所示。

假设 JDK 安装在 D:\Program Files\Java\jdk1.8.0_131 目录下，JAVA_HOME 设置如图 1-3 所示。

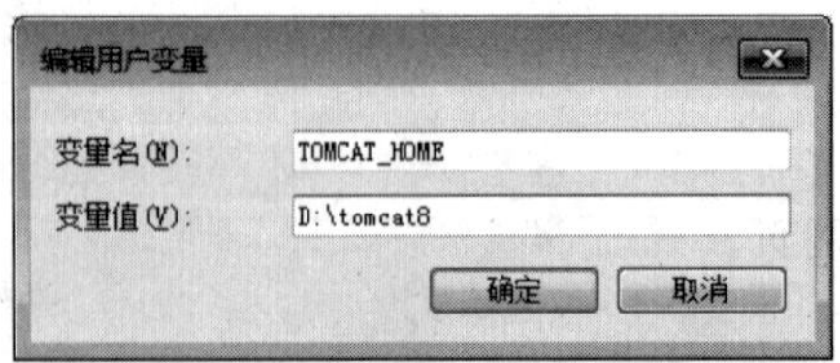

图 1-2 设置 TOMCAT 环境变量

图 1-3 设置 Java 环境变量

(2) 启动和测试 Tomcat

设置完毕就可以运行 Tomcat 服务器了。进入 Tomcat 安装目录下的 bin 目录，运行 startup 程序，启动 Tomcat，运行 shutdown 程序，关闭 Tomcat。启动完成后，在浏览器中输入 http://localhost:8080/，如图 1-4 所示。

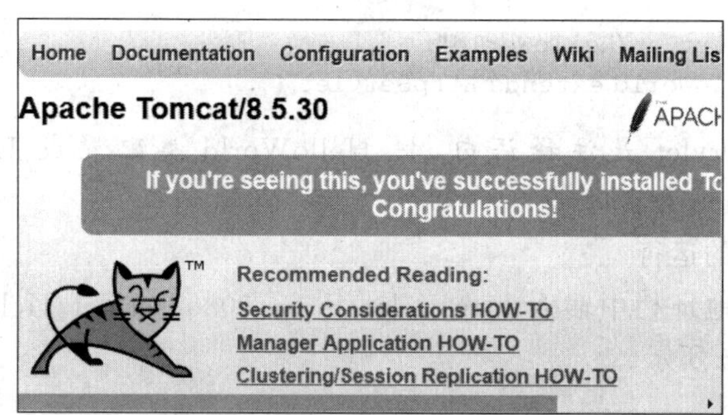


图 1-4　正确启动 Tomcat 后的界面

(3) 编译

在编译 Servlet 程序之前，要确保 servlet.jar 和 jsp.jar 加入 CLASSPATH 变量。CLASSPATH 变量应该包含当前目录(即在 CLASSPATH 中包含“.”)。

Tomcat 安装目录下的 common\lib 目录有一个文件 servlet-api.jar，把它加入到 CLASSPATH 变量中也可以。如：set classpath=%classpath%;C:\tomcat\common\lib\servlet-api.jar。

或者在编译的时候给出 classpath 的路径，如：javac HelloWorld.java-classpath C:\tomcat\common\lib\servlet-api.jar。HelloWorld.java 是要编译的文件名。

Tomcat 中的应用程序按一定目录结构来组织，Web 应用下的 WEB-INF 目录很重要，通常在 WEB-INF 目录下有一个 web.xml 文件和一个 classes 目录，web.xml 是该应用的配置文件，而 classes 目录下则包含编译好的 Servlet 类以及 JSP 或 Servlet 所依赖的其他类。应用程序所依赖的类可以打包成 JAR 文件放到 WEB-INF 下的 lib 目录下，虽然也可以放到系统的 CLASSPATH 变量中，但那样做会导致程序的移植和管理困难。编译后的类文件 HelloWorld.class 需放置在<CATALINA_HOME>/webapps/ROOT/WEB-INF/classes 目录下。

(4) 部署 Servlet

Servlet 是用 Java 编写的一个服务器端程序，还需要为它配置一个 URL 地址。为此需要在文件 web.xml 中配置。在文件中加入下面的内容。

```
<servlet>
    <servlet-name>HelloWorld</servlet-name>
    <servlet-class>HelloWorld</servlet-class>
</servlet>

<servlet-mapping>
    <servlet-name>HelloWorld</servlet-name>
    <url-pattern>/servlet/HelloWorld</url-pattern>
</servlet-mapping>
```

在配置文件中,<servlet>标签把 HelloWorld 类配置为名为 HelloWorld 的 Servlet,<servlet-mapping>标签为该 Servlet 配置 URL 地址:/servlet/HelloWorld。

**注意** 较高版本的 JDK 可直接在程序中用注释语句把 HelloWorld 类配置为一个 Servlet,语句如下:

```
@WebServlet("/servlet/HelloWorld")
public class HelloWorld extends HttpServlet {...}
```

第一行@WebServlet 是注释语句,把 HelloWorld 类配置成 URL 地址为/servlet/HelloWorld 的一个 Servlet。

(5) Servlet 程序的运行

启动 Tomcat,在地址栏中输入 http://localhost:8080/servlet/HelloWorld,可以看到程序的运行结果如图 1-5 所示。

图 1-5 运行 Servlet 程序的结果

**5. 技术分析**

(1) CGI 和 Servlet 概念

用户一般在用户界面通过一个表单填写数据并传送到 Server,让 Server 的 CGI 程序处理。CGI(Common Gateway Interface)是一个用于 Web 服务器与外部程序之间交互的标准接口,使得外部程序能生成 HTML、图像或者其他内容,而服务器处理的方式与那些非外部程序生成的 HTML、图像或其他内容的处理方式是相同的。因此,CGI 程序不仅能生成静态内容,而且也能生成动态内容。CGI 是一个定义良好并被广泛支持的标准。

Servlet 相当于使用 Java 技术的 CGI。Servlet 程序在服务器端运行,动态地生成 Web 页面。与传统的 CGI 和许多其他类似 CGI 的技术相比,Java Servlet 具有更高的效率,其功能更强大,具有更好的可移植性,更节省资金。

(2) Servlet 处理请求方式

Servlet 可以处理 GET 请求。所谓的 GET 请求,可以把它看成是用户提交没有指定 METHOD 的表单所发出的请求。Servlet 也可以很方便地处理 POST 请求,POST 请求是用户提交那些指定了 method="POST"的表单时所发出的请求。

Servlet 的 doGet()和 doPost()方法都有两个参数,分别为 HttpServletRequest 类型和 HttpServletResponse 类型。HttpServletRequest 类型提供访问有关请求的信息,例如表单数据、HTTP 请求头等。HttpServletResponse 除了提供用于指定 HTTP 应答状态(200、404 等)、应答头(Content-Type、Set-Cookie 等)的方法之外,最重要的是它提供了一个用于向客户端发送数据的 PrintWriter。对于简单的 Servlet 来说,它的大部分工作是通过 println 语句生成向客户端发送的页面。

doGet()和 doPost()方法会抛出两个异常,因此必须在声明中包含二者。另外,还必须导入 java.io 包(包含 PrintWriter 等类)、javax.Servlet 包(包含 HttpServlet 等类)以及 javax.

Servlet.http 包(包含 HttpServletRequest 类和 HttpServletResponse 类)。

doGet()和 doPost()这两个方法是由 service()方法调用的,有时可能需要直接覆盖 service()方法。Servlet 处理 GET 和 POST 两种请求时,要输出 HTML 还有两个额外的步骤要做:告诉浏览器接下来发送的是 HTML;修改 println()语句,构造出合法的 HTML 页面。

#### 6. 问题与思考

试编写 Servlet 程序,输出自己的姓名。

**提示** 为了防止乱码,最好在 Servlet 程序中加上以下两条语句。

```
response.setContentType("text/html;charset=GBK");
request.setCharacterEncoding("GBK");
```

## 1.2 JSP 程序

**知识要点**

1. JSP 的基本概念
2. JSP 在 Tomcat 中的配置

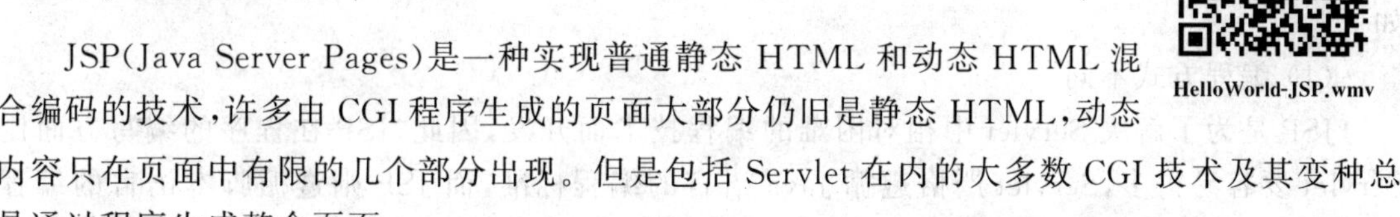

HelloWorld-JSP.wmv

JSP(Java Server Pages)是一种实现普通静态 HTML 和动态 HTML 混合编码的技术,许多由 CGI 程序生成的页面大部分仍旧是静态 HTML,动态内容只在页面中有限的几个部分出现。但是包括 Servlet 在内的大多数 CGI 技术及其变种总是通过程序生成整个页面。

#### 1. 实例

用 Java 编写 JSP 程序,发送一个 HTML 网页。

#### 2. 分析

JSP 遵循脚本语言的编制标准,是为解决 Servlet 中编程的困难而开发的技术,因此 JSP 在程序的编写方面比 Servlet 要容易得多。

#### 3. 代码实现

```
1.  <html>
2.    <head>
3.      <title>一个简单的 JSP 示例</title>
4.    </head>
5.    <body>
6.      <h1><%out.println("Hello World");%></h1>
7.    </body>
8.  <html>
```

程序中的第 6 行向浏览器发送 Hello World。程序中 out 是 JSP 的默认对象,可以直接引用,不像在 Servlet 中需先定义。该语句可以简写为<%="Hello World"%>。

**4. 测试与运行**

继续用 Tomcat 作为 Web 容器。把该文件存放在<CATALINA_HOME>/webapps/ROOT 目录下，然后在浏览器地址栏中输入 http://localhost:8080/HelloWorld.jsp，JSP 程序运行效果如图 1-6 所示。

http://localhost:8080/HelloWorld.jsp

Hello World

图 1-6 运行 JSP 程序的结果

**5. 技术分析**

Servlet 是一种在服务器端运行的 Java 程序，Sun 首先发展 Servlet，其功能较强，体系设计也较先进，只是它输出 HTML 语句还是采用了老的 CGI 方式，是一句一句输出，所以编写和修改 HTML 非常不方便。

后来 Sun 推出 JSP，把 JSP 标签(Tag)镶嵌到 HTML 语句中，大大简化和方便了网页的设计与修改。虽然 JSP 是以 Servlet 为基础开发的，但两者有诸多不同，Servlet 与 JSP 区别如下。

(1) 编程方式不同

JSP 是为了解决 Servlet 中相对困难的编程技术而开发，因此，JSP 在程序的编写方面比 Servlet 要容易得多，Servlet 严格遵循 Java 语言的编程标准，而 JSP 则遵循脚本语言的编程标准。

(2) Servlet 必须在编译以后才能执行

JSP 并不需要另外进行编译，JSP 容器会自动完成这项工作，而 Servlet 在每次修改代码之后都需要编译完才能执行。

(3) 运行速度不同

由于 JSP 容器将 JSP 程序编译成 Servlet 的时候需要一些时间，所以 JSP 的运行速度比 Servlet 要慢一些。不过 JSP 页面处理过程能够做到一次加载可多次重复执行，即 JSP 容器接到请求以后会确认传递过来的 JSP 是否有改动，如果没有改动，将直接调用 JSP 编译过的 Servlet 类，并提供给客户端解释执行；如果 JSP 文件有所改变，JSP 容器将重新将它编译成 Servlet 类，然后再提交给客户端。

**6. 问题与思考**

编写 JSP 程序，输出自己的姓名。

**提示** 为了防止乱码，最好在 JSP 中第一行加上语句：

```
<%@ page language="java" contentType="text/html;charset=GBK" %>
```

第2章

# HTML 入门

Chapter 2

## 2.1 HTML 基本知识

**知识要点**

1. HTML 的基本结构
2. HTML 的<a>标签
3. HTML 的<table>标签

用 HTML 编写的超文本文档称为 HTML 文档，它独立于操作系统平台。一直被用作 WWW（World Wide Web）的信息表示语言，用于 Homepage 的格式设计和 WWW 上 Homepage之间的连接信息。使用 HTML 语言描述的文件，需要通过 WWW 浏览器显示出效果。

**1. 实例**

下面通过实例介绍一个很重要的实现超链接的<a>标签，设计一个链接到例 1-1 的网页。

**2. 分析**

锚标签<a></a>用来定义一个超链接，超链接的目标用 href 属性来定义。链接可以是绝对的，比如完整的 http://www.baidu.com；也可以是相对的，即相对于当前页面来说。所以，假设有另外一个 HTML 文档 hello.html，而该文档又恰与当前页面在同一个目录下，其中一行代码可以写成<a href="hello.html">到另一个网页</a>。

超链接不仅可以链接到其他的 HTML 文档，也可以链接到页面上的其他文件。

**3. 代码实现**

```
1.  <html>
2.    <head>
3.      <title>超链接</title>
4.    </head>
5.    <body>
6.      单击<a href="helloworld.html">这里</a>转到其他网页
7.    </body>
8.  </html>
```

程序中第 6 行<a>标签的 href 参数列出链接的网页。

#### 4. 测试与运行

在浏览器中打开 link.html 后，效果如图 2-1 所示。

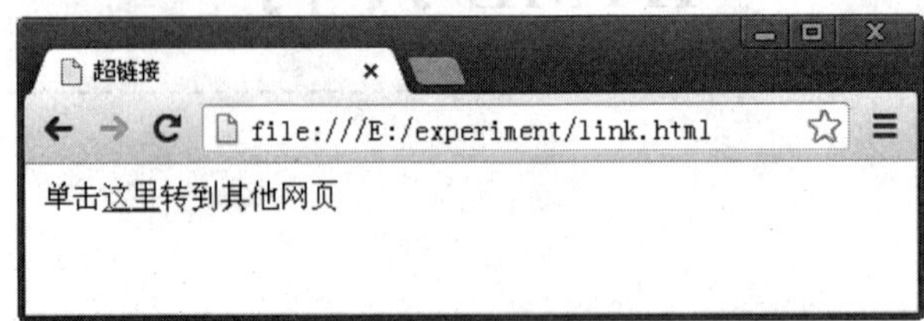


图 2-1 打开该网页后的效果

单击“这里”超链接，转到了另一个网页，如图 2-2 所示。

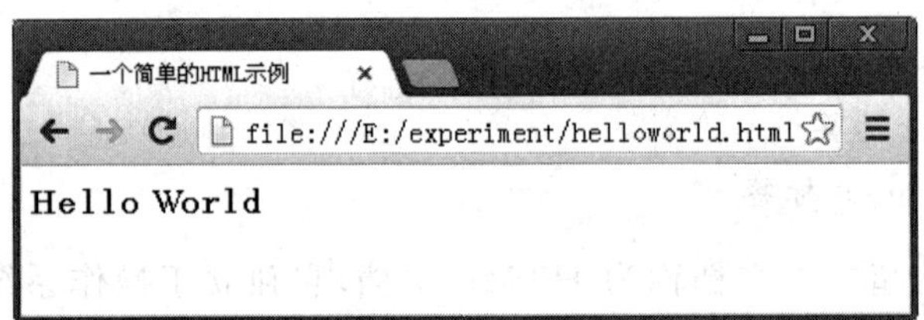


图 2-2 链接的网页

#### 5. 技术分析

HTML 可以加入图片、声音、动画、影视等内容，还可以从一个文件跳转到另一个文件，与世界各地主机的文件相链接。

(1) HTML 的基本结构

超文本文档分文档头和文档体两部分。在文档头里对这个文档进行了一些必要的定义，而在文档体中才是要显示的各种文档信息。

```
<html>
    <head>
        头部信息
    </head>
    <body>
        文档主体，正文部分
    </body>
</html>
```

HTML 语言使用标签对的方法编写文件，既简单又方便，它通常使用<标签名></标签名>来表示标签的开始和结束(例如<html></html>标签对)，因此，在 HTML 文档中这样的标签对都必须是成对使用的。下面首先介绍一下 HTML 的基本标签。

(2) <html></html>

<html>标签用于 HTML 文档的最前边，用来标识 HTML 文档的开始。而</html>标签则恰恰相反，它放在 HTML 文档的最后边，用来标识 HTML 文档的结束。两个标签必须成对使用。

(3) <head></head>

<head>和</head>构成 HTML 文档的开头部分,在此标签对之间可以使用<title></title>、<script></script>等标签对,这些标签对都是用来描述 HTML 文档相关信息的,<head></head>标签对之间的内容是不会显示出来的,所有标签必须成对使用。

(4) <body></body>

<body></body>是 HTML 文档的主体部分,在此标签对之间可包含<p>、</p>、<h1>、</h1>、<br>、<hr>等众多的标签,它们所定义的文本、图像等将会显示出来。其中<html>在最外层,表示这对标签间的内容是 HTML 文档。有一些 Homepage 省略<html>标签,因为.html 或.htm 文件被 Web 浏览器默认为是 HTML 文档。<head> 之间包括文档的头部信息,如文档总标题等,若不需头部信息,则可省略此标签。<body> 标签一般不省略,表示正文内容的开始。

(5) <title></title>

使用过浏览器的人可能都会注意到浏览器窗口最上边蓝色部分显示的文本信息,那些信息一般是网页的"主题",要将网页的主题显示到浏览器的顶部其实很简单,只要在<title></title>标签对之间加入要显示的文本即可。

**注意** <title></title>标签对只能放在<head></head>标签对之间。

(6) 表格

表格由<table>标签来定义。每个表格均有若干行,由<tr>标签定义,每行被分割为若干单元格,由<td>标签定义。字母 td 是指表格数据(table data),即数据单元格的内容。数据单元格可以包含文本、图片、列表、段落、表单、水平线、表格等。

```
<table border="1">
    <tr>
        <td>row 1, cell 1</td>
        <td>row 1, cell 2</td>
    </tr>
    <tr>
        <td>row 2, cell 1</td>
        <td>row 2, cell 2</td>
    </tr>
</table>
```

浏览器显示结果如图 2-3 所示。

| row 1, cell 1 | row 1, cell 2 |
|---|---|
| row 2, cell 1 | row 2, cell 2 |

图 2-3 简单表格效果

如果不定义边框属性,表格将不显示边框。

### 6. 问题与思考

(1) 利用超链接标签<a>编写网页,当单击本校名称后,链接到本校的网站。

(2) 分别用 Servlet 和 JSP 编写程序,当一个表单提交后,提示接收到了表单请求。

(3) 用 JSP 编写程序,输出九九乘法表。

## 2.2 在 HTML 中运用 CSS

**知识要点**

1. CSS 样式规则构成
2. CSS 的选择器
3. CSS 操作字体
4. CSS 控制文字定位
5. CSS 改变列表前标识
6. CSS 控制元素的背景
7. CSS 控制空格及边框

CSS(Cascading Style Sheet)即样式表。CSS 可以扩展 HTML 的功能。

**1. 实例**

编写程序 HTML 网页，设置超链接和<p>标签的字体和背景颜色。

**2. 分析**

CSS 可以重新定义 HTML 元素的显示方式。CSS 样式表通常在 HTML 里的<style>标签中定义。

**3. 代码实现**

```
1.   <html>
2.     <head>
3.       <style>
4.         a {color: red}
5.         p {background-color:blue; color:white}
6.       </style>
7.     </head>
8.     <body>
9.         <a href="http://www.sziit.com.cn">深圳信息职业技术学院</a>
10.        <p>注意字体和背景颜色</p>
11.    </body>
12.  </html>
```

程序第 3～6 行中，a {color: red}用于设置超链接文字颜色为红色，p {background-color: blue; color:white}用于设置<p>标签的字体颜色为白色，背景用蓝色。

**4. 测试与运行**

用浏览器打开 cssshow.html 网页，结果如图 2-4 所示。

从结果中可以看到，超链接文字是红色字体，在<p>标签中的内容是白色字体、蓝色背景，这都是由网页中的<style>标签设置的效果。

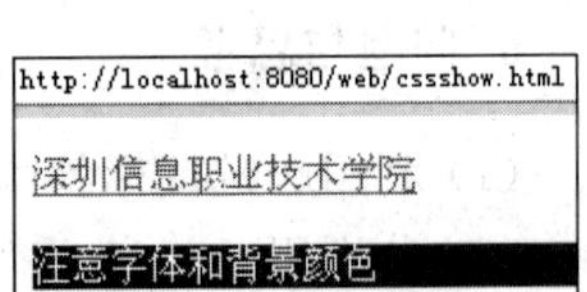


图 2-4 CSS 示例

**5. 技术分析**

(1) CSS 的定义

CSS 所能改变的属性包括字体、文字间的空间、列表、颜色、背景、页边空白(margin)、位置等。CSS 的每一条定义都有如下的形式。

```
selector {property:value; property:value; ...}
```

内容说明如下。

① selector 有三种形式。第一种是 HTML 的标签,比如 p、body、a 等;第二种是 class;第三种是 id。

② property 是指那些将要被修改的属性,比如 color。

③ value 是给 property 的值,比如给 color 的值可以是 red。

请看下面的一个典型定义。

```
A {color: red}
```

即定义所有的超链接文字为红色。

一个样式表由样式规则组成,告诉浏览器怎样去呈现一个文档。有许多将样式规则加入到 HTML 文档中的方法,最简单的方法是使用 HTML 的 style 组件。该元素放置于文档的 HEAD 部分,包含网页的样式规则。

每个规则的组成包括一个选择符,通常是一个 HTML 的元素,如 body、p 等。

有很多的属性可以用于定义一个元素。每个属性带一个值,共同地描述选择符应该如何呈现。

样式规则组成如下:

```
选择符 {属性: 值}
```

单一选择符的复合样式声明应该用分号隔开,如下所示。

```
选择符 {属性 1: 值 1; 属性 2: 值 2}
```

下面一段代码定义了 h1 和 h2 元素的颜色和字体大小属性。

```
<head>
    <title>CSS 例子</title>
    <style type="text/css">
        h1 {font-size: x-large; color: red}
        h2 {font-size: large; color: blue}
    </style>
</head>
```

上面的代码告诉浏览器用加大、红色字体去显示一级标题,用加大、蓝色字体去显示二级标题。CSS1 规格正式地定义了所有的有效属性和值。

(2) CSS 的 selector

CSS 有三种 selector,分别是 HTML selector、class selector 和 id selector。

① HTML selector。HTML selector 就是 HTML 的标签,比如 p、div、td 等。如果用 CSS 定义了它们,在网页中对应标签的性质就按照定义来显示,HTML selector 的语法如下:

```
tag {property:value}
```

假如 h1 的颜色是红色的，应定义为：

```
h1 {color: red}
```

CSS 可定义多个 selector 在一个规则里，比如：

```
h1, h2, td {color: red}
```

该定义让所有的 h1、h2 和 td 的颜色都为红色。

② class selector。class selector 有如下两种。

第一种叫相关 class selector，它只与一个 HTML 标签有关系，其语法如下：

```
tag.Classname {property:value}
```

比如想让一些而不是全部 h2 的颜色是红色的，可以这样定义：

```
<html>
    <head>
        <style>
            h2.redone {color: red}
        </style>
    </head>
    <body>
        <h2>This is h2</h2>
        <h2 class=redone>This is red h2</h2>
        This is h2
        This is red h2
    </body>
</html>
```

效果如图 2-5 所示。

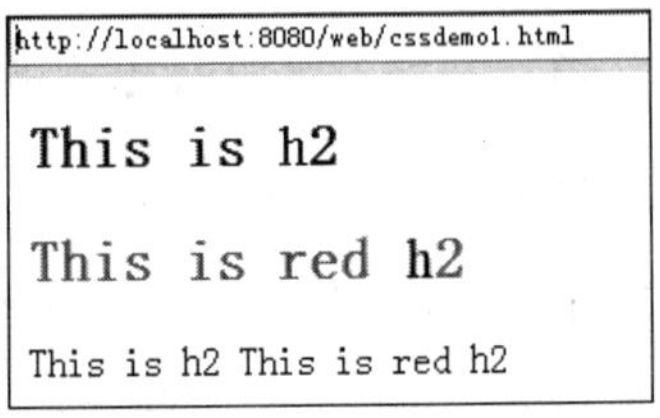

http://localhost:8080/web/cssdemo1.html

This is h2

This is red h2

This is h2 This is red h2

图 2-5 定义部分颜色

**注意** 只有第二行才显示红色。

第二种是独立 class selector，它可以被不同 HTML 标签所应用，其语法如下：

```
.Classname {property:value}
```

假如有下面这个定义：

```
.blueone {color: blue}
```

那么可以把它应用到不同的标签中，例如有下面的 HTML 文件：

```
<html>
    <head>
        <style>
            .blueone {color:blue}
        </style>
    </head>
    <body>
        <h2 class="blueone">Blue h2</h2>
        <p class="blueone">Blue paragraph</p>
```

```
        Blue h2
        Blue paragraph
    </body>
</html>
```

在浏览器中运行的效果如图 2-6 所示。

显然,class selector 有更多的设置空间。

③ id selector。id selector 其实与独立 class selector 的功能一样,区别在于它们的语法和用法不同。其语法如下:

```
#IDname {property:value}
```

假如有下面的定义:

```
#redone {color: red}
```

可以运用这个定义到任何有同样 id 名字的标签,比如下面的网页:

```
<html>
    <head>
        <style>
            #redone {color: red}
        </style>
    </head>
    <body>
        <p id="redone">text here</p>
        text here
    </body>
</html>
```

显示效果如图 2-7 所示。

| Blue h2<br>Blue paragraph<br>Blue h2 Blue paragraph |
|---|

**图 2-6 class selector 效果**

| text here<br>text here |
|---|

**图 2-7 id selector 效果**

有 id 的 HTML 元素可以被 CSS 和 JavaScript 操作。

(3) CSS 对字体的操作

CSS 对字体的操作就是控制元素中字体的形状、大小、风格。

① 字形。CSS 用来控制字形的属性是 font-family,可以用它来决定任何一个元素中文字的字形。比如下面的 HTML 文件:

```
<html>
    <head>
        <style>
            p.v {font-family: Verdana}
            h1.h {font-family: arial}
        </style>
    </head>
```

```
    <body>
        <p id="v">段落用 Verdana 字体</p>
        <h1>标题用 Arial 字体</h1>
    </body>
<html>
```

显示效果如图 2-8 所示。

段落用 Verdana 字体

标题用Arial字体

**图 2-8　字体变化**

有时所给的字体浏览器不一定有，可以多设几种，如：

```
p {font-family: Verdana, Forte, "Times New Roman"}
```

上面这个定义可以使得浏览器先用 Verdana，如果没有就用 Forte，以此类推。

② 大小。用来控制字体大小的属性是 font-size，如：

```
p.f12 {font-size: 12pt}
p.f18 {font-size: 18pt}
```

③ 斜体。如果想让字体成为斜体，要用 font-style 属性，如：

```
p {font-style: italic}
```

④ 加重。用 font-weight 来调节文字的粗细，如：

```
p.bold {font-weight: bold}
```

font-style 可能的值是 lighter、normal、bold 或 bolder。

(4) CSS 控制网页中的文字定位

CSS 控制的文字定位属性包括以下方面。

① 行距。CSS 中的 line-height 可以调整行距离，如：

```
p.double {line-height: 2}
```

如果让 line-height 设置的值越大，行距就越大。

② 看齐。包括左看齐、右看齐、居中等，如：

```
p.right {text-align: right}
p.center {text-align: center}
p.justify {text-align: justify}
```

text-align 属性可以是 left、right、center 或 justify。

③ 段落的首行空格。如果想让第一行的开头空几格，可以用 text-indent，如：

```
p {text-indent: 1cm}
```

④ 字母的大小写。处理英文时可以用 text-transform 属性来改变英文的大小写。比如让每个字的第一个字母大写，可以这样定义：

```
p.capitalize {text-transform: capitalize}
```

```
p.up {text-transform: uppercase}
p.low {text-transform: lowercase}
```

⑤ 文字的装饰。可以用 text-decoration 在文字上加下画线或中间加条线，如：

```
p.underline {text-decoration: underline}
p.line-through {text-decoration: line-through}
```

最常用的是去掉链接下面的下画线：

```
a {text-decoration: none}
```

(5) CSS 改变列表前标识

网页中有有序和无序两种列表。有序列表用阿拉伯数字作为标识，无序列表用黑色小圆圈作为标识。用 CSS 的 list-style-type 这两种列表的标识都可以有四种选择。

无序列表：disc、circle、square、decimal。

有序列表：upper-roman、lower-roman、upper-alpha、lower-alpha。

假如想让有序列表的标识为大小罗马字母，代码如下：

```
li.upperroman {list-style-type: upper-roman}
```

(6) CSS 控制元素的背景

用 CSS 可以控制元素的背景，比如 p、div 的背景等。背景属性有以下几种。

① 文字颜色。用 color 决定文字、周边以及横线的颜色，如：

```
p.greentext {color: green}
```

② 背景颜色。背景颜色可以由 background-color 来控制，比如想让一些文字段落的背景颜色为浅绿色，可以这样定义：

```
p.greenbg {background-color: #CCEFCC}
```

③ 背景图像。不但可以给整个网页加背景图像，还可以给其中一个元素加背景图像，比如给 p 加上天空背景：

```
p.sky {background-image: url(../image/sky.jpg)}
```

④ 重复背景图像。CSS 还可以确定是否让这个图像重复以及在哪个方向重复。比如只让图像在整个网页的竖直方向重复，就去掉左边的图像条的效果。

```
body {background-image: url(../image/cdbk009a.jpg);
      background-repeat: repeat-y}
```

background-repeat 可以有这些可能值：no-repeat、repeat-x、repeat-y。

⑤ 冻结背景图像。可以用 background-attachment 来决定当别人浏览网页时，是否让背景图像随着内容一起滚动。如不让背景图像动，可以设置成：

```
body {background-image: url(../image/cdbk009a.jpg);
      background-attachment: fixed}
```

如果希望背景图像固定在中间不动，用这个性质可以达到这个效果。

(7) CSS控制空格及边框

① 元素周边的空格 margin。margin 属性可被用来决定周边的空格，假如整个网页在左边有 5em 而标题没有任何空格，可以定义：

```
body {margin: 5em}
h3 {margin: -5em}
```

h3 的负值－5em 抵消了 body 5em 的空格。

可以用 margin-left、margin-right、margin-top 和 margin-bottom 来分别设定左、右、上、下的空格。

② 元素内部周边的空格 padding。初看起来 padding 属性与 margin 好像一样，其实它们之间有很大的区别。margin 的空格是相对于其他的元素所空的，而 padding 是在元素的周边和内部的内容所空的空格。以有背景颜色的 table 为例：

```
table.pad {padding: 5mm; background-color: #CCEFCC}
```

同样可以用 padding-left、padding-right、padding-top 和 padding-bottom 来分别控制元素的左、右、上、下内部的周边空格。

③ 元素边框的宽度。可以用 border-width 属性来调节边框的宽度，如：

```
p.width5 {border-width: 1px}
```

这个 p 元素的边框宽度是 1px。可以用 border-left-width、border-right-width、border-top-width 和 border-bottom-width 来分别决定左、右、上、下边的宽度。

④ 元素边框的颜色。可以用 border-color 属性来调节边框的颜色，如：

```
p.colorred {border-color: red}
```

这个 p 元素的边框的颜色是红色。

⑤ 元素边框的形态。可以用 border-style 属性来调节边框的形态，如：

```
p.inset {border-style: inset, border-width: 5px}
```

**6. 问题与思考**

分别用 class selector 和 id selector 来设置 CSS，实现本节案例中的效果。

# 第 3 章

# Servlet/JSP 技术

Chapter 3

## 3.1 基本的 Servlet 程序

**知识要点**

1. Servlet 生命周期
2. init()方法
3. doGet()和 doPost()方法
4. destroy()方法

Servlet 的生命周期是一种非常简单的面向对象的设计。Servlet 首先被创建并进行初始化，然后开始对请求提供服务，直至关闭为止。此时，Servlet 停止运行，所有的垃圾被收集起来。这种设计解释了为什么 Servlet 是比 CGI 好的技术：Servlet 只需加载一次，它驻留在内存中，并对请求提供服务。

javax.servlet.Servlet 接口说明了这个框架结构。Servlet 接口定义了生命周期方法，这些方法是 init()、doGet()、doPost()和 destroy()。

下面介绍创建一个非常基本的 Servlet，其目的是根据客户机使用的请求方法提供请求和响应服务。

**1. 实例**

编写 Servlet 程序 SimpleServlet，显示客户机调用的 REQUEST_METHOD。

**2. 分析**

本程序通过强制改变 init()、doGet()、doPost()和 getServletInfo()这 4 个方法来实现其功能。

服务器装入 Servlet 时会调用 init()方法。SimpleServlet 定义了非常简单的 init()方法的实现过程。它读取传递给它的 ServletConfig 对象，再把该对象传递给它的父类 GenericServlet 的 init()方法。通过继承 Servlet，这个 SimpleServlet 可以访问 GenericServlet 对象。执行该操作的代码如下：

```
super.init(config);
```

这是一个非常重要的步骤，如果不这样做，必须自己保存 ServletConfig 对象。

SimpleServlet 的 doGet()和 doPost()方法处理过程是类似的，唯一的差别是它们服务的请求不同。doGet()方法处理 GET 请求，doPost()方法处理 POST 请求。

这两种方法均接收 HttpServletRequest 和 HttpServletRespose 对象，这些对象封装了请求/响应信息。HttpServletRequest 包含客户机发出的信息，而 HttpServletRespose 包含了回送给客户机的信息。这两种方法执行的第一条语句如下：

```
Response.setContentType("text/html");
```

这两种方法用于设置响应的内容类型，这个响应属性只能设置一次，在开始向 Writer 或 OutputStream 输出流输出信息之前，必须先设置这个属性。此处使用的是 PrintWriter，响应类型设置成 text/html。

通过调用 ServletResponse 的 getWriter()方法可以取得 PrintWriter。下列代码就是执行这个操作的。

```
PrintWriter out=response.getWriter();
```

现在有了一个对输出流对象的引用，这将允许输出 HTML 文本，并回送给 HttpServletResponse 对象对应的客户机。

getServletInfo()方法用于提供版本、版权、作者以及 Servlet 本身的其他任何信息。

3.1-代码实现.wmv

### 3. 代码实现

```
import javax.servlet.*;
import javax.servlet.http.*;
import java.io.*;
public class SimpleServlet extends HttpServlet{
  public void init(ServletConfig config)
  throws ServletException{
  //Always pass the ServletConfig object to the super class
    super.init(config);
}

  //Process the HTTP Got request
  public void doGet(HttpServletRequest request,HttpServletResponse response)
    throws ServletException, IOException{
    response.setContentType("text/html");
    PrintWriter out=response.getWriter();
    out.println ("<html>");
    out.println("<head><title>SimpleServlet</title></head>");
    out.println("<body>");

    //Prints the REQUEST_METHOD sent by the client out
    out.println("Your request method was "+request.getMethod()+"\n");
    out.println ("</body></html>");
    out.close ();
  }

  //Process the HTTP Post request
  public void doPost(HttpServletRequest request, HttpServletResponse response)
    throws ServletException,IOException{
```

```
24.     response.setContentType ("text/html");
25.     PrintWriter out=response.getWriter();

26.     out.println ("<html>");
27.     out.println ("<head><title>SimpleServlet</title></head>");
28.     out.println ("<body>");

29.     //Prints the REQUEST_METHOD sent by the client
30.     out.println("Your request method was "+request.getMethod ()+"\n");
31.     out.println("</body></html>");
32.     out.close();
33.   }

34.   //Get Servlet information
35.   public String getServletInfo() {
36.     return "SimpleServlet information";
37.   }
38. }
```

程序中第14～20行、第26～32行代码向浏览器发送网页。这段代码很直观，仅需要把在响应中包含的HTML文本传递给PrintWriter的println()方法，然后再关闭输出流。

第18行和第30行代码利用了从客户机发出的信息，它调用了HttpServletRequest的getMethod()方法，该方法返回一个构成请求信息的HTTP方法。HttpServletRequest对象存有HTTP协议特定的头信息。

**4. 测试与运行**

程序编写好后，启动Web服务，在浏览器地址栏中输入正确的路径后，程序运行结果图3-1所示。

http://localhost:8080/servlet/SimpleServlet

Your request method was GET

**图3-1 运行Servlet程序SimpleServlet的结果**

**5. 技术分析**

(1) init()方法

init()方法是Servlet生命的起点。一旦加载了某个Servlet，服务器将立即调用它的init()方法。在init()方法中，Servlet创建和初始化它在处理请求时需要用到的资源。init()方法的语法定义如下：

```
public void init(ServletConfig config) throws ServletException
```

init()方法使用ServletConfig对象作为参数。用户应当保存这个对象，以便在后面引用。实现这一点最通用的方法是调用super.init()，并把ServletConfig对象传送给它。

由于某些原因，如果Servlet不能对处理请求所需要的资源进行初始化，init()方法将抛出ServletException异常。

(2) doGet()和 doPost()方法

这两个方法处理客户机发出的所有请求。每当服务器接收到一个 Servlet 请求时，就会产生一个新线程，在这个线程中检查 HTTP 请求类型(GET、POST)，并根据请求类型调用 doGet()或 doPost()方法。

上面说明了 Serlvet 是如何通过 doGet()和 doPost()方法响应客户端请求的。很多情况下，Servlet 还需要调用其他类来一起完成一些功能。下面的例子展示 Servlet 是如何通过一个接口来调用其他类的。

**例 3-1** 编写一个 Servlet，当有请求时通过接口 Service 调用一个类，在控制台显示类的信息。

例 3-1.wmv

```
import java.io.*;
import javax.servlet.*;
import javax.servlet.http.*;

public class CallClass extends HttpServlet {
    public void doGet(HttpServletRequest request, HttpServletResponse response)
        throws ServletException, IOException {
    doPost(request, response);
}

public void doPost(HttpServletRequest request, HttpServletResponse response)
        throws ServletException, IOException {

      ServletContext context=getServletContext();
      try{
        //调用类 WhatClass 的 execute()方法
        Class cls=Class.forName("WhatClass");
        Service service=(Service)cls.newInstance();
        service.execute(request, response, context);
      }
      catch(Exception e){
          throw new ServletException(e.getMessage());
      }
    }
}
```

接口 Service 只有一个方法，代码如下：

```
import javax.servlet.http.HttpServletRequest;
import javax.servlet.http.HttpServletResponse;
import javax.servlet.ServletContext;

public interface Service{
    public void execute(HttpServletRequest request, HttpServletResponse response,
      ServletContext context) throws Exception;
}
```

类 WhatClass 实现了接口 Service 的 execute()方法，代码如下：

```
import javax.servlet.ServletContext;
```

```
import javax.servlet.http.HttpServletRequest;
import javax.servlet.http.HttpServletResponse;

public class WhatClass implements Service{
    public WhatClass(){
    }
    public void execute(HttpServletRequest request, HttpServletResponse response,
      ServletContext context) throws Exception {
      System.out.println("This is my class");
    }
}
```

启动 CallClass，如图 3-2 所示；会看到控制台出现了 WhatClass 的输出结果，如图 3-3 所示。

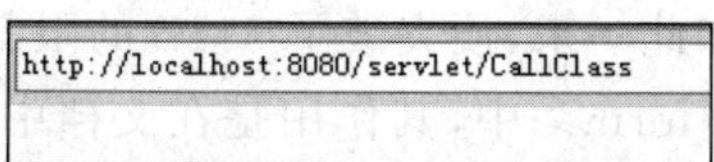


图 3-2 启动 CallClass

```
信息: Server startup in 4328 ms
This is my class
```

图 3-3 WhatClass 的运行结果

(3) destroy()方法

destroy()方法标志 Servlet 生命周期的结束。当服务需要关闭时，它调用 Servlet 的 destroy()方法。此时，在 init()方法中创建的任何资源都应该被清除和释放。如果打开了数据库连接，应该在此处予以关闭。如果需要，也应该在此处保存任何在下一次加载时需要用到的永久性信息。

**6. 问题与思考**

(1) 编写 Servlet 程序，在 init()方法内，输出 Servlet 启动的提示信息。

(2) 通过 Servlet 调用一个类，该类输出系统当前的日期。

(3) 改写例 3-1 中的 WhatClass 类。当执行 execute()方法时，利用 request 对象的 getMethod()方法输出客户端是 GET 请求还是 POST 请求。

## 3.2 读取表单数据

**知识要点**

1. 用 getParameter()方法读取表单
2. HTML 的 form 表单

由于 Web 服务器不具有产生动态 HTML 文件的能力，因此只能借助于外部应用程序的帮助。Web 服务器与外部应用程序的接口称为 CGI(Common Gateway Interface)，即通用网关接口，而外部应用程序又称为 CGI 程序。

在 Web 中实现人机交互主要通过表单(form)来实现，form 与 CGI 程序共同完成用户与 Web 服务器之间的交互，主要完成两个功能：一是指定 CGI 的路径和名称；二是将读者从浏览器中输入的信息送给 CGI。表单中经常使用的 HTML 标记包括以下几个。

(1) <form>标签,该标签在文档中产生表单,指明表单的开始和结束。<form>标签有两个重要的属性。

① action:一个 WWW Server 中处理这个 form 元素返回信息的 CGI 程序。例如<form action="http://10.10.16.138/cgi_bin/get.exe"表示客户端的浏览器将数据传送出去后,是由服务器端(http://10.10.16.138)的 cgi_bin 目录下的 get.exe 处理。用户在架设 WWW 站时,http://10.10.16.138 则以实际的 IP 取代。

② method:设定传送数据的方法,有两种选择方法。第一种方法是 GET,它的运作方式是当使用者填写完数据后且发送出去时,浏览器会将所填入的数据加在上一个属性 action 所指定的 URL 之后,依 HTTP(HyperText Transfer Protocol,超文本传送协议)方式将数据传送出去,而服务器在接到数据后,会把数据保存在 QUERY-STRING 这个环境变量中,供 CGI 程序使用。此种方法虽然很简洁,但却有一个缺点,送出的数据不能超过 512B。第二种方法是 POST,当使用者填完数据且发送出去时,浏览器会将数据变成一个封包(Package,可以想象成一个包裹),送到 action 所指定的 URL 之下,如此一来,便突破了 512B 的限制了。

(2) <input>标签,该标签置于<form>及</form>中,其作用是在文档中输入多种类型的字段,其类型由 TYPE 属性设置,常见的类型包括单选按钮、复选框和文本等。

**例 3-2** 设计一个包含简单表单的网页 parameter.html,要求用户输入提交用户名和密码。

例 3-2.wmv

```
<html>
    <head>
        <title>用户验证</title>
    </head>
    <body>
        <form action="http://localhost:8080/servlet/ReadParams" method=GET>
            用户: <input type="text" name="param1" value="  "><br>
            密码: <input type="text" name="param2" value="**"><br>
                <input type="submit" value="提交">
        </form>
    </body>
</html>
```

用浏览器打开网页后的结果如图 3-4 所示。

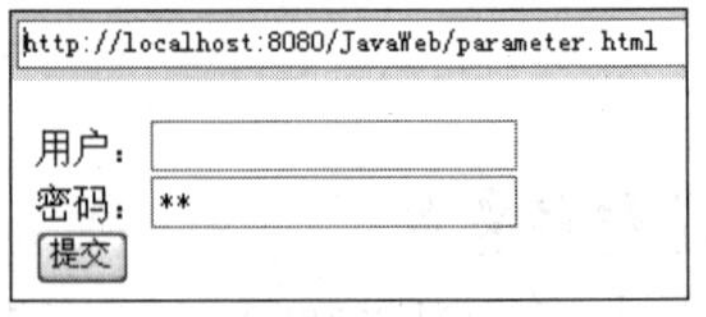

图 3-4 用户验证表单

在这个例子中,用户在浏览器中输入用户名和密码,并执行"提交"操作后,便将请求信息发送到网上相应的 Web 服务器上;Web 服务器收到这一请求便激活一个 CGI 程序,即程序 http://localhost:8080/ReadParams。该程序运行完成后,又将其结果转换成该服务器能识别的 HTML 文件格式,由 Web 服务器将其结果送回浏览器中,浏览器进行数据处理并显示结果。

下面讨论用 Java 实现通过 CGI 程序读取 form 表单内容。

**1. 实例**

编写一个 Servlet 程序,从图 3-4 的表单中读取数据。

**2. 分析**

接收请求参数有 getParameterNames()、getParameter()和 getParameterValues()三种方法。

本实例用 getParameter()方法接收用户名和密码。

3.2-代码实现.wmv

**3. 代码实现**

```
1.  import java.io.*;
2.  import javax.servlet.*;
3.  import javax.servlet.http.*;

4.  public class ReadParams extends HttpServlet {
5.    public void doGet(HttpServletRequest request, HttpServletResponse response)
        throws ServletException, IOException {
6.      response.setContentType("text/html");
7.      PrintWriter out=response.getWriter();
8.      String title="read parameter";
9.      out.println("<body>\n"+
10.     "<h1 ALIGN=CENTER>"+title+"</h1>\n"+
11.     "<ul>\n"+
12.     "<li>param1: "+
13.     request.getParameter("param1")+"\n"+
14.     "<li>param2: "+
15.     request.getParameter("param2")+"\n"+
16.     "</ul>\n"+
17.     "</body></html>");
18.   }

19.   public void doPost(HttpServletRequest request, HttpServletResponse response)
        throws ServletException, IOException {
20.     doGet(request, response);
21.   }
22. }
```

程序中第 8～17 行发送网页。out 是 PrintWriter 对象，println()方法把网页作为字符串发送到客户端浏览器。request.getParameter("param1")和 request.getParameter("param2")分别读取表单参数 param1 和 param2。

**4. 测试与运行**

启动 Web 服务后，在地址栏中输入 http://localhost:8080/parameter.html，显示输入表单如图 3-5 所示。

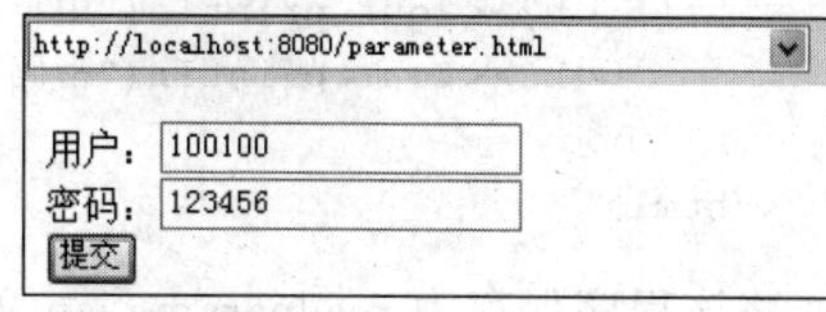


图 3-5 输入表单

用户输入 100100，密码输入 123456，提交后如图 3-6 所示。

**5. 技术分析**

1) Servlet 用于接收请求参数的方法

Servlet 通常是从 POST 和 GET 请求中接收数据的，在这两种情况下，接收数据用到的方

```
http://localhost:8080/JavaWeb/servlet/ReadParams?pa

read parameter

• param1: 100100
• param2: 123456
```

图 3-6 提交后读取参数结果

法是相同的。

ServletRequest 的 getParameterNames()、getParameter()和 getParameterValues()方法的语法定义如下：

```
public Enumeration ServletReuest.getParameterNames();
public String ServletRequest.getParameter(String name);
public String[] ServletRequest.getParameterValues(String name);
```

getParameterNames()方法以枚举字符串的形式返回请求信息中的参数名，用于支持 getParameter()方法，当有了一系列参数名之后，可以使用每个参数名重复调用 getParameter()方法。如果请求信息中没有指定的参数，则返回 null。

getParameter()方法返回一个字符串，其中包含每一个指定参数的值。如果请求信息中没有指定参数，则返回 null。注意，只有确定指定参数只有一个值时，才能调用这个方法。如果参数有多个值，则应调用 getParameterValues()方法。

getParameterValues()方法以字符串数组的形式返回指定参数的值，如果请求信息中不存在指定的参数，则返回 null。

2）JSP 接收参数

JSP 程序中除了默认的 out 对象外，还有 request、response 对象。request.getParameter(String param)方法可以读取相应参数的值。

**例 3-3** 用 JSP 编写程序，实现本节实例的功能。

```
<html>
    <head>
        <title>用户验证</title>
    </head>
    <body>
        <h2><%out.println("用户: "+request.getParameter("param1"));%></h2>
        <h2><%out.println("密码: "+request.getParameter("param2"));%></h2>
    </body>
</html>
```

将该程序保存为 readparams.jsp 文件，同时表单也应做相应改变。

```
<form action="http://localhost:8080/readparams.jsp" method=GET>
```

用浏览器打开表单，输入用户名和密码，提交后得到如图 3-7 所示的结果。

3）HTML 中的 form 标签

表单的用处很多，主要是配合 CGI 使用。一份表单的基本架构是：在<form>标签内加上一种或多种表单输入方式及一个或多个按键。

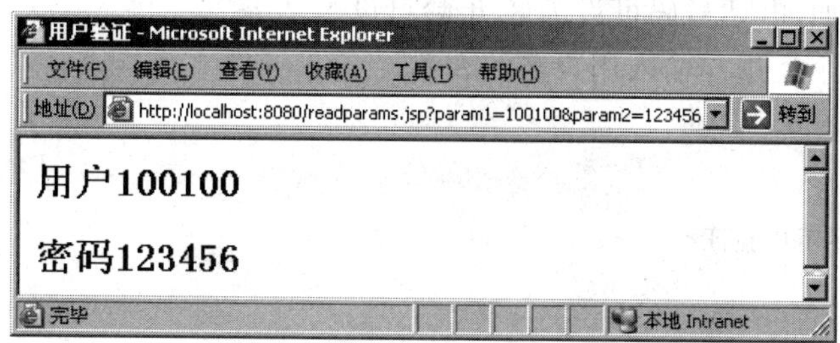


图 3-7 提交后执行 readparams.jsp 的结果

(1) <input>标签

input 可选值有 Text、Radio、Checkbox、Password、Submit/Reset、Image、File、Hidden、Button 等种类。

<form>称为表单标签,用来宣告此为表单模式,属于一个容器标签,表示其他表单标签需要在它的包围中才有效。<input>便是其中的一个,用来收集用户的输入,它是一个空标签。

<form> 的参数设定(常用),例如:

```
<form action="http://your.isp.com/cgi-local/example.cgi" method="POST">
```

参数 ACTION 用来指明该 CGI 程序的位置,这样此表单所填的资料才能正确地传给 CGI 做处理。

传送资料给 CGI 的方式,可选值为 POST 和 GET。POST 可以传送相对较大的数据量,GET 传送的数据量则要受到 URL 长度的限制。

<input>标签的第一个参数 type 已有很多的选择,而不同的选择代表不同的输入方式,且其他参数也因此而异,下面介绍其不同的输入方式及其他参数的设定。

type 可选值为 Text、Radio、Checkbox、Password、Submit/Reset、Image、File、Hidden、Button。

① Text(单行文本框)。例如:

```
<input type="Text" name="age" value="20" align="MIDDLE" size="2" maxlength=
"255">
```

程序内容说明如下。

type="Text"表示输入方式为 Text,能产生一个单行文本框,上限为 255 字节。

name="age"表示此单行文本框名称,方便 CGI 辨认由表单传来的资料。虽说可随便命名,但通常 CGI 程序中都有指定名称。若使用其他名称,那么需要修改该 CGI 程序,名称可以是没有空格、没有特别符号的英文或数字,但有大小写的区别;可以写成 Your_Age,若用户在文本框中输入 40,那么传给 CGI 的字符串便是 Your_Age=40。

value="20"表示此文本框为默认值。若不填写,则文本框是空白的,等待用户输入;若 value="20",20 便会出现在文本框中,用户可以随时修改它。

align 可选值有 top、middle、bottom、left、right、texttop、baseline、absmiddle。

size="2"表示此文本框显示的长度。

maxlength="255"表示此文本框可输入字节的上限,为方便编排资料或避免错误输入等，宜设定上限。例如，电话号码可设为 8、年龄可设为 2 等。

**例 3-4** 设计一个让用户输入用户名的表单。

```
<html>
    <head>
        <title>用户验证</title>
    </head>
    <body>
        <form action="http://localhost:8080/ReadParams" method=GET>
        用户: <input type="text" NAME="param1" value="  "><br>
        </form>
    </body>
</html>
```

运行效果如图 3-8 所示。

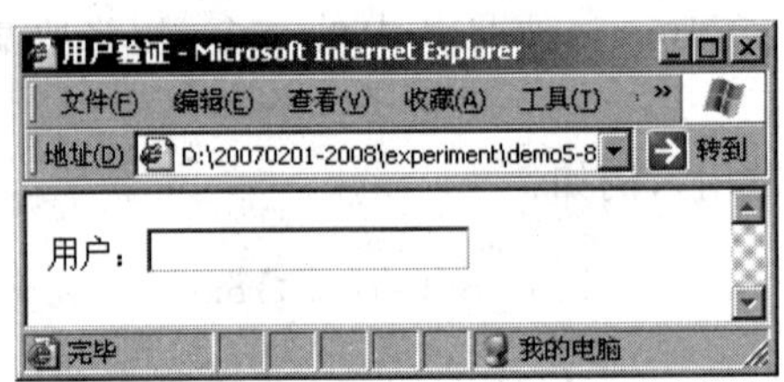


**图 3-8 类型为 text 的输入效果**

② Radio(单一选择)。例如：

```
<input type="Radio" name="gender" value="female" align="MIDDLE" checked>
```

程序内容说明如下。

type="Radio"表示输入方式为 Radio，能产生单一选择。

name="gender"表示 Radio 名称，参考 Text 部分的说明。

value="female"表示默认值。每一个 radio 有且仅有一个 value，有时会同时采用两个或两个以上同 name 不同 value 的 Radio，可让用户任选其一。

align 的可选值有 top、middle、bottom、left、right、texttop、baseline、absmiddle。

checked 表示该 Radio 为默认被选。与 name 的不同是 Radio 中只能有一个使用这个参数，或不使用这个参数。

**例 3-5** 设计一个让用户选择性别输入的表单。

```
<html>
    <head>
        <title>用户验证</title>
    </head>
    <body>
        <form action="http://your.isp.com/cgi-local/example.cgi" method="POST">
        请选性别:
        <input type="Radio" name="gender" value="Female">女性
        <input type="Radio" name="gender" value="Male" checked>男性
```

```
        </form>
    </body>
</html>
```

运行效果如图 3-9 所示。

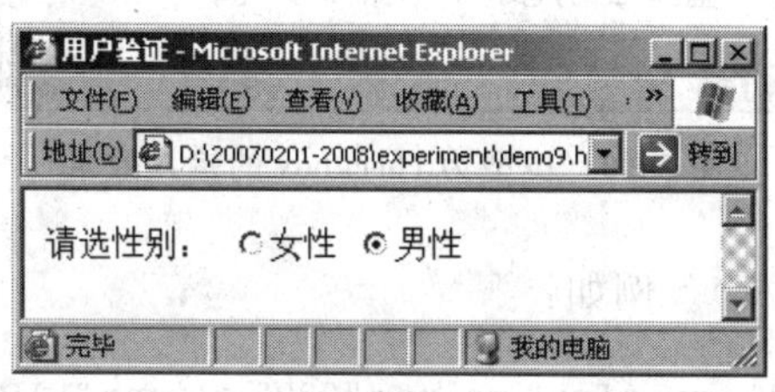


图 3-9 类型为 Radio 的输入效果

③ Checkbox(确认框)。例如：

```
<input type="Checkbox" name="idol" value="Leon" align="RIGHT" checked>
```

程序内容说明如下。

type="Checkbox"表示输入方式为 Checkbox。

name="idol"为 Checkbox 的名称，参考 Text 部分的说明。

value="Leon"表示默认值。每一个 Checkbox 有且仅有一个 value 值，当被选定时该值便会传到 CGI。

align 的可选值有 top、middle、bottom、left、right、texttop、baseline、absmiddle。

checked 表示该 Checkbox 为默认被选。每个 Checkbox 都是独立的，所以每一个 Checkbox 都可使用这个参数，和 Radio 不同。

**例 3-6** 设计一个用户输入体育爱好的表单。

```
<html>
    <head>
        <title>用户验证</title>
    </head>
    <body>
        <form action="http://your.isp.com/cgi-local/example.cgi" method="POST">
        你喜欢以下哪些运动：
        <br><input type="Checkbox" name="idol01" value="basketball">篮球
        <input type="Checkbox" name="idol02" value="badminton">羽毛球
        <input type="Checkbox" name="idol03" value="swim">游泳
        <input type="Checkbox" name="idol04" value="tabletenis" checked>乒乓球
        </form>
    </body>
</html>
```

运行效果如图 3-10 所示。

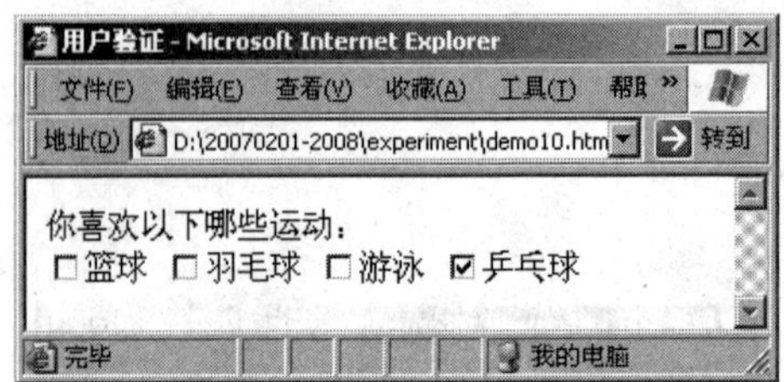


图 3-10 类型为 checkbox 的输入效果

④ Password(密码输入框)。例如：

```
<input type="Password" name="pw" value="999" align="MIDDLE" size="5" maxlength=
"9">
```

Password 的其他参数和 Text 的参数意义大致相似，请参考 Text 的介绍。

除 type 之外，Password 所输入的文本全部用 * 号表示。

**例 3-7** 修改例 3-2 表单网页，使其在输入密码时，以 * 号表示。

```
<html>
    <head>
        <title>用户验证</title>
    </head>
    <body>
        <form action="http://localhost:8080/ReadParams" method=GET>
            用户：<input type="text" NAME="param1" value="  "><br>
            密码：<input type="password" NAME="param2" value="**"><br>
        </form>
    </body>
</html>
```

运行效果如图 3-11 所示。

图 3-11 类型为 Password 的输入格式

⑤ Submit(提交键)及 Reset(复位键)。这是表单上重要的两个按键，两者的参数意义相似。

例如：

```
<input type="Submit" name="other_function" value="确定" align="MIDDLE">
<input type="Reset" value="清除" align="MIDDLE">
```

程序内容说明如下。

type="Submit"表示设定输入方式为 Submit 或 Reset。

Submit 的功能随 name 的不同而不同，须和 CGI 配合。若只是一般意义上的提交，可不用此参数。

value="确定"表示这个值不是给 CGI 的，而是显示在按键上的，可以不用设定，提交键的默认值为 Submit Query，复位键的默认值为 Reset。

align 的可选值有 top、middle、bottom、left、right、texttop、baseline、absmiddle。

**例 3-8** 设计一个既包含 Submit 又包含 Reset 的表单。

```
<html>
    <head>
        <title>用户验证</title>
    </head>
    <body>
        <form action="http://your.isp.com/cgi-local/example.cgi" method="POST">
            <input type="Submit"><input type="Reset">
            <br><input type="Submit" value="确定"><input type="Reset" value=
            "清除">
        </form>
    </body>
</html>
```

运行效果如图 3-12 所示。

图 3-12 Submit 和 Reset 的输入效果

⑥ Image(图片按钮)。一般用于取代 Submit 及 Reset 两个按钮，因为默认按钮不符合用户要求，Image 参数允许采用自己定制的按钮。

例如：

```
<input type="Image" name="submit" align="BOTTOM" src="ex_icon.gif">
```

程序说明如下。

type="Image"表示输入方式为 Image。

name="submit"表示按钮可以是 submit、reset 或其他。

align 的可选值有 top、middle、bottom、left、right、texttop、baseline、absmiddle。

src="ex_icon.gif"表示按钮图片来源，若此图片文件不与该 HTML 文件在同一目录下，请加上相对或绝对路径。

例如：

```
<form action="http://your.isp.com/cgi-local/example.cgi" method="POST">
    <input type="Image" name="submit" align="BOTTOM" src="ex_icon.gif">
</form>
```

⑦ File。例如：

```
<input type="File" name="upload" align="BOTTOM" size="20" maxlength="100" accept=
"text/html">
```

程序说明如下。

input type="File"通常用来传输文件。

name="upload"表示名称，用来识别文件。

align 的可选值有 top、middle、bottom、left、right、texttop、baseline、absmiddle。

size="20"表示所显示文本框的长度。

maxlength="100"表示可输入字节的上限。

accept="text/html"表示所接收的文件类别，有 26 种选择，也可以不设定。

例如，下面这段代码的运行效果如图 3-13 所示。

```
<html>
    <head>
        <title></title>
    </head>
    <body>
        <form action="http://your.isp.com/cgi-local/example.cgi" method="POST">
            <input type="File" name="upload" size="30" maxlength="100" accept=
              "text/html">
            <input type="Submit" value="确定">
            <input type="Reset" value="清除">
        </form>
    </body>
</html>
```

图 3-13 类型为 File 的输入效果

单击“浏览”按钮，选择要提交的文件。

⑧ Hidden。例如：

```
<input type="Hidden" name="ID" value="6618">
type="Hidden"
```

程序内容说明如下。

type="Hidden"表示输入方式为隐藏或默认。它不会显示任何输入界面，而是一个默认值随表单一起传给 CGI。

name="ID"表示名称，用来识别文件。

value="6618"表示默认值，以如 ID=6618 的形式传给 CGI。

例如：

```
<form action="http://your.isp.com/cgi-local/example.cgi" method="POST">
    <input type="Hidden" name="ID" value="6618">
    <input type="Submit" value="Submit">
</form>
```

本程序多放了一个 Submit 键，表示 Hidden 内的定值会传给 CGI。

⑨ Button。例如：

```
<input type="Button" name="useless" value="Back">
```

程序内容说明如下。

type="Button"表示输入方式为一般按钮。常配合 JavaScript 作为其启动按钮。

name="useless"表示文件传输的名称。

value="Back"表示按钮显示的名称。

例如：

```
<form>
    <input type="Button" value="回前一页" onclick="history.go(-1); return
    true;">
</form>
```

其中，"onclick="history.go(-1);return true;""表示 Java 事件。

(2) <select> <option>标签

<select>可创建单选或多选菜单，选项由<option>表示。

例如：

```
<select name="where" size="6" multiple>
```

程序内容说明如下。

name="where"表示下拉菜单的名称，用来识别文件，将会传及 CGI。

size="6"表示下拉菜单的列数。若使用此参数，则不会有 Pop Up 效果。

multiple 表示下拉菜单允许多重选择。

<option>的用法如下：

```
<option value="kr" selected>
```

程序内容说明如下。

value="kr"表示选项的值，将会传及 CGI。不同选项必须有不同的值。

selected 表示该选项为默认被选。一个单选下拉菜单不允许有多项默认被选。

**例 3-9** 编写一个包含普通 Pop Up 下拉菜单的表单。

```
<html>
    <head>
        <title>用户验证</title>
    </head>
    <body>
        <form action="http://your.isp.com/cgi-local/example.cgi" method="POST">
```

```
            Where you come from?
              <select name="where">
                  <option value="br">British</option>
                  <option value="kr" selected>Korea</option>
                  <option value="cn">China</option>
                  <option value="us">United States</option>
                  <option value="ca">Canada</option>
              </select>
          </form>
      </body>
</html>
```

运行效果如图 3-14 所示。

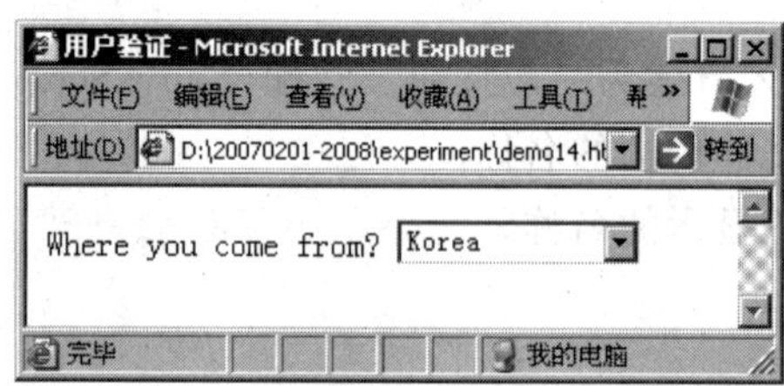


图 3-14 包含普通 Pop Up 的表单效果

**例 3-10** 编写允许多重选择的下拉菜单。

```
<html>
    <head>
        <title>用户验证</title>
    </head>
    <body>
        <form action="http://your.isp.com/cgi-local/example.cgi" method="POST">
          Where you com from?
            <select name="where" multiple>
                <option value="br">British</option>
                <option value="kr" selected>Korea</option>
                <option value="cn">China</option>
                <option value="us">United States</option>
                <option value="ca">Canada</option>
            </select>
        </form>
    </body>
</html>
```

运行效果如图 3-15 所示。

图 3-15 可以多重选择的下拉菜单

**例 3-11** 编写设定 Size 的下拉菜单。

```
<html>
    <head>
        <title>用户验证</title>
    </head>
    <body>
        <form action="http://your.isp.com/cgi-local/example.cgi" method="POST">
          Where you com from?
            <select name="where" size="5">
                <option value="br">British</option>
                <option value="kr" selected>Korea</option>
                <option value="cn">China</option>
                <option value="us">United States</option>
                <option value="ca">Canada</option>
            </select>
        </form>
    </body>
</html>
```

运行效果如图 3-16 所示。

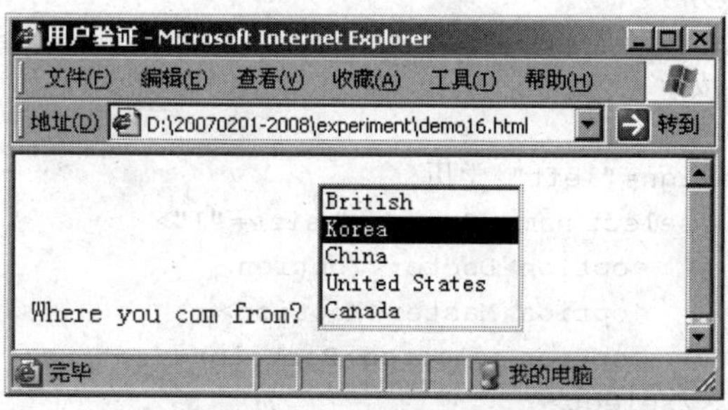


图 3-16 设定了 Size 的下拉菜单

(3) <textarea>标签

<textarea>是表单文本区块标签,常用于 bug report、feedback 等需要填写大量资料的用途。

例如:

```
<textarea name="comments" cols="40" rows="4" wrap="VIRTUAL">
```

程序说明如下。

name="comments"表示该文本区块的名称,用来识别文件,将会传及 CGI。

cols="40"表示该文本区块的宽度,可自行修改。

rows="4"表示该文本区块的列数(其高度),可自行修改。

wrap="VIRTUAL"表示设定其折行问题,可选值为 off、physical、virtual。off 表示不使用此属性,physical 表示会强迫浏览器在传送资料到 CGI 时必须将文本中的换行同时传送,设为 virtual 时则表示传送连续的文本(除非使用者按了键盘上的 Enter 键)。

例如:

```
<form action="http://your.isp.com/cgi-local/example.cgi" method="POST">
```

```
Give comments:
    <textarea name="comments" cols="40" rows="4" wrap="VIRTUAL">
        这是预设的字句,通常留空
    </textarea>
</form>
```

**例 3-12** 设计一个表单网页。

```
<html>
    <head>
        <title>数据录入</title>
    </head>
    <body>
        <center>
            <p>数据录入</p>
            <form method="get" action="http://localhost:8080/servlet/ReadMore">
                <p align="left">姓名:
                    <input type="text" name="name">
                </p>
                <p align="left">性别:
                    <input name="sex" type="radio" value="male" checked>
                    男
                    <input type="radio" name="sex" value="female">
                    女
                </p>
                <p align="left">学历
                    <select name="select" size="1">
                        <option>Doctor</option>
                        <option>Master</option>
                        <option selected>Bachelor</option>
                    </select>
                </p>
                <p align="left">
                    <input type="submit" name="Submit" value=" 提交">
                </p>
            </form>
        </center>
    </body>
</html>
```

运行效果如图 3-17 所示。

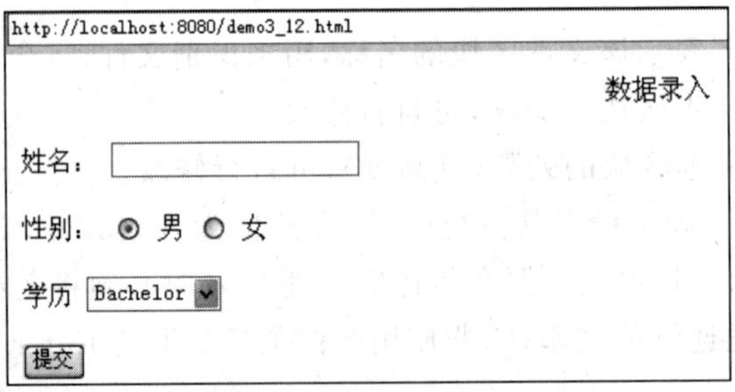

http://localhost:8080/demo3_12.html

数据录入

姓名:

性别: ⊙ 男 ○ 女

学历 Bachelor

提交

**图 3-17 网页在浏览器中的效果**

试分别编写 Servlet 和 JSP 程序，读取姓名、性别和学历并显示出来。

该 Servlet 的名为 ReadMore，程序 ReadMore.java 的代码如下：

```
import java.io.*;
import javax.servlet.*;
import javax.servlet.http.*;

public class ReadMore extends HttpServlet{
  public void doGet(HttpServletRequest request,HttpServletResponse response)
      throws ServletException,IOException{

      response.setContentType("text/html;charset=GB2312");
      PrintWriter out=response.getWriter();
      String name1=request.getParameter("name");
      String name2=request.getParameter("sex");
      String name3=request.getParameter("select");
      out.println("<html>");
      out.println("<head><title>xxxxxx</title></head>");
      out.println("<body>");
      out.println("姓名:"+name1);
      out.println("性别:"+name2);
      out.println("学历:"+name3);
      out.println("</body></html>");
  }
}
```

如果包含上面的表单的网页是 demo3_12.html，打开网页，输入相关数据，提交后得到如图 3-18 所示的结果。

http://localhost:8080/servlet/ReadMore?name=Bob&sex=male&sel

姓名:Bob 性别:male 学历:Bachelor

**图 3-18 运行 ReadMore 后的结果**

请思考如何用 JSP 编写读取该表单的程序。

**例 3-13** 编写一个 Servlet 程序，输出所有的表单数据。

```
package hall;
import java.io.*;
import java.util.*;
import javax.servlet.*;
import javax.servlet.http.*;

public class ShowParameters extends HttpServlet {
  public void doGet(HttpServletRequest request, HttpServletResponse response)
    throws ServletException, IOException {
      response.setContentType("text/html");
      PrintWriter out=response.getWriter();
      String title="读取所有请求参数";
      out.println("<body bgcolor='#FDF5E6'>\n"+"<h1 align=center>"+title+"</h1>
        \n"+"<table border=1 align=center>\n"+"<tr bgcolor='#FFAD00'>\n"+"<th>参
        数名字<th>参数值");
```

```
        Enumeration paramNames=request.getParameterNames();
        while(paramNames.hasMoreElements()) {
          String paramName=(String)paramNames.nextElement();
          out.println("<tr><td>"+paramName+"\n<td>");
          String[] paramValues=request.getParameterValues(paramName);
          if(paramValues.length==1) {
            String paramValue=paramValues[0];
            if(paramValue.length()==0)
              out.print("<i>No Value</i>");
            else
              out.print(paramValue);
          } else {
            out.println("<ul>");
            for(int i=0; i<paramValues.length; i++) {
              out.println("<li>"+paramValues[i]);
            }
            out.println("</ul>");
          }
        }
      out.println("</table>\n</body></html>");
    }
    public void doPost(HttpServletRequest request,
    HttpServletResponse response)
    throws ServletException, IOException {
      doGet(request, response);
    }
}
```

首先，程序通过 HttpServletRequest 的 getParameterNames()方法得到所有的变量名字，getParameterNames 返回的是一个 Enumeration 类型。接下来，循环遍历这个 Enumeration，通过 hasMoreElements 确定何时结束循环，利用 nextElement 得到 Enumeration 中的各个项。由于 nextElement 返回的是一个 Object，程序把它转换成字符串后再用这个字符串来调用 getParameterValues。

getParameterValues 返回一个字符串数组，如果这个数组只有一个元素且为空字符串，说明这个表单变量没有值，Servlet 以斜体形式输出 No Value；如果数组元素个数大于 1，说明这个表单变量有多个值，Servlet 以 HTML 列表形式输出这些值；其他情况下 Servlet 直接把变量值放入表格。

本节介绍了 Servlet 怎样获取请求参数，并创建了一些封装了基本 HTML 标签的 HTML 源代码。

**6. 问题与思考**

(1) studentinfo.html 程序代码如下：

```
<html>
    <head>
        <meta http-equiv="Content-Type" content="text/html; charset=gb2312">
        <title>studentinfo</title>
    </head>
```

```
<body>
<form name="foRMI" method="post" action="">
    <p>学号:
        <input type="text" name="number">
        姓名:
        <input type="text" name="name">
    </p>
    <p>性别:
        <input name="sex" type="radio" value="male" checked>
        男
        <input type="radio" name="sex" value="female">
        女
    </p>
    <p>所在班级
          <select name="where">
          <option value="class1" selected>05 软件 3-1</option>
          <option value="class2">05 软件 3-2</option>
          <option value="class3">05 信息安全 3-1</option>
          <option value="class4">05 信息安全 3-2</option>
          <option value="class5">05 辅助设计 3-1</option>
          <option value="class6">05 物流管理 3-1</option>
          <option value="class7">05 物流管理 3-2</option>
          </select>
    </p>
    <p>所修课程:
          <input name="course1" type="checkbox" value="ComputerPriciple" checked>
          计算机原理
          <input type="checkbox" name="course2" value="JAVA_language">
          Java 技术
          <input name="course3" type="checkbox" value="C_language" checked>
          C 语言
          <input type="checkbox" name="course4" value="Webdesign">
          网页设计
    </p>
</form>
</body>
</html>
```

运行效果如图 3-19 所示。

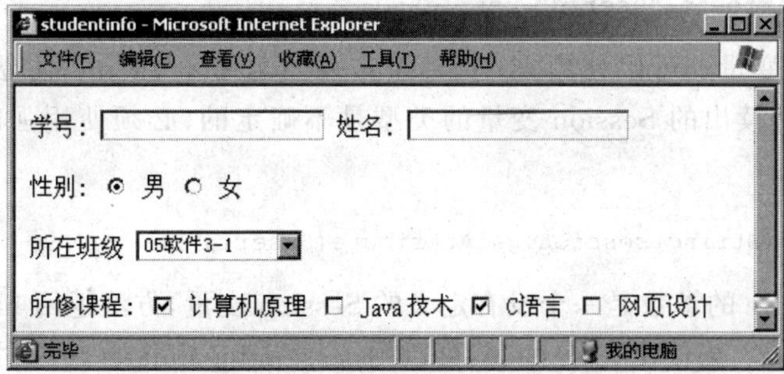


图 3-19 浏览器表单效果

编写 Servlet 程序,读取所有的表单值并显示出来。

(2) 用 JSP 编写程序,实现问题与思考中读取所有的表单值。

(3) 使用 String 类中的 length()方法和 compareTo()方法都可以用来判断用户输入的内容是否为空。重新编写例 3-12 的读取表单的程序,当用户输入为 null 时,提示用户重新输入。

(4) 编写程序,要求用户输入一个数字,当用户输入的是数字时,输出该数字。否则,提示"your input isn't a number."。

(5) 编写程序,判断从客户接收的数据是否为整数。

(6) 编写程序,判断用户输入的电子邮件是否合法。

## 3.3 会话与跟踪

### 知识要点

1. Session 会话
2. 隐藏跟踪
3. Cookie 跟踪
4. 重定向和转发

会话状态的维持是 Web 应用开发者必须面对的问题。有多种方法可以用来解决这个问题,如使用 Cookie、隐藏的表单输入域或直接将状态信息附加到 URL 中等。

下面介绍 Session、Cookies 和隐藏的表单输入域在 Servlet 中控制会话的方法。

**1. 实例**

编写一个 Servlet 程序,设置并读取 Session 一个变量的 name 值。

**2. 分析**

Java Servlet 通过创建一个 HttpSession 对象实现了 Session 的功能。在 Java Servlet 中,使用 Session 的步骤如下。

(1) 使用 HttpServletRequest 的 getSession()方法。这个方法返回当前存在的 Session,如果当前没有定义 Session,则创建一个新的 Session。还可以使用 getSession(true)方法。

(2) 写 Session 变量。可以使用 HttpSession.setAttribute(name,value)方法赋值一个 Session 变量。比如,把"userid"赋值给 Session 变量 userid 中的语句如下:

```
session.setAttribute("userid",userid);
```

(3) 取 Session 变量。可以使用 HttpSession.getAttribute(name)方法读取一个 Session 变量。需要注意的是读出的 Session 变量的类型是不确定的,必须使用强制类型转换。其用法如下:

```
String userid=(String)session.getAttribute("userid");
```

如果 getAttribute 的参数是一个没有定义的 Session 变量,方法返回 null。

(4) 关闭 Session。当使用完 Session,可以用 session.invalidate()方法关闭 Session。但这并不是严格要求的。因为 Servlet 执行引擎会在一段时间后自动关闭 Session。

### 3. 代码实现

```
1.  import java.io.*;
2.  import javax.servlet.*;
3.  import javax.servlet.http.*;
4.  public class MySession extends HttpServlet{
5.    String mystr="John";
6.    public void doGet(HttpServletRequest request, HttpServletResponse response)
        throws ServletException, IOException{
7.      HttpSession mysession=request.getSession();
8.      mysession.setAttribute("name", "I am an session");
9.      String my=(String)mysession.getAttribute("name");
10.     response.setContentType("text/html");
11.     PrintWriter out=response.getWriter();
12.     String title="First Session";
13.     out.println("<html><head><title>"+title+
14.     "</title></head>"+
15.     "<body bgcolor=\"#FDF5E6\">\n"+
16.     "<h1 align=CENTER>"+title+"</h1>\n");
17.     out.println("Your Name is:"+my);
18.     mysession.invalidate();
19.     out.println("</body></html>");
20.   }
21.   public void doPost(HttpServletRequest request, HttpServletResponse response)
        throws ServletException, IOException{
22.     doGet(request, response);
23.   }
24. }
```

(1) 创建 Session 并赋值

程序中第 7、8 行创建一个 HttpSession 对象，并用 setAttribute()方法取名并赋值。

(2) 取 Session 值

程序中第 9 行取名为 name 的 Session 值保存在字符串变量 my 中。

(3) 发出包含 Session 值的网页

程序中第 12～17 行发送包含 Session 值的网页。该网页中的字符串变量 my 保存的是该 Servlet 建立的一个 Session。

### 4. 测试与运行

把该文件存放在＜CATALINA_HOME＞/webapps/ROOT 中，然后在地址栏中输入 http://localhost:8080/sv/MySession，程序运行的结果如图 3-20 所示。

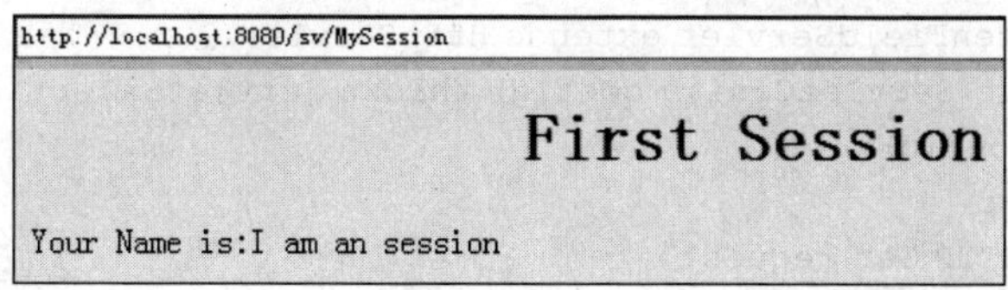


图 3-20　MySession 运行结果

本实例首先创建一个 Session，然后设置 Session 变量的值，读取 Session 变量，最后关闭

Session。

### 5. 技术分析

会话跟踪是 Servlet 维护各个客户机一系列请求的当前状态的一种方式。Web 服务器使用的 HTTP 协议是无状态的(stateless),这意味着每一个交互是自主的。这种无状态类型的交互通常是没有问题的,除非在服务器端想跟踪客户机已经执行过的一系列操作。

例如,联机音像商店必须能够确定每一个访问者所执行的一系列操作。假定客户到站点上订购一部电影,用户要做的第一件事情是查看可选的电影名字,当发现一个他感兴趣的电影时就会做出选择。现在的问题是要确定谁做了这个选择。因为客户机的每一个请求与先前的请求是相互独立的,没有办法知道实际上是谁做出了最终的选择。

下面将介绍确定一个特定客户机已经执行了哪些操作的方法,也将介绍隐藏的表格字段、Cookie、URL 重定向以及 Servlet API 中内置的若干会话功能等。

(1) 使用隐藏的字段

使用隐藏的字段是一种最简单的会话跟踪技术。隐藏的字段其实就是一种 HTML 输入类型。当浏览器读取数据时,该类型的信息不会显示出来。在下面的例子中,HTML 代码包含了隐藏的表格字段。

```
<html>
    <body>
        <form action="someaction" method="post">
            <input type="hidden" NAME="service" VALUE="login">
            <input type="hidden" NAME="target" VALUE="welcome">
            <input type="submit">
        </form>
    </body>
</html>
```

当在浏览器中打开这个 HTML 文档时,标签为隐藏的输入类型将是不可见的。然而,它将在请求中被传送。

**例 3-14** 创建一个简单的例子,在 doGet()方法中建立一个表单,其中包括隐藏的参数和指向 Servlet 的 doPost()方法的操作。然后,doPost()方法将扫描请求信息中隐藏的参数值,并把它回传给客户机。

```
import javax.servlet.*;
import javax.servlet.http.*;
import java.io.*;
import java.util.*;

public class HiddenFieldServlet extends HttpServlet {
  public void init(ServletConfig config) throws ServletException {
    super.init(config);
  }
  //process the HTTP Get request
  public void doGet(HttpServletRequest request,HttpServletResponse response)
  throws ServletException, IOException {
    response.setContentType("text/html");
    PrintWriter out=response.getWriter();
```

```
        out.println("<html>");
        out.println("<head><title>HiddenFieldServlet</title></head>");
        out.println("<body>");
        //Create the Form with Hidden Fields
        out.println("<form action="+"\"/sv/HiddenFieldServlet\", method=\"POST\">");
        out.println("<input type=\"hidden\" NAME="+"\"service\" VALUE=\"login\">");
        out.println("<input type=\"hidden\" NAME="+"\"target\" VALUE=\"welcome\">");
        out.println("<input type=\"submit\" VALUE=\" Submit\">");
        out.println("</form>");
        out.println("</body></html>");
        out.close();
    }
    //Process the HTTP post request
    public void doPost(HttpServletRequest request, HttpServletResponse response)
    throws ServletException, IOException {
        response.setContentType("text/html");
        PrintWriter out=response.getWriter();
        out.println("<html>");
        out.println("<head><title>HiddenFieldServlet"+" </title></head>");
        out.println("<body>");
        //Get the hidden inputs and echo them
        String serviceName=request.getParameter("service");
        String targetName=request.getParameter("target");
        out.println(serviceName+" <BR>");
        out.println(targetName+" <BR>");
    }
    //out.close();
    //Get Servlet information
    public String getServletInfo(){
        return "HiddenFieldServlet Information";
    }
}
```

编译并运行 Servlet 之后，打开浏览器，输入 Servlet 的 URL 地址。加载这个 Servlet 时，读者只能看到 Submit 按钮，如图 3-21 所示。

图 3-21 HiddenFieldServlet 的运行效果

此时查看一下当前的 HTML 源代码。

```
<html>
    <head><title>HiddenFieldServlet</title></head>
    <body>
        <form action="/sv/HiddenFieldServlet", method="POST">
            <input type="hidden" NAME="service" VALUE="login">
```

```
        <input type="hidden" NAME="target" VALUE="welcome">
        <input type="submit" VALUE=" Submit">
    </form>
  </body>
</html>
```

单击 Submit 按钮，将调用 HiddenFieldServlet 的 doPost()方法，该方法扫描请求中的隐藏参数并显示它们。HiddenFieldServlet 的 doPost()方法的输出结果如图 3-22 所示。

**图 3-22 单击 Submit 按钮后的结果**

获取隐藏的表单参数是容易实现的，且大多数浏览器都支持。但隐藏的参数必须按特定的顺序建立，而且在浏览器中不能单击 Back 按钮，否则会丢失加到当前页面中的附加参数，限制用户动态地生成文档。

(2) 用 Session 控制会话

B/S 模式中，用户发出请求，服务端做出响应，这种用户端和服务器端之间的联系是离散的、非连续的。在服务器端响应用户请求后，服务器端不能持续与该浏览器保持连接。从网站的角度来看，每一个新的请求都是单独存在的，因此，HTTP 协议被认为是无状态协议。当用户在多个主页间转换时，服务器无法知道用户身份。而 Session 则可以弥补这个缺陷，可以利用它做到当一个用户在多个主页间切换的时候也能保存用户信息。

在用户从访问某个特定主页到离开为止的那段时间，每个用户都会单独获得一个 Session。Session 可以用来存储用户的一些喜好，还可以用来跟踪用户的习惯。可以跟踪用户从一个主页到另一个主页，这样对于站点的更新和定位是非常有好处的。

Session 在实现购物车和用户验证等方面都很方便。在实际的应用中，设置和读取 Session 变量不在同一个页面。例如，在用户验证后，一般都为该用户建立一个名为"name"的 Session 变量，其值就是用户名。例如：

```
session.setAttribute("name", "100100");
```

假如有一个执行删除功能的页面 delete.jsp，通过读取该 Session 变量的值，就知道是哪个用户，从而判断其是否有删除动作的权限。如果有，做删除动作；反之，提示用户没有此权限。如只有用户 100100 能够做删除动作，则程序代码如下：

```
String name=(String)session.getAttribute("name");
if(name=="100100")
    做删除动作;
else
    提示用户无此权限;
```

**例 3-15** 编写 Servlet 程序，读取 Session 的一些参数，比如 Session ID 和发出请求的 URL 等。

```
import java.io.*;
import javax.servlet.*;
import javax.servlet.http.*;

public class SessionENV extends HttpServlet {
  String mystr="John";
  public void doGet(HttpServletRequest request, HttpServletResponse response)
    throws ServletException, IOException {
    HttpSession mysession=request.getSession();
    mysession.setAttribute("name", mystr);
    String my=(String)mysession.getAttribute("name");
    StringBuffer url=new StringBuffer();
    url=HttpUtils.getRequestURL(request);
    String sessionID=mysession.getId();
    response.setContentType("text/html");
    PrintWriter out=response.getWriter();
    String title="Session ENV";
    out.println("<html><head><title>"+title+"</title></head>"+"<body bgcolor=
      \"#FDF5E6\">\n"+"<h1 align=center>"+title+"</h1>\n");
    out.println("request url:"+url);
    out.println("<br>");
    out.println("request time:"+new java.util.Date());
    out.println("<br>");
    out.println("Session ID:"+sessionID);
    mysession.invalidate();
    out.println("</body></html>");
  }

  public void doPost(HttpServletRequest request, HttpServletResponse response)
    throws ServletException, IOException {
    doGet(request, response);
  }
}
```

获取 Session ID 如图 3-23 所示。

**图 3-23 Session ENV 运行结果**

从这几个例子可以看出，Session 用来控制会话是非常实用和方便的，因此，Session 在 Web 编程中是非常有用的。

(3) 使用 Cookie

另外一个解决会话跟踪的方法是采用永久性的 Cookie，Netscape 在它第一个版本的

Navigator 中首先引入了 Cookie 的概念。

Cookie 是一些关键的数据片段，这些数据由服务器创建，并存放在客户机的浏览器中。浏览器维护一个它自己的唯一的 Cookie 表。这使 Cookie 显而易见地成为会话跟踪的解决方案。

Servlet API 提供内置的 Cookie 支持能力，它通过使用 Cookie 类以及 HttpServletResponse. addCookie()和 HttpServletResponse.getCookies()方法执行这个操作。

Cookie 类按照 RFC 2109 的定义封装了永久性的 Cookie，Cookie 的创建者使用一个字符串表示 Cookie 的唯一名字并用另一个字符串表示 Cookie 的值，示例如下：

```
public Cookie (String name, String value)
```

Cookie 类也提供有关的方法，用于读取或设置 Cookie 的值。

**例 3-16** 存取 Cookie 并读取 Cookie 的名字和值。

```
import javax.servlet.*;
import javax.servlet.http.*;
import java.io.*;

public class CookieServlet extends HttpServlet {
  public void init(ServletConfig config) throws ServletException{
        super.init(config);
  }
  private String getCurrentUser(String value){
    String userName=new String("");
    if(value.equals ("564xx892")) {
      userName=new String ("Bob");
    }
    return userName;
  }
  public void doGet (HttpServletRequest request,HttpServletResponse response)
     throws ServletException, IOException {
    Cookie[] cookieList=request.getCookies();
    String user=null;
    String responseString=null;
    if(cookieList !=null ) {
      for(int x=0; x<cookieList.length; x++) {
        String name=cookieList[x].getName();
        if(name.equals ("session_id")){
          user=getCurrentUser (cookieList[x].getValue());
          break;
        }
      }
    }
    if(user==null) {
      response.addCookie(new Cookie ("session_id","564xx892"));
      responseString=new String("Welcome to our site,"+" we have created a session
        for you.");
    }else {
      responseString=new String("Hello:" +user);
    }
```

```
        response.setContentType("text/html");
        PrintWriter out=response.getWriter();

        out.println("<html>");
        out.println("<head><title>CookieServlet</title></head>");
        out.println("<body>");
        out.println(responseString);
        out.println("</body></html>");
        out.close();
    }

    public String getServletInfo(){
        return "CookieServlet Information";
    }
}
```

每当 CookieServlet 为一个请求提供服务时，它都会检查 HttpServletRequest 中的 Cookie，这可以通过调用 HttpServletRequest.getCookies()方法实现。如果请求中没有包含 Cookie，Servlet 将遍历 Cookie 表，寻找具有 Session_id 名字的 Cookie。

如果请求中没有包含 Cookie，Cookie 表中也不包含名为 Session_id 的 Cookie，这时应当创建一个 Cookie，并把它加到响应信息中。实现这个目的的代码如下：

```
Response.addCookie(new Cookie ("session_id","564xx892"))
```

打开浏览器并指向 CookieServlet。第一次运行时，用户应当得到如图 3-24 所示的响应信息。

见到图 3-24 所示的信息后，单击 Refresh 按钮，会看到一个新的响应信息为“Hello：Bob”。此时，Servlet 能够通过一个作为 Cookie 存储的会话 ID 标识 Bob 用户，如图 3-25 所示。

http://localhost:8080/servlet/CookieServlet

Welcome to our site, we have created a session for you.

**图 3-24 第一次运行 CookieServlet 的结果**

**图 3-25 刷新后的结果**

**注意** 如果运行这个实例出现了问题，应检查并确保自己的浏览器中的 Cookie 功能已经启用。

(4) sendRedirect()(重定向)方法和 forward()(转发)方法

① sendRedirect()方法。如果浏览器不支持 Cookie，URL 重定向可以提供另一种会话跟踪的方法。URL 重定向是一种通过修改请求的 URL 使之包含会话 ID 的方法。有若干方式可以实现 URL 重定向，下面介绍用 Servlet API 提供的方法。

**sendRedirect()方法和 forward()方法.wmv**

**例 3-17** 编写 Servlet 程序，直接重定向到例 3-12 的页面 ReadMore。

```
import javax.servlet.*;
import javax.servlet.http.*;
import java.io.*;
import java.util.*;
```

```
public class URLRewritingServlet extends HttpServlet {
  //Initialize global variables

  public void init(ServletConfig config) throws ServletException{
    super.init (config);
  }
  //Process the HTTP Get request
  public void doGet (HttpServletRequest request, HttpServletResponse response)
    throws ServletException, IOException{
    response.setContentType("text/html");
    PrintWriter out=response.getWriter();
    out.println(" <html>");
    out.println(" <head><title>URL Rewriting</title></head>");
    out.println("<body>");
    //Encode a URL string with the session id appended//to it.
    String url=response.encodeRedirectURL("http://localhost:8080/servlet/
      ReadMore?name=Bob&sex=male&select=master");
    //Redirect the client to the new URL
    response.sendRedirect(url);
    out.println("</body></html>");
    out.close();
  }
  //Get Servlet information
  public String getServletInfo(){
    return "URLRewritingServlet Information";
  }
}
```

这个 Servlet 为 GET 请求提供服务，并把客户机重定向到一个新的 URL，即例 3-12 的 ReadParams 页面。这个 URL 有一个字符串"name=Bob&sex=male&select=master"附加到它的后面，这个字符串表示一个会话 ID。当服务于重定向的 Servlet 收到请求时，Servlet 可以根据这个 ID 进行数据库检索，找出用户及其执行的操作。运行结果与例 3-12 相同，如图 3-26 所示。

http://localhost:8080/servlet/URLRewritingServlet

姓名:Bob 性别:male 学历:master

**图 3-26　URLRewritingServlet 的运行结果**

在这个重定向的过程中，它调用了两个方法。第一个方法是 HttpServletResponse.encodeRedirectURL()，该方法的作用是取得表示重定向的 URL 并进行编码，以便在第二个方法中使用。第二个方法是 HttpServletRequest.sendRedirect()，该方法的作用是读取从 encodeRedirectURL()方法中返回的字符串，然后把它回传给客户机以便进行重定向。

URL 重定向优于隐藏的表格字段之处是，它具有不使用表格而能包含会话跟踪信息的能力，即使有这样的优点，它仍然存在非常麻烦的编码过程。

② forward()方法。Servlet 中还可以用 RequestDispatcher 的 forward()方法实现转发。

**例 3-18**　利用 RequestDispatcher 的 forward()方法转发到例 3-12 的页面。

```
import java.io.IOException;
import javax.servlet.*;
import javax.servlet.http.*;
public class DispatchForward extends HttpServlet {
```

```
    public void init(ServletConfig config) throws ServletException{
      super.init(config);
    }
    public void doGet(HttpServletRequest request, HttpServletResponse response)
      throws ServletException, IOException{
      doPost(request, response);
    }
    public void doPost(HttpServletRequest request, HttpServletResponse response)
      throws ServletException, IOException{
      String target="/servlet/ReadParams? name=Bob&sex=male&select=master";
      try{
        ServletContext context=getServletContext();
        if(!target.equals("false")){
          RequestDispatcher dispatcher=context.getRequestDispatcher(target);
          dispatcher.forward(request, response);
        }
      }
      catch(IOException ioe){
        throw new ServletException(ioe.getMessage());
      }
    }
}
```

把 DispatchForward 和 ReadParams 保存在同一目录,启动服务,输入该 Servlet 的地址,运行结果如图 3-27 所示。

http://localhost:8080/servlet/DispatchForward

姓名:Bob 性别:male 学历:master

**图 3-27 DispatchForward 的运行结果**

forward()方法的调用有以下两种方式。

- HttpServletRequest.getRequestDispatcher(url).forward(request,response)
- ServletContext.getRequestDispatcher(url).forward(request,response)

第一种方式的 url 可以使用相对路径也可以使用绝对路径,第二种方式的 url 必须使用绝对路径。

③ forward()方法和 sendRedirect()方法的区别。

forward()方法是直接将请求转发到指定 url,所以该请求能够直接获得上一个请求的数据,request 对象始终存在,不会重新创建。

sendRedirect()方法的作用是重定向,这是因为 redirect 会首先发一个 response 给浏览器,然后浏览器收到这个 response 后再发一个 request 给服务器,这时收到的 request 是从浏览器新发来的,上一个 request 的数据就会丢失。

**6. 问题与思考**

(1) Session 是 JSP 的内建对象,不需要建立。在 Servlet 中,Session 不是内建对象,需要手动做这些工作,代码如下:

```
HttpSession session=request.getSession(true);
```

```
session.setAttribute("variable", "value");
```

在 JSP 中可以这样取得 Session 值：

```
<%
    session.getAttribute("variable");
%>
```

分别编写一个 Servlet 程序和一个 JSP 程序，要求在 Servlet 中为 Session 变量 name、age 赋值，在 JSP 程序中读取并显示。

(2) request 对象也有 setAttribute()和 getAttribute()方法存取 request 对象的属性，用于将后台加工好的数据传送到前端显示。编写一个 Servlet 程序，创建一个 request 属性后转发到一个 JSP 页面用 request.getAttribute()方法来读取。

**提示** B/S 结构的程序中浏览器不断向服务端发出请求。当下一个 request 请求到达后，前一个 request 则被替代。forward()方法不会改变 request 的请求周期，所以用 request.setAttribute()方法设置变量值，forward()方法到新页面后可以用 request.getAttribute()方法取出。

(3) 编写一个 Servlet 程序，除了负责读取表单数据并把它们发送给搜索引擎之外，还要把包含表单数据的 Cookie 发送给客户端。以后当客户再次访问同一表单时，这些 Cookie 的值将用来预先填充表单，使表单自动显示最近使用过的数据。

## 3.4 JSP 及结构

JSP(Java Server Pages，Java 服务器页面)是一种既简单又强有力的技术，用于在服务器端生成动态的 HTML 页面。JSP 是 Java Servlet 的直接扩充，它们提供一种把内容的表示与内容的生成分隔开的方法。JSP 引擎恰好是另一种类型的 Servlet，只不过它的文件扩展名是.jsp。

### 3.4.1 采用 JSP 的 include 指令创建复合式网页

3.4.1.wmv

**知识要点**

1. JSP 的三大指令
2. JSP 的标准操作

JSP 中 include 指令有利于代码的重复使用。比如有一个 JSP 是显示当前时间的，如果以后有很多文件都想具备这个功能就不用在每个文件里都写这段内容，用 include 指令就可以达到目的。

**1. 实例**

下面是一个 JSP 程序。

```
<!DOCTYPE HTML PUBLIC "-//W3C//DTD HTML 4.01 Transitional//EN">
<html>
    <head>
        <title>I am Header.jsp</title>
```

```
        <meta http-equiv="pragma" content="no-cache">
        <meta http-equiv="cache-control" content="no-cache">
        <meta http-equiv="expires" content="0">
    </head>
    <body>
        <p>I am header </p>
        <!--split from here -->
        <p>I am footer </p>
    </body>
</html>
```

把该文件分别保存在两个独立的 JSP 文件中，并用 JSP 的 include 指令实现具有相同功能的复合网页。

### 2. 分析

JSP 运行遇到＜jsp:include＞标签时，转向执行目标文件，目标文件执行完之后继续执行标签之后的内容。

include 指令也可以实现代码重用，格式为＜%@ include file="目标文件"%＞。与＜jsp:include＞标签不同的是，JSP 运行前把目标文件的内容复制到 include 指令所在的位置，形成一个文件，然后运行。

此处用 include 指令实现该程序。

首先把程序中的 JSP 分隔成 header.jsp 和 footer.jsp，然后在 index.jsp 中用 include 指令分别引用 header.jsp 和 footer.jsp。

### 3. 代码实现

(1) header.jsp

```
<!DOCTYPE HTML PUBLIC "-//W3C//DTD HTML 4.01 Transitional//EN">
<html>
    <head>
        <title>I am Header.jsp</title>
        <meta http-equiv="pragma" content="no-cache">
        <meta http-equiv="cache-control" content="no-cache">
        <meta http-equiv="expires" content="0">
    </head>
<body>
<p>I am header </p>
```

实例中 JSP 的上半部分的 meta 标签先清除浏览器中的缓存，再进入曾经访问过的页面时，浏览器必须从服务端下载最新的内容，以达到刷新的效果。

(2) footer.jsp

```
<p>I am footer </p>
</body>
</html>
```

看似一个非法网页，但其他 JSP 同时与 header.jsp 引用时，形成一个完整的 JSP 文件。

(3) index.jsp

```
<%@ page language="java" import="java.util.* " pageEncoding="ISO-8859-1"%>
<%@ include file="header.jsp" %>
<%@ include file="footer.jsp" %>
<%
    String path=request.getContextPath();
    String basePath=request.getScheme()+"://"+request.getServerName()+":"+
      request.getServerPort()+path+"/";
%>
<%out.println(path);%><p>
<%out.println(basePath); %>
```

黑体部分的程序为 include 指令分别引用 header.jsp 和 footer.jsp。

**4. 测试与运行**

把 index.jsp、header.jsp、footer.jsp 保存在 Tomcat 发布 JSP 目录中，启动服务器，在客户端浏览器看到 index.jsp 的显示效果如图 3-28 所示。

```
http://localhost:8080/index.jsp

I am header

I am footer

http://localhost:8080/
```

图 3-28 index.jsp 浏览效果

**5. 技术分析**

本节介绍了 JSP 组成，并对 JSP 的每一个组成部分作了详细的讨论。

(1) 指令

指令(directive)是一种 JSP 元素，它提供有关整个 JSP 页面的全局性信息。比如，在编译 JSP 页面时应使用何种语言就是一个指令运用的典型例子。指令的语法格式如下：

```
<%@ directive {attribute="value"} %>
```

这个页面指令表明应为指定的属性赋予某个值。一个指令可以包含多个属性/值数据对。本节实例 index.jsp 中第一行：

```
<%@ page language="java" import="java.util.* "
pageEncoding="ISO-8859-1"%>
```

表示编译 JSP 使用的语言是 Java，引入软件包 java.util. *，页面编码用 ISO-8859-1。

JSP 规范当前定义了三个可用指令，即 page、include 和 taglib。下面将分别介绍这些指令、属性及其适用范围。

① page 指令。page 指令定义了适用于 JSP 的全局性信息，这些页面级的设置将直接影响 JSP 的编译。表 3-1 定义了 page 指令的属性。

**注意** 因为必须赋值的属性都是默认的，通常不需要指定任何 page 指令。

② include 指令。include 指令用于在 JSP 编译时插入文本和代码。include 指令的语法格式如下：

```
<%@ include file="relativeURLspec" %>
```

其中，file 属性指向的文件可以引用一个普通的 HTML 文档，也可以引用一个 JSP 文件，这些文件将在 JSP 编译时进行处理。

表 3-1 page 指令的属性

| 属 性 | 定 义 |
|---|---|
| language="scriptingLanguage" | 这个属性告诉服务器使用什么语言编译 JSP 文件。当前,Java 是唯一可用的语言 |
| extends="className" | 这个属性定义父类,说明 JSP 生成的 Servlet 将从这个父类中扩展 |
| import="importList" | 这个属性定义 JSP 可用的一系列软件包,多个软件包的名字中间用逗号隔开 |
| session="true \| false" | 这个属性确定会话数据是否可用于这个页面。默认值是 true |
| buffer="none\|size in kb" | 这个属性确定输出流是否采用缓冲技术,默认值是 8KB,即采用缓冲技术 |
| autoFlush="true\|false" | 这个属性确定输出缓冲区是否自动清除,当缓冲区满了是否产生异常信息,默认值为 true,表示缓冲应自动清除 |
| isThreadSafe="true\|false" | 这个属性告诉 JSP 引擎,这个页面是否一次可以同时服务于多个请求。默认值为 true;如果属性值为 false,说明 SingleThreadModel 被用 |
| info="text" | 这个属性表示 JSP 页面的信息可供该页面的 Servlet.getServletInfo()方法访问 |
| errorPage="error_url" | 这个属性表示相对于 JSP 页面的 URL 地址指定的资源将处理异常情况 |
| isErrorPage="true\|false" | 这个属性说明 JSP 页面是否是一个 errorPage。默认值为 false |
| contentType="ctinfo" | 这个属性表示响应信息的 MIME 类型和字符集 |

本节采用 JSP include 指令来创建复合式页面,可提高代码的可重用性。把 header.jsp 和 footer.jsp 放在单独的 JSP 页面中。index.jsp 通过 JSP include 指令把 header.jsp 和 footer.jsp 内容包含进来,从而提高代码的重用性。

③ taglib 指令。JSP 定义了一种用于扩展当前 JSP 标记符集合的机制,这是通过创建一组称为标记符库(Tag Library)的惯用标记符集合实现的。taglib 指令用于指出标记符库的位置。taglib 指令声明 JSP 页面只使用指定在标记符库中定义的惯用标记符,并加一个与之关联的标记符前缀,以区别究竟使用的是哪些标记符。taglib 指令的语法格式如下:

```
<%@ taglib uri="taglibraryURI" prefix="tagPrefix" %>
```

taglib 指令的属性见表 3-2。

表 3-2 taglib 指令的属性

| 属 性 | 定 义 |
|---|---|
| uri | 引用一个 URI,这个 URI 唯一地指定了一个惯用标记符集合 |
| prefix | 定义了一个前缀字符串,用于区别一个惯用标记符实例 |

下面看一个 taglib 指令例子。

```
<%@ taglib uri="http://www.kaoyan.net" prefix="public" %>
<public:loop>
</publc:loop>
```

(2) 标准操作

JSP 标准操作提供一种抽象的方法，便于封装通用的任务。典型情况下，它们创建或者作用于一个对象，通常这些对象是 JavaBean。

① <jsp: useBean>：使用最新声明的 ID 的脚本变量与一个使用给定范围和同一 ID 定义的 JavaBean 实例相关联。

② <jsp: setProperty>：设置 Bean 的属性值。

③ <jsp: getProperty>：读取引用的 Bean 实例的属性值，并把这个值转换成一个 java.lang.String，然后把它放到一个隐含的 out(输出)对象中。

④ <jsp: include>：提供一种机制，用于把附加的静态或动态资源加到当前的 JSP 页面中。

与实例中用到的 include 指令不同的是，<jsp: include>是行为元素。JSP 的 include 指令读入指定页面的内容，并把这些内容和原来的页面融合到一起。

在执行时间上 include 指令是在编译阶段执行，而<jsp: include/>则是在请求处理阶段执行。

引入内容的不同，include 指令引入静态文本，在 JSP 页面被转化成 Servlet 之前和它融合到一起，而<jsp: include>则是引入执行页面或 Servlet 所生成的应答文本。

⑤ <jsp: forward>：使 JSP 引擎能够在运行时把当前的请求分派给一个静态的资源、Servlet 或另一个 JSP。

⑥ <jsp: param>：作为<jsp: include>、<jsp: forward>和<jsp: plugin>操作的子属性，提供标记符、值数据对信息。

⑦ <jsp: plugin>：<jsp: plugin>操作为 JSP 开发人员提供了一种能力，使他们能够生成包含适当的依赖于客户机浏览器结构的 HTML 文档。该动作提供一种机制，把附加的静态或动态资源加到当前的 JSP 页面中。

(3) 隐含的对象

编写 JSP 源代码时，可以在 JSP 文档中使用若干隐含的对象而不必事先声明它们。如前面提到的 out 对象等。

每个隐含对象都有一个类或接口类型，并且已在 JDK(Java Development Kit，Java 开发工具)或 JSDK(Java Servlet Development Kit，Java Servlet 开发工具)的内核部分作了定义。

### 6. 问题与思考

开发 Web 站点时，常常要求同一站点的所有 Web 页面保持一致的外观，比如有相同的布局、页头、页尾和菜单。图 3-29 所示为一种典型的页面布局。

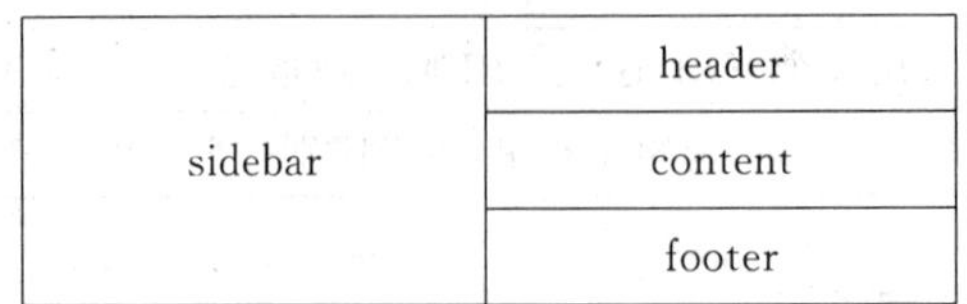


**图 3-29 一种典型的网页布局**

网页被分为四个部分：header、content、footer、sidebar。对于同一站点的所有 Web 页面，header、footer、sidebar 部分的内容相同，只有 content 部分的内容不同。

如果用 JSP 创建这种动态 Web 页面，需为每一个页面创建独立的 JSP 文件。例如，创建 index.jsp 和 product.jsp 两个页面。index.jsp 的代码如下：

```
<%@ page contentType="text/html; charset=UTF-8" %>
<html>
  <head>
     <title>TilesTaglibs Sample</title>
  </head>
  <body >
     <%--One table lays out all of the content for this page --%>
     <table width="100%" height="100%" >
        <tr>
           <%--Sidebar--%>
           <td width="150" valign="top" align="left" bgcolor="#CCFFCC">
              <table>
                 <tr>
                    <%--Sidebar top --%>
                    <td width="150" height="65" valign="top" align="left">
                       <a href="">
                          <img src="chinese.gif" border="0" /></a>
                       <a href="">
                          <img src="usa.gif" border="0"/></a>
                     </td>
                 </tr>
                 <tr>
                    <%--Sidebar bottom --%>
                    <td>
                       <font size="5">Links</font><p>
                       <a href="index.jsp">Home</a><br>
                       <a href="product.jsp">Products</a><br>
                       <a href="">Hot Link1</a><br>
                       <a href="">Hot Link2</a><br>
                       <a href="">Hot Link3</a><br>
                    </td>
                 </tr>
              </table>
           </td>
           <%--main content--%>
           <td valign="top" height="100%" width="*">
              <table width="100%" height="100%">
                 <tr>
                    <%--Header--%>
                    <td valign="top" height="15%">
                       <font size="6">Welcome to ABC Inc.</font>
                       <hr>
                    </td>
                 </tr>
                <tr>
                    <%--Content--%>
                    <td valign="top" height="*">
                       <font size="4" >Page-specific content goes here</font>
                    </td>
```

```
            </tr>
            <tr>
              <%--Footer--%>
              <td valign="bottom" height="15%">
                <hr>
                Thanks for stopping by!
              </td>
            </tr>
          </table>
        </td>
      </tr>
    </table>
  </body>
</html>
```

product.jsp 的代码如下：

```
<%@ page contentType="text/html; charset=UTF-8" %>
<html>
  <head>
    <title>TilesTaglibs Sample</title>
  </head>
  <body>
    <%--One table lays out all of the content for this page --%>
    <table width="100%" height="100%">
      <tr>
        <%--Sidebar--%>
        <td width="150" valign="top" align="left" bgcolor="#CCFFCC">
          <table>
            <tr>
              <%--Sidebar top --%>
              <td width="150" height="65" valign="top" align="left">
                <a href="">
                  <img src="chinese.gif" border="0" /></a>
                <a href="">
                  <img src="usa.gif" border="0"/></a>
              </td>
            </tr>
            <tr>
              <%--Sidebar bottom --%>
              <td>
                <font size="5">Links</font><p>
                <a href="index.jsp">Home</a><br>
                <a href="product.jsp">Products</a><br>
                <a href="">Hot Link1</a><br>
                <a href="">Hot Link2</a><br>
                <a href="">Hot Link3</a><br>
              </td>
            </tr>
          </table>
        </td>
        <%--Main content--%>
```

```
            <td valign="top" height="100%" width="*">
              <table width="100%" height="100%">
                <tr>
                  <%--Header--%>
                  <td valign="top" height="15%">
                    <font size="6">Welcome to ABC Inc.</font>
                    <hr>
                  </td>
                </tr>
              <tr>
                  <%--Content--%>
                  <td valign="top" height="*">
                    <font size="4">Products</font><p>
                    <li>product1</li><br>
                    <li>product2</li><br>
                    <li>product3</li><br>
                  </td>
                </tr>
                <tr>
                  <%--Footer--%>
                  <td valign="bottom" height="15%">
                    <hr>
                    Thanks for stopping by!
                  </td>
                </tr>
              </table>
            </td>
          </tr>
        </table>
    </body>
</html>
```

启动服务器，index.jsp 的显示效果如图 3-30 所示。

**图 3-30 index.jsp 的显示效果**

单击 Products 按钮，打开 product.jsp 的结果如图 3-31 所示。

在 index.jsp 和 product.jsp 文件中，出现大量重复代码。大量的冗余会增加开发和维护成本。

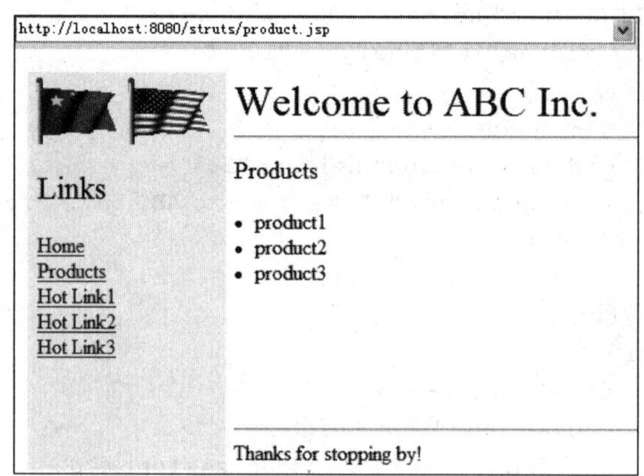


图 3-31 product.jsp 的显示效果

请用 JSP 的 include 指令实现复合式网页以减少冗余。

**提示** 为了减少冗余，可以把 index.jsp 和 product.jsp 中相同部分放在单独的 JSP 文件中，然后在 index.jsp 和 product.jsp 文件中通过 JSP include 指令把其他 JSP 文件包含进来。

图 3-32 是 index.jsp 包含的其他 JSP 文件，图 3-33 是 product.jsp 包含的其他 JSP 文件。

sidebar.jsp | header.jsp | indexContent.jsp | footer.jsp

图 3-32 index.jsp 包含的其他 JSP 文件

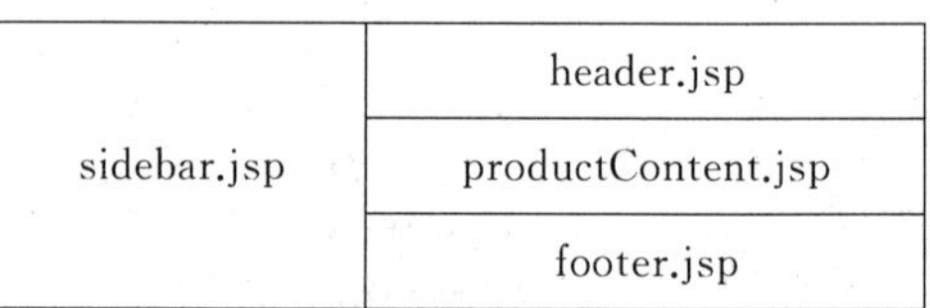


图 3-33 product.jsp 包含的其他 JSP 文件

在 index.jsp 和 product.jsp 中都包含了 header.jsp、sidebar.jsp 和 footer.jsp，只有网页主体部分的 JSP 文件不同。

### 3.4.2 JSP 的隐含对象

3.4.2.wmv

**知识要点**

1. 利用 application 实现网页访问计数器
2. JSP 的 9 个隐含对象

JSP 文档中可以使用某些对象而不需要事先声明。JSP 引擎读取这些对象，然后把它们插到生成的 Servlet 中，就像已经定义了它们一样。

前面已经介绍到 JSP 的隐含对象 out、request、response 等，下面通过一个实例再介绍一个隐含对象 application。

**1. 实例**

编写 JSP 程序，实现网站访问记数功能。

**2. 分析**

客户端浏览器一旦向服务器请求，就建立一个 Session 会话；当关闭浏览器时，会话结束。相比 Session 会话，application 生命周期是服务器启动到停止的全过程。所以这里在程序中用一个 application 变量保存访问的用户量。

### 3. 代码实现

```
1.  <html>
2.    <head>
3.      <title>counter.jsp</title>
4.    </head>
5.    <body>
6.    <%
7.      if(application.getAttribute("counters")==null){
8.        out.print("you are the firt visitor");
9.        application.setAttribute("counters","1");
10.      }
11.      else{
12.        int count=Integer.parseInt(application.getAttribute("counters").toString());
13.        count++;
14.        out.print("you are "+count+" visitor");
15.        application.setAttribute("counters", new Integer(count));
16.      }
17.    %>
18.    </body>
19.  </html>
```

代码的第 12～15 行中，application 对象的 getAttribute(String name)方法返回属性 counters 的值。用 setAttribute(String name, Object object)方法来设定属性 counters 的值。

### 4. 测试与运行

若是第一次访问该页面，浏览器提示用户第一次访问该网页，如图 3-34 所示。

此后不断有客户端访问该页面，浏览器提示第几位访客，如图 3-35 所示。

图 3-34 第 1 位访客

图 3-35 第 17 位访客

### 5. 技术分析

(1) request 对象

request 对象最常见的一个用途是访问请求参数。通过调用 request 对象的 getParameter()方法，并带有一定的参数名，即可达到该目的。getParameter()方法是从它的父类 javax.Servlet.ServletRequest 中继承的，它将返回一个与指定参数对应的值的字符串。前面的例子已经了解了该对象的使用方法。

（2）response 对象

JSP 隐含对象 response 代表 javax.Servlet.http.HttpServletResponse 对象。利用这个对象，JSP 能够操作 HTTP 协议特定的头信息，并把结果回送给客户机。

response 对象最常见的用法是把 HTML 输出回送给客户机浏览器。通常，可能直接调用 response.getWriter()方法。

（3）pageContext 对象

pageContext 对象用于访问与 JSP 页面有关的名字空间，也可在其他若干的 JSP 隐含对象中使用。以下代码展示了 pageContext 常用的一些功能。

```
//使用 pageContext 设置属性，将该属性默认在 page 的范围内
pageContext.setAttribute ("page","hello");
//使用 request 设置属性，将该属性默认在 request 的范围内
request.setAttribute ("request1","hello");
//使用 pageContext 设置属性，将属性设置在 request 的范围内
pageContext.setAttribute("request2","hello",pageContext.REQUEST_SCOPE);
//使用 session 设置属性，将属性设置在 session 的范围内
session.setAttribute("session1", "hello");
//使用 pageContext 设置属性，将属性设置在 session 的范围内
pageContext.setAttribute("session2","hello",pageContext.SESSION_SCOPE);
//使用 application 设置属性，将属性设置在 application 的范围内
application.setAttribute ("app1", "hello");
//使用 pageContext 设置属性，将属性设置在 application 的范围内
pageContext.setAttribute("app2","hello",pageContext.APPLICATION_SCOPE);
```

（4）Session 对象

隐含的 Session 对象用于存储对 javax. Servlet. http. HttpSession 对象的引用，而 HttpSession 对象用于存储客户机请求期间的对象。因此，它们为开发人员提供了一种几乎完整的 HTTP 交互状态的能力。通过在生成的 Servlet 中调用 pageContext.getSession()方法，可对 Session 对象进行初始化。有了该对象，就可以像在 Servlet 中一样建立 Session 变量。

（5）application 对象

application 对象用于存储对 java.Servlet.ServletContext 对象的引用，而 ServletContext 是从 Servlet 的配置中取得的。

application 对象具有应用级的适用范围，这意味着它对所有的 JSP 都可用，直到 JSP 引擎关闭为止。

application 对象经常用于访问环境信息，它经常访问的某些通用的信息是存储在 ServletContext 中的对象。把这些对象存储在 ServletContext 中，可以保证在 Servlet 引擎的整个运行期间，它们都是可用的。

ServletContext 是一个很大的场所，可以供 JSP 和 Servlet 之间共享对象。

（6）out 对象

隐含的 out 对象是一个非常简单的对象，它表示一个对 JspWriter 的引用，而 JspWriter 则是从 java.io.Writer 中派生出来的。

out 对象主要用于把数据写到回送给客户机的输出流中，其中最常见的用法是调用 out.

println()方法，并把 HTML 文本作为参数传递给该方法。这些 HTML 文本将显示在客户机的浏览器上。大多数回送给客户机的输出内容都是由 out.println()方法完成的。

(7) config 对象

隐含的 config 对象表示 ServletConfig。后者定义了一个由 Servlet 引擎生成的其中包含配置信息的对象。这个 Servlet 将要访问的配置信息是 ServletContext 对象，该对象描述了生成的 Servlet 运行的上下文环境。

在大多数情况下，不需要使用这个 config 对象，因为会通过隐含的 application 对象访问 ServletContext。

(8) page 对象

page 对象是一个对当前 JSP 页面的引用，它是由生成的 Servlet 在初始化时使用 this 引用的。

page 对象和 pageContext 对象有本质的区别。page 对象是当前页面转换后的 Servlet 类的实例。pageContext 是 javax.servlet.jsp.PageContext 的实例，该对象代表 JSP 页面的上下文，使用该对象可以访问页面中的共享数据。常用的方法有 getServletContext 和 getServletConfig 等。

**例 3-19** 用 pageContext 建立一个 page 范围的属性，然后跳转到另一个页面进行读取。

t1.jsp 的程序如下：

```
<%
    pageContext.setAttribute("name","i am page attribute");
    out.println("t1.jsp: ");
    out.println(pageContext.getAttribute("name"));
    out.println("<p>");
    pageContext.include("t2.jsp");
%>
```

t2.jsp 的程序如下：

```
<%
    out.println("t2.jsp: ");
    out.println(pageContext.getAttribute("name"));
%>
```

将该文件保存为 t1.jsp，程序运行结果如图 3-36 所示。

说明保存在 pageContext 对象中的属性具有 page 范围，只能在同一个页面中被访问。

```
http://localhost:8080/t1.jsp

t1.jsp: i am page attribute

t2.jsp: null
```

**图 3-36 t1.jsp 的运行结果**

(9) exception 对象

隐含的 exception 对象仅存在于一个定义的 errorPage 中。它用于存储一个对没有捕捉到的异常的引用，该异常导致错误处理的页面被调用。

**6. 问题与思考**

(1) 编写一个 Servlet 程序，从表单接收数据生成一个 Human 对象 p，把 p 保存在一个 request 属性后，重新定向到一个 JSP 页面，用 request.getAttribute()方法读取。Human 类的程序如下：

```
public class Human{
  String code;
  String name;
  String gender;
  String birth;
  Human(String code,String name,String gender,String birth){
    this.code=code;
    this.name=name;
    this.gender=gender;
    this.birth=birth;
  }
  void introduce(){
    System.out.println("I am "+name);
  }
}
```

（2）比较 application、Session 和 request 对象有什么区别。

## 3.5 JavaBean

**知识要点**

1. JavaBean 的定义
2. JSP 中引用 JavaBean

任何一个符合某种属性和事件接口定义约定的 Java 类可以是一个 JavaBean。Bean 是在可视化构造工具中可以被操作的 Java 类，并且这些 Java 类可以放置到应用程序中。

### 1. 实例

创建一个只包含一个属性和一个方法的 Bean，并在 JSP 中使用。

### 2. 分析

JavaBean 是一个 Java 模型组件，为使用 Java 类提供了一种标准的格式。写成 JavaBean 的类必须是具体的和公共的，并且具有无参数的构造器。

作为 Bean 的类和其他类几乎没有什么区别，一般 Bean 的结构如下。

```
package mybean;
class SimpleBean{
  定义属性 name;
  定义方法 output();
}
```

### 3. 代码实现

```
package mybean;
public class SimpleBean{
  public String name="Every one!";
  public String output(){
```

```
5.       return "Hello"+name;
6.    }
7. }
```

在代码的第 3～5 行中，字符串 name 作为 Bean 的属性，output()被定义为 Bean 方法。

#### 4. 测试与运行

首先编译源文件：C:\jdk\bin＞javac -d . mybean\SimpleBean.java，编译后的 SimpleBean.class 放在 tomcat\webapps\ROOT\WEB-INF\classes\mybean 的目录下。

接下来创建 JSP 文件。用文本编辑器创建一个 JSP 文件 demobean.jsp，程序如下：

```
<html>
   <head>
      <title>JavaBeans 示例</title>
   </head>
   <body>
      <jsp:useBean id="HelloBeans" scope="session" class="mybean.SimpleBean" />
      <%=HelloBeans.output()%>
      <hr>
      <%
         HelloBeans.name="World";
         out.print(HelloBeans.output());
      %>
   </body>
</html>
```

将该文件存放在 tomcat\webapps\ROOT 目录中。在浏览器的地址栏中输入 http://localhost:8080/demobean.jsp，得到的结果如图 3-37 所示。

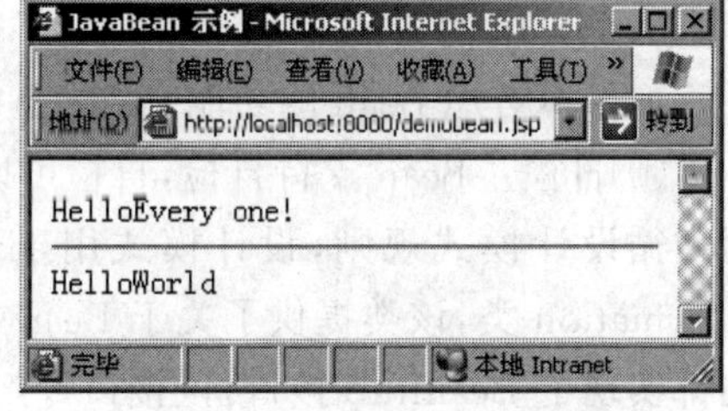


图 3-37 运行结果

从例子可以看出，JavaBean 在网页生成之前就被创建出来，接着需要做的就是告诉 JSP 页面它将要用到一个 Bean。

#### 5. 技术分析

(1) JavaBean 的基本概念

JavaBean 是用 Java 语言编写的可重用软件组件。软件组件是一个自含的、可重用的软件单元。

在软件开发领域中，可重用软件组件借鉴了零组件互换的概念。在很久以前，其他工业领域就已从可重用组件的思想中获益。例如，一个计算器组件就是由 16 个按钮组件、一个文本域组件，以及带有按钮和文本显示区的面板。

可重用的软件组件可以是诸如按钮、文本域、列表框、滚动条和对话框等这些简单的组件。

传统上，上述组件是由第三方软件公司开发销售的，现在这些公司开发销售的则是更加复杂的软件组件，诸如日历和电子表格。

程序员在使用构造工具时，可以移动、查询或者可视化地组装组件。通常，这些另外的组件在应用程序运行时会发挥作用，尽管对于用户来说它们并不可见。

可以从第三方软件商那里购买完成特定功能的JavaBean组件，也可以购买支持JavaBean的构造工具或开发程序。应用程序构造工具可以使用鼠标作为主要输入工具来构造Java应用程序。一旦选取组件（可以从工具栏、面板或者菜单中选取）之后，就把它们放到表单或者客户窗口中。可以通过编辑它们的属性来改变这些组件的外观和行为，同时，也可以通过事件和事件处理句柄连接有关组件。

组件之间也可以嵌套。例如，由各种组件构造出的计算器，其自身也可成为另外一个应用程序的组件。客户自己构造的组件可以很容易地添加到组件工具库中。

Java编程语言中正式的组件模型是JavaBean规范。该规范增加了若干个概念以提升Java编程语言中组件的性能。其中的某些概念——属性、事件以及方法——与其他标准组件模型中的对应概念含义相同。尽管方法的概念对JavaBean来说并不新鲜，但是JavaBean模型发布关于方法的信息还是可以使得在设计和运行时发现它们更容易。

JavaBean规范引入的广为使用的一个概念（尽管从表面上看这个概念相当简单）是命名方式。命名方式是用推荐的前缀和后缀来区分方法的简单标准。例如，JavaBean规范建议用来提供属性值（状态数据）方法的名字应该有前缀get或者is。这样提供年龄（age）属性值的方法应该命名为getAge()。另外，任何修改属性值的方法的名字都应该以set为前缀。这样修改年龄属性的方法应该命名为setAge()。

JavaBean规范中另一个广为使用的概念就是任何JavaBean都要支持串行化（serialization）和外部化（externalization）的要求。这两个要求都用来处理对象自动写入存储器以及从存储器恢复的能力。串行化一般由java.io包来控制，而外部化的工作大多由单独的类来控制。

命名方式、串行化、外部化的概念简洁明了，它们为Java编程语言以及Web应用程序开发环境提供了方便。

(2) Bean的特征

如果不考虑Bean的功能，Bean是由下列特征定义的。

① 自检。Bean支持自检，自检可以让构造工具来分析Bean是如何工作的。自检这个过程遵循设计模式规则，设计模式用于命名Bean的特性。每个Bean都有一个相关的Bean information类，该类提供了关于Bean本身的属性、方法和事件信息。每个Bean information类都实现了BeanInfo接口，该接口专门列出了需要让构造工具知晓的Bean的特性。

② 属性。属性控制Bean的外观和行为。构造工具对Bean进行自检发现其属性，并把这些属性显示出来进行操作。可以在设计阶段改变Bean的属性。

③ 配置。一旦Bean的属性显示出来，就可以在设计阶段进行设置。用户可以改变Bean的外观和行为。通过使用属性编辑器或特别的、复杂的Bean设置器可以对Bean进行设置。

④ 事件。Bean通过事件同其他Bean进行通信。Bean可以产生事件，即把事件发送给另外一个Bean。发送事件的Bean称为源Bean，接收事件的Bean称为监听Bean。一个监听Bean对从源Bean发来的事件进行监听。构造工具使用自检过程来了解一个Bean所发送的事件以及该Bean所接收到的事件。

⑤ 持续性。Bean使用Java对象序列化，实现java.io.Serializable接口，用于保存和恢复配置结果。例如，当应用程序构造工具中设置一个Bean时，将保存原来的状态，之后被改变了的状态就可以被恢复。

⑥ 方法。所有的JavaBean中的方法同其他的Java类中的方法是一样的，Bean方法可以

被其他 Bean 调用，也可以被脚本语言调用。JavaBean 中的方法在默认情况下是公用的。

一般情况下，Bean 似乎主要是用于构造工具的场合，实际情况并非一定如此，Bean 也可以通过编程接口被文本工具手工操作。同构造工具一样，所有关键的 API，包括对事件、属性的支持，都设计得容易被程序员阅读和理解。

(3) JSP 使用 Bean 的标记

实例中 JSP 用"<jsp：useBean>"标记来使用 JavaBean。其语法如下：

```
<jsp: useBean id="localName" class="..." scope=" application"/>
```

一旦声明了一个 JavaBean，就可以访问它的属性来定制它。要获得属性值，请用"<jsp：getProperty>"标记。有了这个标记，就能指定将要用到的 Bean 名称(从 useBean 的"id"字段得到)以及想得到的属性。实际的值被放在输出中。

```
<jsp: getProperty id="localName" property="name" />
```

要改变 JavaBean 属性，必须使用"<jsp：setProperty>"标记。如果命名正确，这些值可以从一个已提交的表中直接获得。

```
<jsp: setProperty id="localName" property=" * " />;
```

也可以从一个参数获得，但必须直接命名属性和参数。

```
<jsp: setProperty id="localName" property="serialNumber" value="string" />
```

或者直接用一个名字和值来设置。

```
<jsp: setProperty id="localName" property="serialNumber" value=<%=expression
%/>
```

下面再举一个例子，对上述 3 个标记做进一步说明。

**例 3-20** 创建一个名为 Studentbean 的 Bean。它有两个属性，即 Id(学号)和 Name(姓名)。两个 set()方法分别用来设置这两个属性，两个 get()方法则用于提取这两个属性。

① 创建 JavaBean 源文件。

```
package student;
public class Studentbean{
  //定义属性
  String Id;
  String Name;
      //构造函数
  public Studentbean(){
    this.Id="100102";          //预置初始值
    this.Name="张凯";
  }
  //定义方法。set×××用于设置属性值：get×××用于得到属性值
  //操作 Id 属性
  public void setId(String str){
    this.Id=str;
  }
  public String getId(){
    return(this.Id);
  }
```

```
  //操作 Name 属性
  public void setName(String name){
    this.Name=name;
  }
  public String getName(){
    return(this.Name);
  }
}
```

该例中采用了 Bean 的属性和方法的一般命名规则，一般遵循：

- 属性如果被命名为×××，get×××()和 set×××()两个方法分别用于获取和设置属性。
- 对于布尔型属性，可以使用上面的 get()和 set()方法，也可以用 is 代替 get。
- Bean 的普通方法不适合上面的命名规则，但它们是公用的。

② 创建 JSP 源文件 testbean.jsp。

```
<html>
    <head>
        <title>TEST BEAN</title>
    </head>
    <body>
        <jsp:useBean id="StudBean" scope="application" class="student.Studentbean" />
        <%StudBean.setId("100100");
            StudBean.setName("张名军");
        %>
        使用方法 1: <p>
        学号: <%=StudBean.getId()%><br>
        姓名: <%=StudBean.getName()%>
        <p>
        <%StudBean.setId("100101");
            StudBean.setName("李国平");
        %>
        <b>使用方法 2: </b><p>
        学号: <jsp:getProperty name="StudBean" property="id"/>
        <br>
        姓名: <jsp:getProperty name="StudBean" property="name"/>
    </body>
</html>
```

运行结果如图 3-38 所示。

图 3-38　testbean.jsp 的运行结果

在<jsp：useBean>标记内定义了几个属性，其中 id 是整个 JSP 页面内该 Bean 的标识，scope 属性定义了该 Bean 的生命周期，class 属性说明了该 Bean 的类文件(从包名开始)。

这个 JSP 页面不仅使用了 Bean 的 set()和 get()方法设置与提取属性值，还用到了提取 Bean 属性值的第二种方法，即使用了<jsp:getProperty>标记。<jsp:getProperty>中的 name 属性即为<jsp:useBean>中定义的 Bean 的身份，它的 Property 属性指定的是目标属性的名字。

在对布尔型的属性进行操作时，可使用 is 前缀代替 set 或 get 前缀，即方法名为 is×××()。例如：

```
public Boolean isProperty();
public Boolean isEnabled();
public Boolean isAuthorized();
```

Bean 容器会自动进行匹配，如果是设置属性，则上述三条语句与下面三条语句含义相同。

```
public void setProperty(Boolean b);
public void setEnabled(Boolean b);
public void setAuthorized(Boolean b);
```

在上面的例子中，组件的属性都是 String 类型的，实际上组件的属性可以是其他类型，而且各种类型之间还可进行转化。

还需要说明的一点是：通过<jsp:getProperty>得到的任何类型的属性值都将被转化成 String 类型。表 3-3 给出了 Java 基本类型与 String 类型之间的转换方法。

**表 3-3 Java 基本类型与 String 类型之间的转换**

| 属 性 类 型 | 转 换 方 法 |
|---|---|
| Boolean | Java.lang.Boolean.toString(Boolean) |
| byte | Java.lang.Byte.toString(byte) |
| char | Java.lang.Character.toString(char) |
| double | Java.lang.Double.toString(double) |
| int | Java.lang.Integer.toString(int) |
| float | Java.lang.Float.toString(float) |
| long | Java.lang.Long.toString(long) |

同样，通过<jsp:setProperty>设置属性值时，String 类型将转化成具体属性的类型。表 3-4 给出了 String 类型与 Java 基本类型之间的转换方法。

**表 3-4 String 类型与 Java 基本类型之间的转换**

| 属 性 类 型 | 转 换 方 法 |
|---|---|
| boolean 或 Boolean | Java.lang.Bealean.valueOf(String) |
| byte 或 Byte | Java.lang.Byte.valueOf(String) |
| char 或 Char | Java.lang.Character.valueOf(String) |
| double 或 Double | Java.lang.Double.valueOf(String) |
| int 或 Int | Java.lang.Integer.valueOf(String) |
| float 或 Float | Java.lang.Float.valueOf(String) |
| long 或 Long | Java.lang.Long.valueOf(String) |

JavaBean对于扩展JSP的功能起了很大作用。JavaBean的最大优势是可以极大地提高效率,因为JavaBean可以重复使用。熟练掌握JavaBean对大规模开发JSP有很大的好处。

**6. 问题与思考**

为包teacher下的类TeacherBean创建一个Bean。它有两个属性,即Id(学号)和Name(姓名)。两个set()方法分别用来设置这两个属性,两个get()方法则用于提取这两个属性。

## 3.6 Servlet/JSP实现MVC模式

### 3.6.1 接口方式

**知识要点**

1. MVC基本概念
2. class(M)、Jsp(V)、Servlet(C)实现MVC的实例

3.6.1.wmv

MVC是模型(model)、视图(view)和控制器(controller)三者的缩写。MVC模式强制性地使应用程序的输入、处理和输出分开,整个程序分成模型、视图、控制器三个核心部件,各自处理自己的任务。

**1. 实例**

用Servlet/JSP实现一个基本的MVC程序,test.jsp将要得到的服务和转发的页面发送到控制器,控制器转发请求到相应的类处理业务并跳转到下一个页面输出结果。

**2. 分析**

该程序主要由三个类构成,分别为Controller类、Service类、ExampleService类,这个程序的序列图如图3-39所示。

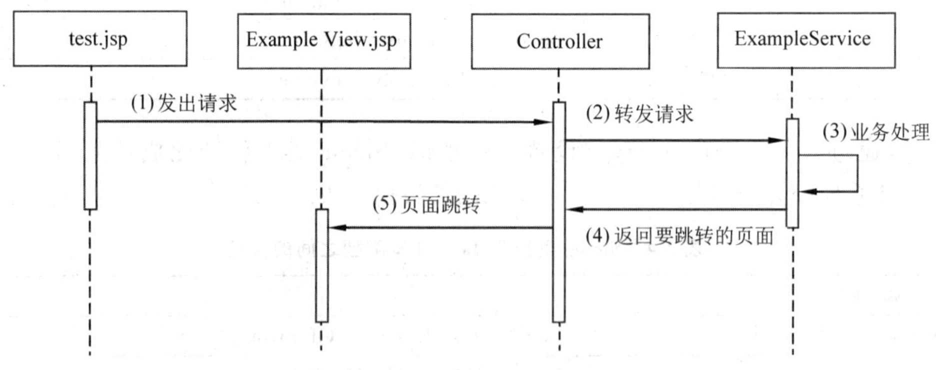


图3-39 基本MVC程序的序列图

(1) 首先在View层的test.jsp中提交一个请求,test.jsp以隐含的方式向Controller传送参数。

(2) 在Controller层的Controller对象中,根据请求的类型调用相应的业务处理类。

(3) 在Model层的ExampleService类主要实现请求的所有业务功能。

（4）回到 Controller 层的 Controller 对象，根据步骤（3）的返回值进行页面转发。

（5）转发到 View 层的页面。

**3. 代码实现**

（1）Model

```
public void execute(HttpServletRequest request,
HttpServletResponse response, ServletContext context) throws Exception {
  request.setAttribute("example","Example Value");
}
```

Model 定义了一个 Service（服务）接口，这个服务接口将作为所有服务的原型，该接口有一个单一的方法，即 execute（）方法，该方法读取 HttpServletRequest、HttpServletResponse 和 ServletContext。所有的服务只需实现 execute()方法。

实例中实现了服务 execute()方法。该方法仅仅为 request 增加了一个属性，该属性的关键字是 example，值是 Example Value。

（2）View

```
<input type="hidden" NAME="service" VALUE="ExampleService">
<input type="hidden" NAME="target" VALUE="/ExampleView.jsp">
...
<%=request.getAttribute("example")%>
```

View 层的 test.jsp 中提交了一个请求，test.jsp 以隐含的方式向 Controller 传送参数 service 和 target。

除了以 test.jsp 方式传送参数外，还可以直接在浏览器中输入 http://localhost:8080/sv/Controller?service=ExampleService&target=/ExampleView.jsp 地址时带上参数。

View 的另一个页面 ExampleView.jsp 的作用是输出请求属性 example 和它的值。

（3）Controller

```
try{
  Class cls=Class.forName(serviceName);
  Service service=(Service)cls.newInstance();
  service.execute(request, response, context);
}
...
try{
  ServletContext context=getServletContext();
  if(!target.equals("false")){
    RequestDispatcher dispatcher=context.getRequestDispatcher(target);
    dispatcher.forward(request, response);
  }
}
```

该程序重要的是省略号之前的第一段代码。这部分代码起到一个服务中心的作用，它扫描请求信息中的 service 参数，通过使用它的物理名创建一个新的 Service 类的实例的方式，动态地建立类。然后调用 execute()方法，该方法是一个在 Service（服务）接口中定义的方法。程序员可以在此处加入业务逻辑的处理部分。

省略号之后的第二部分代码的重点是 forward()方法，该方法用于把执行服务后的结果转发给 JSP，以便用户浏览。在这个代码段中，控制器先创建一个 RequestDispatcher 对象，然后调用该对象的 forward()方法，同时把 request 和 response 对象传递给这个方法，最后再把结果转发至目的 JSP。

**4. 源代码**

(1) Model

由 Service 接口和 ExampleService 类组成，Service.java 的代码如下：

```
import javax.servlet.http.HttpServletRequest;
import javax.servlet.http.HttpServletResponse;
import javax.servlet.ServletContext;

public interface Service{
    public void execute(HttpServletRequest request, HttpServletResponse response,
      ServletContext context) throws Exception;
}
```

ExampleService.java 的代码如下：

```
import javax.servlet.http.HttpServletRequest;
import javax.servlet.http.HttpServletResponse;
import javax.servlet.http.HttpSession;
import javax.servlet.ServletContext;

public class ExampleService implements Service{
  public ExampleService(){
  }
  public void execute(HttpServletRequest request, HttpServletResponse response,
    ServletContext context) throws Exception {
    request.setAttribute("example","Example Value");
  }
}
```

(2) View

由 test.jsp 和 ExampleView.jsp 构成。

test.jsp 的代码如下：

```
<html>
    <head><title>HiddenFieldServlet</title></head>
    <body>
        <form action="http://localhost:8080/sv/Controller", method="POST">
            <input type="hidden" NAME="service" VALUE="ExampleService">
            <input type="hidden" NAME="target" VALUE="/ExampleView.jsp">
            <input type="submit" VALUE=" Submit">
        </form>
    </body>
</html>
```

ExampleView.jsp 的代码如下：

```
<html>
    <head>
        <title>Example View</title>
    </head>
    <body>
        <h1>
            Example JSP View
        </h1>
        The value added to the request was <%=request.getAttribute("example")%>
    </body>
</html>
```

（3）Controller

代码如下：

```
import javax.servlet.*;
import javax.servlet.http.*;
import java.io.*;
import java.util.*;

public class Controller extends HttpServlet{
  public void init(ServletConfig config) throws ServletException{
    super.init(config);
  }

  protected void forward(HttpServletRequest request, HttpServletResponse response,
    String target) throws ServletException{
    try{
      ServletContext context=getServletContext();
      if(!target.equals("false")){
        RequestDispatcher dispatcher=context.getRequestDispatcher(target);
        dispatcher.forward(request, response);
      }
    }
    catch(IOException ioe){
      throw new ServletException(ioe.getMessage());
    }
  }

  public void doGet(HttpServletRequest request, HttpServletResponse response)
    throws ServletException, IOException{
    doPost(request, response);
  }

  public void doPost(HttpServletRequest request, HttpServletResponse response)
    throws ServletException, IOException{
    String serviceName=request.getParameter("service");
    if(serviceName==null) {
      throw new ServletException("No service named!");
    }
```

```
        String target=request.getParameter("target");
        if(target==null){
          throw new ServletException("No target named!");
        }
        ServletContext context=getServletContext();
        try{
          Class cls=Class.forName(serviceName);
          Service service=(Service)cls.newInstance();
          service.execute(request, response, context);
        }
        catch(ClassNotFoundException ce){
          throw new ServletException(ce.getMessage());
        }
        catch(IllegalAccessException iae){
          throw new ServletException(iae.getMessage());
        }
        catch(Exception e){
          throw new ServletException(e.getMessage());
        }
        forward(request, response, target);
      }
    }
```

**5. 测试与运行**

将该文件复制到正确的位置，打开浏览器，指向下列的 URL 地址，如图 3-40 所示。

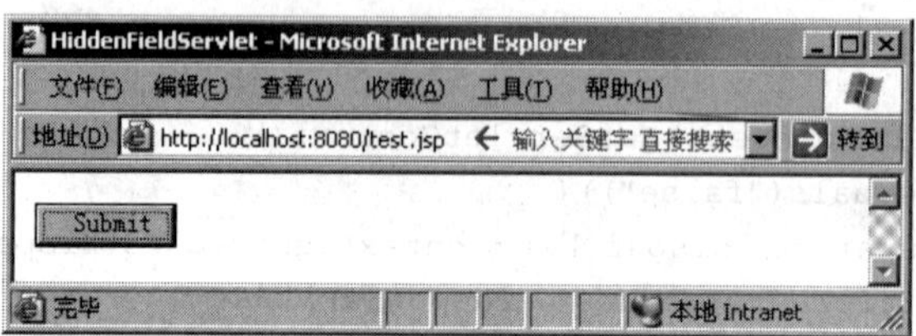


图 3-40 向 Controller 传送隐藏值的页面

提交后，可以看到如图 3-41 所示的结果。

图 3-41 基本 MVC 程序运行结果

**注意** 在编译 Controller.java 时，javac Controller.java-classpath C:\tomcat\common\lib\Servlet-api.jar 命令可能会提示找不到 Service 类。因为经编译后的 Service.class 没在 classpath 所指定的目录。如果它在当前目录，命令格式要修改为：javac Controller.java-classpath.;C:\tomcat\common\lib\Servlet-api.jar。

#### 6. 技术分析

MVC 是指在使用 JSP 时，有相应的文件去实现相应的操作。通常 JSP 只负责 View，也就是只负责显示页面。业务逻辑等由 Bean(ejb)去实现。模式中 MVC 的基本结构定义如下。

- 控制器(Controller)：用来处理用户命令以及程序事件的。
- 模型(Model)：维护数据并提供数据访问方法。
- 视图(View)：数据的显示。

MVC 模式具有以下优点。

(1) 各司其职，互不干涉

在 MVC 模式中，三个层各司其职，如果哪一层的需求发生了变化，就只需要更改相应的层中的代码而不会影响到其他层中的代码。比如业务发生了变化，只要更改 Model 层中相应类中的语句即可。

(2) 有利于开发中的分工

在 MVC 模式中，由于按层把系统分开，那么就能更好地实现开发中的分工。网页设计人员可以进行开发视图层中的 JSP，对业务熟悉的开发人员可开发业务层，而其他开发人员可开发控制层。

(3) 有利于组件的重用

分层后更有利于组件的重用。如控制层可独立做成一个能用的组件，视图层也可做成通用的操作界面。

#### 7. 问题与思考

一个实现 MVC 模式的程序主要由三个类和一个 JSP 视图文件构成，分别为 Controller 类、Service 类、ExampleService 类、ExampleView.jsp，该程序的序列图如图 3-39 所示。

在 ExampleService 服务中，读取系统时间，转由 ExampleView.jsp 显示出来。试编写程序来实现。

### 3.6.2 Spring 的 Web 框架

3.6.2.wmv

**知识要点**

1. 用 Spring Web 完成一个实例的方法
2. Spring Web 的基本框架

Spring MVC 框架通过实现 MVC 模式来更好地将数据、业务与展现进行分离。Spring MVC 的设计是围绕 DispatcherServlet 展开的，DispatcherServlet 负责将请求派发到特定的 handler。通过可配置的 handler mappings、view resolution、locale 以及 theme resolution 来处理请求并且转到对应的视图。

Spring 3.x 中定义一个控制器类，必须以@Controller 注解标记。当控制器类接收到一个请求时，它会在自己内部寻找一个合适的处理方法来处理请求。使用@RequestMapping 注解将方法映射到一些请求上，以便让该方法处理那些请求。

**1. 实例**

用 Spring MVC 建立一个 Controller，运行后建立一个值为"Hello，World!"的属性 msg，跳转给一个页面读出并显示。

**2. 分析**

控制器在选择好适合处理请求的方法时，传入收到的请求(根据方法参数类型，可能以不同的类型传入)，并且调用该方法中的逻辑来进行处理(也可以是调用 Service 来真正处理)。方法逻辑可能也会在参数中添加或者删除数据。处理方法处理完之后，会委派给一个视图，由该视图来处理方法的返回值。处理程序的返回值并不代表视图的具体实现，可以只是 String 类型，代表视图名，甚至是 void(这时候 Spring MVC 可以根据方法名或者控制器名找到默认视图)。也不需要担心返回值只是视图名称，视图找不到要显示的数据，因为方法参数对于视图来说也是可以找到的。比如，如果处理方法以 Map 为参数，那么这个 Map 对于视图也是可以找到的。

返回的视图名称会返回给 DispatcherServlet，它会根据一个视图解析器将视图名称解析为一个具体的视图实现。这里说到的视图解析器是一个实现了 ViewResolver 接口的 Bean，它的任务就是返回一个视图的具体实现(HTML、JSP、PDF 等)。

**3. 代码实现**

HelloController 类是一个控制器，代码如下：

```
1  package springmvc.controller;
2  import org.springframework.stereotype.Controller;
3  import org.springframework.ui.Model;
4  import org.springframework.web.bind.annotation.RequestMapping;
5  import org.springframework.web.bind.annotation.RequestMethod;

6  @Controller
7  public class HelloController {

8      @RequestMapping(value="/hello",method=RequestMethod.GET)
9      public String sayHello(Model model) {
10         model.addAttribute("msg", "Hello, World!");
11         return "showhello";
12     }
13 }
```

程序第 6～13 行，首先通过@Controller 注解标识该类是一个控制器，接下来通过@RequestMapping 注解指定方法 sayHello 处理哪些请求。在这个例子中，sayHello()方法仅仅处理 GET 类型的"/hello"请求。

sayHello()方法接收一个 org.springframework.ui.Model 类型的参数 model，Spring MVC 会自动将请求参数封装进 model 中，可以简单地把 model 理解为一个 Map。接下来往 model 中添加一个属性 msg，值为"Hello，World!"，然后返回视图名称 hello。

sayHello()这个方法返回名为 showhello 的视图，通过 hello-servlet.xml 配置成完整的视图：/jsp/showhello.jsp。其源代码如下：

```
<%@ page language="java" contentType="text/html; charset=UTF-8"
pageEncoding="UTF-8"%>
<!DOCTYPE html PUBLIC "-//W3C//DTD HTML 4.01 Transitional//EN" "http://www.w3.
  org/TR/html4/loose.dtd">
<html>
    <head>
        <meta http-equiv="Content-Type" content="text/html; charset=UTF-8">
        <title>showhello.jsp</title>
    </head>
    <body>
        ${msg}
    </body>
</html>
```

**4. 测试与运行**

本实例除了选择 Spring 核心库外，还要选择有关的库。为此右击"项目"→Build Path→Add libraries 找到相关的库并添加。图 3-42 是本项目引入的 Spring 相关的库。

Spring 3.0 AOP Libraries
Spring 3.0 Core Libraries
Spring 3.0 Persistence Core Libraries
Spring 3.0 Persistence JDBC Libraries
Spring 3.0 Testing Support Libraries
Spring 3.0 Web Libraries

**图 3-42 Spring 相关的库**

**注意** 在 eclipse EE 下调试程序需要配置项目的 Deployment Assembly 属性，否则调试环境运行时有的类找不到，因为这些类库在发布.war 时才打包在 lib 目录中。

接下来在 web.xml 文件中配置 DispatcherServlet，在 web.xml 文件中添加如下代码。

```
  <servlet>
    <servlet-name>hello</servlet-name>
    <servlet-class>
        org.springframework.web.servlet.DispatcherServlet
    </servlet-class>
    <load-on-startup>1</load-on-startup>
  </servlet>
  <servlet-mapping>
    <servlet-name>hello</servlet-name>
    <url-pattern>/</url-pattern>
  </servlet-mapping>
</web-app>
```

这里将 DispatcherServlet 命名为 hello，并且让它在 Web 项目一启动就加载。接下来需要在 WEB-INF 目录下创建一个 hello-servlet.xml 的 Spring 配置文件。Spring 官方文档上推荐的默认文件名是<servlet-name>-servlet.xml 文件，这里 servlet-name 叫 hello，因此，该文件命名为 hello-servlet.xml。在这个文件中可以定义各种各样的 Spring MVC 需要使用的 Bean。需要说明的是，对于整个 Web 项目中的 Spring 配置文件中定义的 Bean 在这个配置文件中是可以继承的，反过来则不成立。上面将所有的请求都交给 DispatcherServlet。

hello-servlet.xml 的内容如下：

```
<? xml version="1.0" encoding="UTF-8"? >
```

```
<beans xmlns="http://www.springframework.org/schema/beans"
    xmlns:xsi="http://www.w3.org/2001/XMLSchema-instance" xmlns:p="http://www.
      springframework.org/schema/p"
    xmlns:context="http://www.springframework.org/schema/context"
    xmlns:mvc="http://www.springframework.org/schema/mvc"
    xsi:schemaLocation="
    http://www.springframework.org/schema/beans
    http://www.springframework.org/schema/beans/spring-beans-3.0.xsd
    http://www.springframework.org/schema/context
    http://www.springframework.org/schema/context/spring-context-3.0.xsd
    http://www.springframework.org/schema/mvc
    http://www.springframework.org/schema/mvc/spring-mvc-3.0.xsd">

    <!--默认的注解映射的支持 -->
    <mvc:annotation-driven />
    <!--启用自动扫描  -->
    <context:component-scan base-package="springmvc.controller" />
    <bean class="org.springframework.web.servlet.view.InternalResourceViewResolver">
        <property name="prefix" value="/jsp/" />
        <property name="suffix" value=".jsp" />
    </bean>
</beans>
```

**注意** 程序中添加了 MVC 名称空间，接下来启用了 Spring 的自动扫描，并且设置了默认的注解映射支持。这里需要重点解释的是配置文件中的那个 Bean，它的类型是 Spring MVC 中最常用的一种视图解析器。prefix 属性是指视图前缀，suffix 属性是指视图后缀，这里配置的是.jsp，在控制器的方法 sayHello 中返回的是 showhello，对应的完整的视图是/jsp/showhello.jsp，这个视图只是简单地取出信息 msg。

接下来部署应用，访问 http://localhost:8080/springmvc/hello，会显示视图的内容，并且取出 msg 的内容，如图 3-43 所示。

http://localhost:8080/springweb/hello

Hello, World!

**图 3-43 程序运行结果**

## 5. 技术分析

Spring 是一个开源框架，是为了解决企业应用开发的复杂性而创建的。Spring 使用基本的 JavaBean 来完成以前只可能由 EJB 完成的事情。从简单性、可测试性和松耦合的角度来说，任何 Java 应用都可以从 Spring 中受益。简单来说，Spring 是一个轻量级的控制反转(IoC)和面向切面(AOP)的容器框架。下面综述 Spring Web 框架的基本结构。

(1) 配置分析

① DispatcherServlet：DispatcherServlet 是前置控制器，配置在 web.xml 文件中。拦截匹配的请求，Servlet 拦截匹配规则需要自己定义，然后把拦截下来的请求依据相应的规则分发到目标 Controller 来处理，是配置 Spring MVC 的第一步。

② InternalResourceViewResolver：视图名称解析器。

③ 配置文件中出现的注解：@Controller 负责注册一个 Bean 到 Spring 上下文中；@RequestMapping 注解为控制器指定可以处理哪些 URL 请求。

(2) Spring MVC 常用注解

① @Controller：负责注册一个 Bean 到 Spring 上下文中。

② @RequestMapping：注解为控制器指定可以处理哪些 URL 请求。

③ @RequestBody：该注解用于读取 Request 请求的 body 部分数据，使用系统默认配置的 HttpMessageConverter 进行解析，然后把相应的数据绑定到要返回的对象上，再把 HttpMessageConverter 返回的对象数据绑定到 Controller 的方法的参数上。

④ @ResponseBody：该注解用于将 Controller 的方法返回的对象通过适当的 HttpMessageConverter 转换为指定格式后，写入到 Response 对象的 body 数据区。

⑤ @ModelAttribute：在方法定义上使用@ModelAttribute 注解，即 Spring MVC 在调用目标处理方法前，会先逐个调用标注了@ModelAttribute 的方法。

在方法的输入参数前使用@ModelAttribute 注解，可以从隐含对象的隐含模型数据中获取对象，然后将请求参数绑定到对象中，再传入输入参数，将方法输入参数对象添加到模型中。

⑥ @RequestParam：在处理方法输入参数处使用@RequestParam 可以把请求参数传递给请求方法。

⑦ @PathVariable：绑定 URL 占位符到输入参数。

⑧ @ExceptionHandler：注解到方法上，出现异常时会执行该方法。

⑨ @ControllerAdvice：使一个 Controller 成为全局的异常处理类，类中用@ExceptionHandler 注解的方法可以处理所有 Controller 发生的异常。

(3) 自动匹配参数

```
//match automatically
@RequestMapping("/person")
public String toPerson(String name,double age){
    System.out.println(name+" "+age);
    return "hello";
}
```

(4) 自动装箱

① 编写一个 Person 实体类 package test.SpringMVC.model。

```
public class Person {
    public String getName() {
        return name;
    }
    public void setName(String name) {
        this.name=name;
    }
    public int getAge() {
        return age;
    }
    public void setAge(int age) {
        this.age=age;
    }
    private String name;
    private int age;
}
```

② 在 Controller 里编写方法。

```
//boxing automatically
@RequestMapping("/person1")
public String toPerson(Person p){
    System.out.println(p.getName()+" "+p.getAge());
    return "hello";
}
```

(5) 使用 InitBinder 来处理 Date 类型的参数

```
//the parameter was converted in initBinder
@RequestMapping("/date")
public String date(Date date){
    System.out.println(date);
    return "hello";
}

//At the time of initialization,convert the type "String" to type "date"
@InitBinder
public void initBinder(ServletRequestDataBinder binder){
  binder.registerCustomEditor(Date.class, new CustomDateEditor(new
    SimpleDateFormat("yyyy-MM-dd"), true));
}
```

(6) 向前台传递参数

```
//pass the parameters to front-end
@RequestMapping("/show")
public String showPerson(Map<String,Object>map){
    Person p=new Person();
    map.put("p", p);
    p.setAge(20);
    p.setName("jayjay");
    return "show";
}
```

前台可在 Request 域中取到 p。

(7) 使用 Ajax 调用

```
//pass the parameters to front-end using ajax
@RequestMapping("/getPerson")
public void getPerson(String name,PrintWriter pw){
    pw.write("hello,"+name);
}
@RequestMapping("/name")
public String sayHello(){
    return "name";
}
```

前台用下面的 Jquery 代码调用。

```
$(function(){
    $("#btn").click(function(){
        $.post("mvc/getPerson",{name:$("#name").val()},function(data){
            alert(data);
        });
    });
});
```

(8) 在 Controller 中使用 redirect 方式处理请求

```
//redirect
@RequestMapping("/redirect")
public String redirect(){
    return "redirect:hello";
}
```

(9) 文件上传

① 需要导入两个 jar 包：commons-fileupload-1.3.1.jar 和 commons-io-2.4.jar。

② 在 Spring MVC 配置文件中加入下面的配置内容。

```
<!--upload settings -->
<bean id="multipartResolver" class="org.springframework.web.multipart.commons.
CommonsMultipartResolver">
    <property name="maxUploadSize" value="102400000"></property>
</bean>
```

③ 方法代码。

```
@RequestMapping(value="/upload",method=RequestMethod.POST)
public String upload(HttpServletRequest req) throws Exception{
    MultipartHttpServletRequest mreq=(MultipartHttpServletRequest)req;
    MultipartFile file=mreq.getFile("file");
    String fileName=file.getOriginalFilename();
    SimpleDateFormat sdf=new SimpleDateFormat("yyyyMMddHHmmss");
    FileOutputStream fos=
      new FileOutputStream(req.getSession().getServletContext().getRealPath("/")+
          "upload/"+sdf.format(new Date())+fileName.substring(fileName.
          lastIndexOf('.')));
    fos.write(file.getBytes());
    fos.flush();
    fos.close();
    return "hello";
}
```

④ 前台 form 表单。

```
<form action="mvc/upload" method="post" enctype="multipart/form-data">
    <input type="file" name="file"><br>
    <input type="submit" value="submit">
</form>
```

(10) 使用@RequestParam 注解指定参数的 name

```
@Controller
@RequestMapping("/test")
public class mvcController1 {
    @RequestMapping(value="/param")
    public String testRequestParam(@RequestParam(value="id") Integer id,
            @RequestParam(value="name") String name){
        System.out.println(id+" "+name);
        return "/hello";
    }
}
```

(11) Restful 风格的 Sring MVC

① RestController 代码。

```
@Controller
@RequestMapping("/rest")
public class RestController {
    @RequestMapping(value="/user/{id}",method=RequestMethod.GET)
    public String get(@PathVariable("id") Integer id){
        System.out.println("get"+id);
        return "/hello";
    }

    @RequestMapping(value="/user/{id}",method=RequestMethod.POST)
    public String post(@PathVariable("id") Integer id){
        System.out.println("post"+id);
        return "/hello";
    }

    @RequestMapping(value="/user/{id}",method=RequestMethod.PUT)
    public String put(@PathVariable("id") Integer id){
        System.out.println("put"+id);
        return "/hello";
    }

    @RequestMapping(value="/user/{id}",method=RequestMethod.DELETE)
    public String delete(@PathVariable("id") Integer id){
        System.out.println("delete"+id);
        return "/hello";
    }
}
```

② form 表单发送 put 和 delete 请求。

在 web.xml 中配置以下内容。

```
<!--configure the HiddenHttpMethodFilter,convert the post method to put or delete -->
```

```
<filter>
    <filter-name>HiddenHttpMethodFilter</filter-name>
    <filter-class>org.springframework.web.filter.HiddenHttpMethodFilter
      </filter-class>
</filter>
<filter-mapping>
    <filter-name>HiddenHttpMethodFilter</filter-name>
    <url-pattern>/*</url-pattern>
</filter-mapping>
```

在前台可以用以下代码产生请求。

```
<form action="rest/user/1" method="post">
    <input type="hidden" name="_method" value="PUT">
    <input type="submit" value="put">
</form>

<form action="rest/user/1" method="post">
    <input type="submit" value="post">
</form>

<form action="rest/user/1" method="get">
    <input type="submit" value="get">
</form>

<form action="rest/user/1" method="post">
    <input type="hidden" name="_method" value="DELETE">
    <input type="submit" value="delete">
</form>
```

(12) 返回 json 格式的字符串

① 导入以下 jar 包。

图 3-44 所示的是引用 json 格式的包。

② 方法代码。

jackson-annotations-2.2.1.jar
jackson-core-2.2.1.jar
jackson-core-asl-1.8.8.jar
jackson-databind-2.2.1.jar
jackson-manner-asl-1.8.8.jar

图 3-44 json 相关包

```
@Controller
@RequestMapping("/json")
public class jsonController {
    @ResponseBody
    @RequestMapping("/user")
    public User get(){
        User u=new User();
        u.setId(1);
        u.setName("jayjay");
        u.setBirth(new Date());
        return u;
    }
}
```

(13) 异常的处理

① 处理局部异常(Controller 内)的方法。

```
@ExceptionHandler
public ModelAndView exceptionHandler(Exception ex){
    ModelAndView mv=new ModelAndView("error");
    mv.addObject("exception", ex);
    System.out.println("in testExceptionHandler");
    return mv;
}

@RequestMapping("/error")
public String error(){
    int i=5/0;
    return "hello";
}
```

② 第一种处理全局异常(所有 Controller)的方法。

```
@ControllerAdvice
public class testControllerAdvice {
    @ExceptionHandler
    public ModelAndView exceptionHandler(Exception ex){
        ModelAndView mv=new ModelAndView("error");
        mv.addObject("exception", ex);
        System.out.println("in testControllerAdvice");
        return mv;
    }
}
```

③ 第二种处理全局异常的方法。

在 Spring MVC 配置文件中配置以下内容。

```
<!--configure SimpleMappingExceptionResolver -->
<bean class="org.springframework.web.servlet.handler.SimpleMappingExceptionResolver">
    <property name="exceptionMappings">
        <props>
            <prop key="java.lang.ArithmeticException">error</prop>
        </props>
    </property>
</bean>
```

error 是出错页面。

(14) 设置一个自定义拦截器

① 创建一个 MyInterceptor 类,并实现 HandlerInterceptor 接口。

```
public class MyInterceptor implements HandlerInterceptor {

    @Override
    public void afterCompletion(HttpServletRequest arg0,HttpServletResponse arg1,
    Object arg2, Exception arg3)
            throws Exception {
        System.out.println("afterCompletion");
```

```
    }

    @Override
    public void postHandle(HttpServletRequest arg0, HttpServletResponse arg1,
            Object arg2, ModelAndView arg3) throws Exception {
        System.out.println("postHandle");
    }

    @Override
    public boolean preHandle(HttpServletRequest arg0, HttpServletResponse arg1,
            Object arg2) throws Exception {
        System.out.println("preHandle");
        return true;
    }

}
```

② 在 Spring MVC 的配置文件中配置以下内容。

```
<!--interceptor setting -->
<mvc:interceptors>
  <mvc:interceptor>
    <mvc:mapping path="/mvc/**"/>
    <bean class="test.SpringMVC.Interceptor.MyInterceptor"></bean>
  </mvc:interceptor>
</mvc:interceptors>
```

(15) 表单的验证(使用 Hibernate-validate)及国际化

① 导入 Hibernate-validate 需要的 jar 包。

图 3-45 所示的是导入 Hibernate-validate 需要的包。

当然还包括 hibernate-validator-×.×.×.Final.jar 和 hibernate-validator-annotation-proce.jar 两个包。

② 编写实体类 User 并加上验证注解。

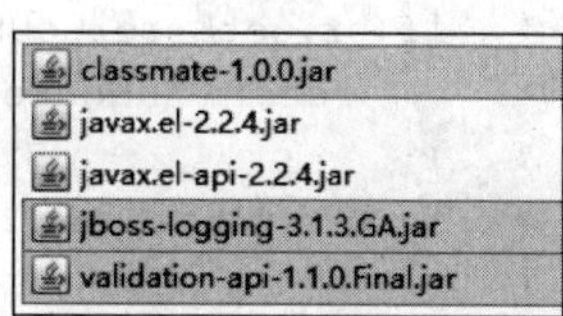


**图 3-45 导入 Hibernate-validate 相关的包**

```
public class User {
    public int getId() {
        return id;
    }
    public void setId(int id) {
        this.id=id;
    }
    public String getName() {
        return name;
    }
    public void setName(String name) {
        this.name=name;
    }
    public Date getBirth() {
        return birth;
    }
    public void setBirth(Date birth) {
        this.birth=birth;
```

```
    }
    @Override
    public String toString() {
        return "User [id="+id+", name="+name+", birth="+birth+"]";
    }
    private int id;
    @NotEmpty
    private String name;

    @Past
    @DateTimeFormat(pattern="yyyy-MM-dd")
    private Date birth;
}
```

其中,@Past 表示时间必须是一个过去值。

③ 在 JSP 中使用 Spring MVC 的 form 表单。

```
<form:form action="form/add" method="post" modelAttribute="user">
    id:<form:input path="id"/><form:errors path="id"/><br>
    name:<form:input path="name"/><form:errors path="name"/><br>
    birth:<form:input path="birth"/><form:errors path="birth"/>
    <input type="submit" value="submit">
</form:form>
```

其中,path 对应 name。

④ Controller 中的代码。

```
@Controller
@RequestMapping("/form")
public class formController {
    @RequestMapping(value="/add",method=RequestMethod.POST)
    public String add(@Valid User u,BindingResult br){
        if(br.getErrorCount()>0){
            return "addUser";
        }
        return "showUser";
    }

    @RequestMapping(value="/add",method=RequestMethod.GET)
    public String add(Map<String,Object>map){
        map.put("user",new User());
        return "addUser";
    }
}
```

分析该段代码应该注意以下几点。

- 因为 JSP 中使用了 modelAttribute 属性,所以必须在 Request 域中有一个 user。
- @Valid 表示按照在实体上标记的注解验证参数。
- 返回到原页面错误信息会回显,表单也会回显。

⑤ 错误信息自定义。

在 src 目录下添加 locale.properties。

```
NotEmpty.user.name=name can't not be empty
Past.user.birth=birth should be a past value
DateTimeFormat.user.birth=the format of input is wrong
typeMismatch.user.birth=the format of input is wrong
typeMismatch.user.id=the format of input is wrong
```

在 Spring MVC 配置文件中配置以下内容。

```
<!--configure the locale resource -->
<bean id="messageSource" class="org.springframework.context.support.
  ResourceBundleMessageSource">
    <property name="basename" value="locale"></property>
</bean>
```

⑥ 国际化显示。

在 src 下添加 locale_zh_CN.properties。

```
username=账号
password=密码
    locale.properties 中添加
username=user name
password=password
```

创建一个 locale.jsp 的代码如下。

```
<body>
  <fmt:message key="username"></fmt:message>
  <fmt:message key="password"></fmt:message>
</body>
```

在 Spring MVC 中配置以下内容。

```
<!--make the jsp page can be visited -->
<mvc:view-controller path="/locale" view-name="locale"/>
```

让 locale.jsp 在 WEB-INF 下也能直接访问。最后，访问 locale.jsp，切换浏览器语言，能看到账号和密码的语言也相应地进行了切换。

(16) 整合 SpringIOC 和 Spring MVC

① 创建一个 test.SpringMVC.integrate 包用来演示整合，并创建各类，如图 3-46 所示。

test.SpringMVC.integrate
- User.java
- UserController.java
- UserService.java

图 3-46 整合的类

② User 实体类。

```
public class User {
    public int getId() {
        return id;
    }
    public void setId(int id) {
        this.id=id;
    }
    public String getName() {
        return name;
    }
    public void setName(String name) {
```

```
        this.name=name;
    }
    public Date getBirth() {
        return birth;
    }
    public void setBirth(Date birth) {
        this.birth=birth;
    }

    @Override
    public String toString() {
        return "User [id="+id+", name="+name+", birth="+birth+"]";
    }
    private int id;

    @NotEmpty
    private String name;

    @Past
    @DateTimeFormat(pattern="yyyy-MM-dd")
    private Date birth;
}
```

③ UserService 类。

```
@Component
public class UserService {
    public UserService(){
        System.out.println("UserService Constructor...\n\n\n\n\n\n");
    }

    public void save(){
        System.out.println("save");
    }
}
```

④ UserController 代码。

```
@Controller
@RequestMapping("/integrate")
public class UserController {
    @Autowired
    private UserService userService;

    @RequestMapping("/user")
    public String saveUser(@RequestBody @ModelAttribute User u){
        System.out.println(u);
        userService.save();
        return "hello";
    }
}
```

⑤ Spring 配置文件。

在 src 目录下创建 SpringIOC 的配置文件 applicationContext.xml。

```
<?xml version="1.0" encoding="UTF-8"?>
<beans xmlns="http://www.springframework.org/schema/beans"
    xmlns:xsi="http://www.w3.org/2001/XMLSchema-instance"
    xsi:schemaLocation="http://www.springframework.org/schema/beans
        http://www.springframework.org/schema/beans/spring-beans.xsd
        http://www.springframework.org/schema/util
        http://www.springframework.org/schema/util/spring-util-4.0.xsd
        http://www.springframework.org/schema/context
        http://www.springframework.org/schema/context/spring-context.xsd"
        xmlns:util="http://www.springframework.org/schema/util"
        xmlns:p="http://www.springframework.org/schema/p"
        xmlns:context="http://www.springframework.org/schema/context">
    <context:component-scan base-package="test.SpringMVC.integrate">
        <context:exclude-filter type="annotation"
            expression="org.springframework.stereotype.Controller"/>
        <context:exclude-filter type="annotation"
            expression="org.springframework.web.bind.annotation.ControllerAdvice"/>
    </context:component-scan>
</beans>
```

在 Web.xml 中添加配置。

```
<!--configure the springIOC -->
<listener>
    <listener-class>org.springframework.web.context.ContextLoaderListener
      </listener-class>
</listener>
<context-param>
  <param-name>contextConfigLocation</param-name>
  <param-value>classpath:applicationContext.xml</param-value>
</context-param>
```

⑥ 在 Spring MVC 中进行一些配置，防止 Spring MVC 和 SpringIOC 对同一个对象的管理重合。

```
<!--scan the package and the sub package -->
    <context:component-scan base-package="test.SpringMVC.integrate">
        <context:include-filter type="annotation"
            expression="org.springframework.stereotype.Controller"/>
        <context:include-filter type="annotation"
            expression="org.springframework.web.bind.annotation.ControllerAdvice"/>
    </context:component-scan>
```

**6. 问题与思考**

(1) 视图 index.jsp 的代码如下：

```
<%@taglib uri="http://www.springframework.org/tags/form" prefix="form"%>
<html>
    <head>
        <title>Spring Landing Page</title>
    </head>
```

```
    <body>
        <h2>Spring Landing Pag</h2>
        <p>Click below button to get a simple HTML page</p>
        <form:form method="GET" action="/springweb/staticPage">
        <table>
            <tr>
                <td>
                    <input type="submit" value="Get HTML Page"/>
                </td>
            </tr>
        </table>
        </form:form>
    </body>
</html>
```

index.jsp 是一个登录页面，此页面会发送一个请求来访问 staticPage 服务方法，将这个请求重定向到视图 final.html，其代码如下：

```
<html>
    <head>
        <title>Spring Static Page</title>
    </head>
    <body>
        <h2>A simple HTML page</h2>
    </body>
</html>
```

利用 Spring 的 MVC 框架，编写一个名为 WebController 的控制器，该控制器有 index() 和 redirect()两个方法。当发出/index 请求时执行 index()方法，然后跳转到 index.jsp；发出/staticPage 请求时重定向到/pages/final.html，返回“redirect：/pages/final.html”。正确配置 web.xml 和对应的 Spring Web 配置文件，实现从 index.jsp 视图到 final.html 的重定向。

**提示** 编写的 Controller 需要包含两个方法，代码如下：

```
@RequestMapping(value="/index", method=RequestMethod.GET)
public String index() {
    return "index";
}

@RequestMapping(value="/staticPage", method=RequestMethod.GET)
public String redirect() {
    return "redirect:/pages/final.html";
}
```

Spring Web 配置文件中配置完视图解析器 Bean 后，需附加 2 行内容。

```
<mvc:resources mapping="/pages/**" location="/pages/" />
<mvc:annotation-driven/>
```

这里<mvc:resources.../>标签被用来映射静态页面。映射属性指定 URL 的 HTTP 请求的模式。位置属性必须指定具有图片、样式表、JavaScript 和其他静态内容的一个或多个有效的资源目录位置。多个资源位置可以使用逗号分隔的值的列表来指定。

(2) 用 Spring Web MVC 框架实现用户验证登录。程序从一个页面 login.jsp 进入,要求提供的服务是判断登录的用户和密码是否都是 admin,若是,则跳转到页面 loginSuccess.jsp;反之,则跳转到 loginError.jsp。

**提示** 如果用 Spring Web MVC 框架实现,以下面 4 个方法示例,一个 Controller 里含有不同的请求 URL,也可以采用一个 URL 访问,通过 URL 参数来区分访问不同的方法,代码如下:

```
@Controller  //类似 Struts 的 Action
public class TestController {

    @RequestMapping("test/login.do")
      //请求 URL 地址映射,类似 Struts 的 action-mapping
    public String testLogin(@RequestParam(value="username")String username,
      String password, HttpServletRequest request) {
        //@RequestParam 是指请求 URL 地址映射中必须含有的参数
        //@RequestParam 可简写为@RequestParam("username")

        if(!"admin".equals(username) || !"admin".equals(password)) {
            return "loginError";       //跳转页面路径(默认为转发),该路径不需要包含
                                       //spring-servlet 配置文件中配置的前缀和后缀
        }
        return "loginSuccess";
    }

    @RequestMapping("/test/login2.do")
    public ModelAndView testLogin2(String username, String password){
        //request 和 response 不必非要出现在方法中,如果用不上可以去掉
        //参数的名称是与页面控件的 name 相匹配的,参数类型会自动被转换

        if(!"admin".equals(username) || !"admin".equals(password)){
            return new ModelAndView("loginError");
              //手动实例化 ModelAndView 完成跳转页面(转发),效果等同于上面的方法返回字
              //符串
        }
        return new ModelAndView(new RedirectView("../index.jsp"));
                                                              //采用重定向方式跳转页面
        //重定向还有一种简单写法,即 return new ModelAndView("redirect:../index.jsp");
    }

    @RequestMapping("/test/login3.do")
    public ModelAndView testLogin3(User user) {
    //同样支持参数为表单对象,类似于 Struts 的 ActionForm,User 不需要任何配置,直接写即可
        String username=user.getUsername();
        String password=user.getPassword();
        int age=user.getAge();

        if(!"admin".equals(username) || !"admin".equals(password)){
```

```
            return new ModelAndView("loginError");
        }
        return new ModelAndView("loginSuccess");
    }

    @Resource(name="loginService")
      //获取 applicationContext.xml 中 Bean 的 id 为 loginService 并注入
    private LoginService loginService;
      //等价于 Spring 传统注入方式写 get()和 set()方法,这样做的好处是简洁工整,省去了不必
      //要的代码

    @RequestMapping("/test/login4.do")
    public String testLogin4(User user) {
        if(loginService.login(user)==false) {
            return "loginError";
        }
        return "loginSuccess";
    }
}
```

# 第 4 章

# JDBC 技术

Chapter 4

JDBC 是用于执行 SQL 的 Java API，它将数据库存取的 API 与 SQL 语句分开，实现数据库无关的 API 接口，借由 JDBC 统一的接口，开发人员只要专注于 SQL 语句，可以不必理会底层的数据库驱动程序与相关接口。

## 4.1 连接数据库

**知识要点**

1. JDBC 三个主要类及作用
2. 数据库操作的批处理
3. MySQL 数据库的备份与恢复

4.1.wmv

使用 JDBC 时，由厂商负责实现数据库的接口，而 SQL 的操作部分由 Java 程序设计人员负责。如果要更换驱动程序，则只要加载新的驱动程序来源即可，Java 程序的部分则无须改变。

简单地说，JDBC 让 Java 程序设计人员在撰写数据库程序时可以写一个程序，适用所有类型的数据库。

### 1. 实例

在 MySQL 中建立数据库 edu，有包含 code、name、password、gender 字段的表格 teacher。编写程序，连接数据库后向 teacher 表格插入一条记录，并显示表格的所有内容。

### 2. 分析

为了联机 MySQL 数据库，这里必须要有 MySQL JDBC 驱动程序。可以在相关网站上下载得到，并加入至 CLASSPATH 中。本书采用的驱动器是 com.mysql.jdbc.Driver。

要联机 MySQL，必须经由以下几个步骤。

(1) 加载与注册 JDBC 驱动程序。

通过 java.lang.Class 类别的 forName()来加载，见如下程序。

```
try {
    Class.forName("com.mysql.jdbc.Driver");
}
catch(ClassNotFoundException e) {
    System.out.println("找不到驱动程序类别");
}
```

如果找不到 com.mysql.jdbc.Driver，会产生 ClassNotFoundException。

(2) 提供 JDBC URL。

JDBC URL 定义了连接数据库时的协议、子协议、数据来源识别。

```
协议:子协议:数据来源识别
```

协议在 JDBC 中总是以 jdbc 开始；子协议连接的是驱动程序或数据库管理系统名称，使用 MySQL 时是 mysql；数据来源识别可以找出数据库来源的地址；MySQL 的 JDBC URL 格式如下：

```
jdbc:mysql://主机名称:连接端口/数据库名称?参数 1=值 1&参数 2=值 2
```

主机名称可以是本机 localhost 或是其他联机主机，连接端口为 3306。假如要联机 EDU 数据库，并指明使用者名称与密码，可以指定如下：

```
jdbc:mysql://localhost:3306/EDU?user=weiyong&password=123456
```

如果要使用中文存取，还必须给定参数 userUnicode 及 characterEncoding，表明是否使用 Unicode，并指定字符编码方式，例如：

```
jdbc:mysql://localhost:3306/EDU?user=weiyong&password=123456
&userUnicode=true&characterEncoding=Big5
```

中文的编码方式除了 Big5 外，还可以使用 UTF-8。

(3) 从 DriverManager 取得 Connection。

要连接数据库，可以调用 DriverManager 的 getConnection 取得 Connection 对象，它代表数据库连接对象，代码如下：

```
try {
    String url="jdbc:mysql://localhost:3306/EDU?"+
               "user=weiyong&password=123456";
    Connection conn=DriverManager.getConnection(url);
    if(!conn.isClosed())
        System.out.println("数据库联机成功");
    conn.close();
}
catch(SQLException e) {
    ...
}
```

取得 Connection 对象之后，可以测试与数据库的连接是否关闭，即使用 isClosed()，在操作完数据库之后，必须使用 close()来关闭数据库。

getConnection()方法也以使用者名称与密码作为参数，例如：

```
String url="jdbc:mysql://localhost:3306/EDU";
String user="weiyong";
String password="123456";
Connection conn=DriverManager.getConnection(url, user, password);
```

### 3. 代码实现

DBTest.java 代码如下：

```
1.  import java.sql.*;

2.  public class DBTest {
3.    public static void main(String[] args) {
4.      String driver="com.mysql.jdbc.Driver";
5.      String url="jdbc:mysql://localhost:3306/EDU?"+
6.      "useUnicode=true&characterEncoding=Big5";
7.      String user="weiyong";
8.      String password="123456";
9.      try {
10.       Class.forName(driver);
11.       Connection conn=DriverManager.getConnection(url, user, password);
12.       Statement stmt=conn.createStatement();
13.       stmt.execute("INSERT INTO teacher VALUES('100101'+'张军', 'zj', '男')");
14.       ResultSet result=stmt.executeQuery("SELECT * FROM teacher");
15.       while(result.next()) {
16.         System.out.print(result.getString(1)+"\t");
17.         System.out.print(result.getString(2)+"\t");
18.         System.out.print(result.getString(3)+"\t");
19.         System.out.print(result.getString(4)+"\t");
20.       }

21.       stmt.close();
22.       conn.close();
23.     }
24.     catch(ClassNotFoundException e) {
25.       System.out.println("找不到驱动程序");
26.       e.printStackTrace();
27.     }
28.     catch(SQLException e) {
29.       e.printStackTrace();
30.     }
31.   }
32. }
```

(1) 连接 MySQL 数据库

代码的第 4～11 行用 com.mysql.jdbc.Driver 装载数据库驱动程序，MySQL 的端口默认为 3306。

(2) 执行 SQL 语句

代码的第 12～14 行建立连接 conn 后，可以用 conn.createStatement( ) 得到一个 Statement 对象执行各种 SQL 语句。

### 4. 测试与运行

首先，在 MySQL 中用 create database edu 建立 edu 数据库，再在该数据库基础上用下面的命令建立 teacher 表格。

```
CREATE TABLE teacher (user CHARACTER(8), name CHARACTER(20), password CHARACTER(8),
sex CHARACTER(2));
```

由于 com.mysql.jdbc.Driver 驱动器包含在 mysql.jar 中，还必须把 mysql.jar 设置在 CLASSPATH 中。程序运行结果如图 4-1 所示。

| <terminated> DBTest [Java Application] D:\Users\Admi | | | |
|---|---|---|---|
| 100101 | zhangjun | zj | m |

图 4-1 DBTest 运行结果

最后应该注意的是，Connection 对象预设为自动提交(Commit)，即 Statement 执行 SQL 语句完后，马上对数据库进行操作变更，可以使用 setAutoCommit(false)取消自动提交，在执行完 SQL 之后，再使用 Connection 的 commit()方法提交变更，使用 Connection 的 getAutoCommit()可以测试是否设定为自动提交。

不过无论是否执行 commit()方法，只要 SQL 没有错，在关闭 Statement 或 Connection 前，都会执行提交操作，对数据库进行变更。

**5. 技术分析**

(1) Connection、Statement、ResultSet

Connection 对象用于实现 Java 与数据库的连接。接下来要执行 SQL，必须取得 Statement 对象，它代替执行 SQL 语句并取得执行之后的结果，可以使用 Connection 的 createStatement()来建立 Statement 对象。

```
Connection conn=DriverManager.getConnection(url, user, password);
Statement stmt=conn.createStatement();
```

取得 Statement 对象之后，可以使用 executeUpdate()、executeQuery()等方法来执行 SQL，executeUpdate()主要是用来执行 CREATE TABLE、INSERT、DROP TABLE、ALTER TABLE 等会改变数据库内容的 SQL，例如：

```
stmt.executeUpdate("INSERT INTO teacher VALUES ('10036', "+"'李明', 'lm',"+"'男')");
```

executeQuery()方法则是用于 SELECT 等查询数据库的 SQL，executeUpdate()与 executeQuery()方法都会传回 ResultSet 对象，代表变更或查询的结果，查询的结果会是一笔一笔的数据，使用 next()来移动至下一个记录，它会传回 true 或 false 表示是否有下一个记录，接着可以使用 get×××()来取得资料。例如 getString()、getFloat()、getDouble()等方法，分别取得相对应的字段数据。get×××()方法都提供有依据字段名称取得的数据，或是依据字段顺序取得数据的方法，指定字段名称来取得数据的一个例子如下：

```
ResultSet result=stmt.executeQuery("SELECT * FROM student");
while(result.next()) {
    System.out.print(result.getString("user")+"\t");
    System.out.print(result.getString("name")+"\t");
    System.out.print(result.getString("password")+"\t");
    System.out.print(result.getString("sex")+"\t");
```

```
    System.out.println(result.getString("national")+"\t");
}
```

使用查询到结果的字段顺序来显示结果的方式如下：

```
ResultSet result=stmt.executeQuery("SELECT * FROM student");
while(result.next()) {
    System.out.print(result.getString(1)+"\t");
    System.out.print(result.getString(2)+"\t");
    System.out.print(result.getString(3)+"\t");
    System.out.print(result.getString(4)+"\t");
    System.out.println(result.getString(5)+"\t");
}
```

Statement 的 execute()方法也可以用来执行 SQL，并可以用来测试所执行的 SQL 是执行更新还是查询，传回 true 则表示 SQL 执行将传回多个记录，也就是执行查询操作；如果是 false，表示 SQL 执行结果将传回受影响的行数，也就是表示进行更新操作。如果事先无法得知是进行查询还是更新，就可以使用 execute()方法。

(2) Statement 批处理

Statement 的 execute()等方法一次只能执行一个 SQL 语句。如果有多个 SQL 语句要执行，可以使用 executeBatch()方法，在一次方法呼叫中执行多个 SQL 语句，以增加执行的效能，先使用 addBatch()方法将要执行的 SQL 语句加入，然后执行 executeBatch()方法即可，使用方法如下：

```
Statement stmt=conn.createStatement();
stmt.addBatch("INSERT INTO teacher VALUES('100101',"+"
            '刘明坚', 'lmj', "+"'男')");
stmt.addBatch("INSERT INTO teacher VALUES('100102',"+"
            '李扬', 'ly', "+"'男')");
stmt.addBatch("INSERT INTO teacher VALUES('100105',"+"
            '许明辉', 'xmh', "+"'女')");
stmt.executeBatch();
```

在 Connection 的自动提交为 true 的情况下，执行 executeBatch()方法时，每执行一行 SQL 都会立即对数据库做变更。如果某行 SQL 有错误，则错误之前的 SQL 语句对数据库的改变已经生效，而错误之后的 SQL 语句则不会执行。如果这个 SQL 更新的批次操作必须确定全部执行，则可以将 Connection 的自动提交关闭，在 executeBatch()方法成功之后，再呼叫 commit()方法确认对数据库的变更，以确保所有的 SQL 都正确地执行，例如：

```
conn.setAutoCommit(false);

Statement stmt=conn.createStatement();
stmt.addBatch("INSERT INTO teacher VALUES('100101',"+"
            '刘明坚', 'lmj', "+"'男')");
stmt.addBatch("INSERT INTO teacher VALUES('100102',"+"
            '李扬', 'ly', "+"'男')");
stmt.addBatch("INSERT INTO teacher VALUES('100105',"+"
            '许明辉', 'xmh', "+"'女')");
stmt.executeBatch();
```

```
conn.commit();
```

在执行 executeBatch()方法而 SQL 有错误时，会丢出 BatchUpdateException 异常，可以由该异常对象的 getUpdateCounts()方法取得正确的 SQL 句数。

（3）PreparedStatement

Statement 在执行 SQL 时才会去编译，PreparedStatement 类别继承自 Statement，可以预先对 SQL 进行编译并储存在内存中，由于 SQL 已经预先编译通过了，所以执行时的效率会比较高。

对于预先编译的 SQL，可以使用"?"代表可置换的参数，例如：

```
PreparedStatement stmt=conn.prepareStatement(
    "INSERT INTO teacher VALUES(?, ?, ?, ?, ?)");
```

要将参数指定给每一个字段，可以使用 setInt()、setString()等方法，例如：

```
stmt.setString(1, "100111");
stmt.setString(2, "向国全");
stmt.setString(3, "xgq");
stmt.setString(4, "男");
stmt.executeUpdate();
stmt.clearParameters();
```

set×××()方法的第一个参数指定"?"的位置，而第二个参数为要加入至数据表字段的值。要让 SQL 执行生效，要执行 executeQuery()方法或 executeUpdate()方法。使用 set×××()方法来设定的参数会一直有效，可以在下一次使用。如果想要清除设定好的参数，可以执行 clearParameters()方法。

使用 PreparedStatement 也可以进行批处理，批处理方法如下：

```
PreparedStatement stmt=conn.prepareStatement(
    "INSERT INTO Users VALUES(?,?, ?)");
    User[] users=...
    for(int i=0; i<users.length; i++) {
        stmt.setInt(1, users[i].getID());
        stmt.setString(2, users[i].getName());
        stmt.setString(3, users[i].getPassword());
        stmt.addBatch();
    }
stmt.executeBatch();
```

（4）MySQL 数据库的备份与恢复

MySQL 备份和还原是利用 mysqldump 和 source 命令来完成的。

① 备份。在 MySQL 中的数据库 edu 包含一个数据表 student，内容如图 4-2 所示。

为了备份数据库 edu 的数据，先进入 MySQL 安装目录中的 bin 目录。操作是：选择"开始"→"运行"命令，输入 cmd 命令，利用"cd /Program Files/MySQL/MySQL Server 5.0/bin"命令进入 bin 目录。接下来就可以利用 mysqldump 把数据库备份到一个文件。

如图 4-3 所示，利用 mysqldump 命令把数据库 edu 备份到文件 edu.sql。导出的文件 edu.sql 是一个包含了建立数据库 edu 的所有命令的文本文件，打开的 edu.sql 内容如下：

```
MySQL Command Line Client

mysql> select * from student;
+------+------+----------+------+----------+-----------+------+
| user | name | password | sex  | national | telephone | age  |
+------+------+----------+------+----------+-----------+------+
| 001  | zhu  | 111      | male | china    | 0755840   | 19   |
| 002  | zhu2 | 111b     | male | china    | 07558403  | 22   |
| 003  | zhu3 | 111c     | male | china    | 07558404  | 33   |
| 004  | zhu4 | 111e     | male | china    | 07558405  | 44   |
| 005  | zhu5 | 111g     | male | china    | 07558406  | 55   |
+------+------+----------+------+----------+-----------+------+
5 rows in set (0.06 sec)

mysql>
```

**图 4-2　数据表 student 中的数据**

```
C:\WINDOWS\system32\cmd.exe
D:\Program Files\MySQL\MySQL Server 5.0\bin>mysqldump --user=root --password=123
456 edu>edu.sql

D:\Program Files\MySQL\MySQL Server 5.0\bin>
```

**图 4-3　利用 mysqldump 命令备份数据库**

```
--MySQL dump 10.11
--
--Host: localhost    Database: tobs
----------------------------------------------------------
--Server version  5.0.24a-community-nt

/*!40101 SET @OLD_CHARACTER_SET_CLIENT=@@CHARACTER_SET_CLIENT */;
/*!40101 SET @OLD_CHARACTER_SET_RESULTS=@@CHARACTER_SET_RESULTS */;
/*!40101 SET @OLD_COLLATION_CONNECTION=@@COLLATION_CONNECTION */;
/*!40101 SET NAMES utf8 */;
/*!40103 SET @OLD_TIME_ZONE=@@TIME_ZONE */;
/*!40103 SET TIME_ZONE='+00:00' */;
/*!40014 SET @OLD_UNIQUE_CHECKS=@@UNIQUE_CHECKS, UNIQUE_CHECKS=0 */;
/*!40014 SET @OLD_FOREIGN_KEY_CHECKS=@@FOREIGN_KEY_CHECKS, FOREIGN_KEY_CHECKS=
  0 */;
/*!40101 SET @OLD_SQL_MODE=@@SQL_MODE, SQL_MODE='NO_AUTO_VALUE_ON_ZERO' */;
/*!40111 SET @OLD_SQL_NOTES=@@SQL_NOTES, SQL_NOTES=0 */;

--
--Table structure for table 'student'
--

DROP TABLE IF EXISTS 'student';
CREATE TABLE 'student'(
  'user' char(20) NOT NULL,
  'name' char(6) default NULL,
  'password' char(20) default NULL,
  'sex' char(4) default NULL,
  'national' char(6) default NULL,
  'telephone' char(20) default NULL,
  'age' char(6) default NULL,
```

```
  PRIMARY KEY  ('user')
) ENGINE=MyISAM DEFAULT CHARSET=latin1;

--
--Dumping data for table 'student'
--

LOCK TABLES 'student' WRITE;
/*!40000 ALTER TABLE 'student' DISABLE KEYS */;
INSERT INTO 'student' VALUES('001','zhu','111','male','china','0755840','19'),
  ('002','zhu2','111b','male','china','07558403','22'),('003','zhu3','111c',
  'male','china','07558404','33'),('004','zhu4','111e','male','china','07558405',
  '44'),('005','zhu5','111g','male','china','07558406','55');
/*!40000 ALTER TABLE 'student' ENABLE KEYS */;
UNLOCK TABLES;
/*!40103 SET TIME_ZONE=@OLD_TIME_ZONE */;

/*!40101 SET SQL_MODE=@OLD_SQL_MODE */;
/*!40014 SET FOREIGN_KEY_CHECKS=@OLD_FOREIGN_KEY_CHECKS */;
/*!40014 SET UNIQUE_CHECKS=@OLD_UNIQUE_CHECKS */;
/*!40101 SET CHARACTER_SET_CLIENT=@OLD_CHARACTER_SET_CLIENT */;
/*!40101 SET CHARACTER_SET_RESULTS=@OLD_CHARACTER_SET_RESULTS */;
/*!40101 SET COLLATION_CONNECTION=@OLD_COLLATION_CONNECTION */;
/*!40111 SET SQL_NOTES=@OLD_SQL_NOTES */;

--Dump completed on 2013-04-15  1:48:39
```

② 还原。进入 MySQL 命令行状态,输入密码,进入“mysql>”,用 use 命令切换到要恢复的数据库,如输入“use edu;”,按 Enter 键即可;要导入数据,输入“source edu.sql;”,按 Enter 键开始导入。再次出现“mysql>”并且没有提示错误,即还原成功,如图 4-4 所示。

此时用 select 命令可以观察到数据库 edu 的数据全部得到恢复。

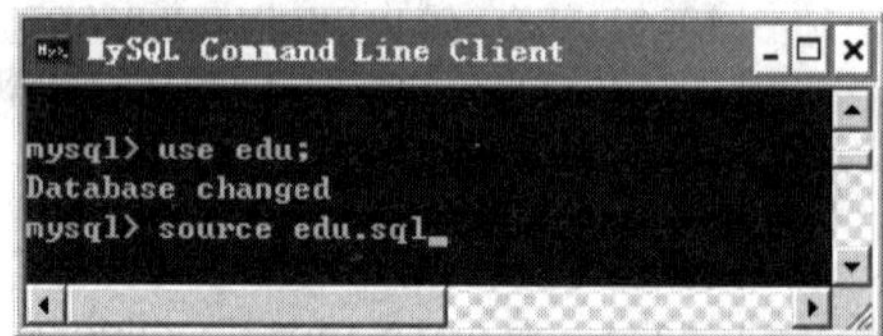


图 4-4 用 source 命令恢复数据库

### 6. 问题与思考

(1) 在 MySQL 中的数据库 edu 中建立数据表 student,如表 4-1 所示。

表 4-1 MySQL 中的数据库 edu 建立的 student 数据表

| user | name | password | sex | national | telephone | age |
|---|---|---|---|---|---|---|
| 30405081 | 李俊业 | ljy | 男 | 汉族 | 0755-83505569 | 21 |
| 30599069 | 赖希铭 | lxm | 男 | 汉族 | 0755-25776993 | 20 |
| 30411072 | 翁伟 | ww | 男 | 汉族 | 0755-25818265 | 17 |
| 30399292 | 张正兴 | zzx | 男 | 汉族 | 0755-28155618 | 19 |
| 30799034 | 彭红 | ph | 女 | 汉族 | 0755-28910703 | 22 |

利用 Statement 的批处理方式向该数据表插入 2 条新记录。

(2) 编写 JSP 程序,从 student 数据表中读取数据并显示在表格中。

**提示:**

```
<%while (result.next) {%>
    <!--h5 代码-->
    <tr><td><%=result.getString(1);%></td>...
    </tr>
<%}%>
```

(3) 在一个用户登录程序中,用户保存在数据库 edu 的 student 数据表中。系统有三个页面:用户登录页面 login.jsp、登录成功页面 welcome.html、登录失败页面 loginerror.jsp,其中 welcome.html 页面代码如下:

```
<html>
    <head>
        <meta http-equiv="Content-Type" content="text/html; charset=gb2312">
        <title>welcome</title>
    </head>

    <body>
        <p>欢迎进入本系统! 请启用下面功能:</p>
        <p><a href="query.jsp">查询</a><a href="add.jsp">增加</a><a href=
            "change.jsp">修改</a><a href="delete.jsp">删除</a>
        </p>
    </body>
</html>
```

该页面通过超链接方式链接到实现查询、增加、修改、删除的相关页面 query.jsp、add.jsp、change.jsp、delete.jsp,在浏览器中的效果如图 4-5 所示。

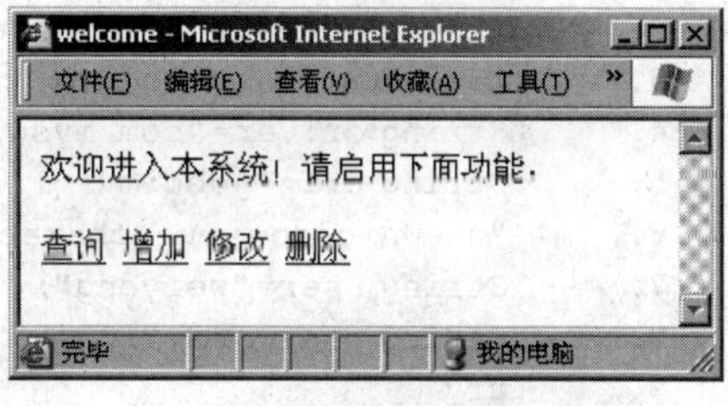


**图 4-5 welcome.html 页面**

编写程序,实现 query.jsp、add.jsp、change.jsp、delete.jsp 其中一个的功能。但至少有一个用户有操作此功能的权限,一个用户无操作此功能的权限。

**提示** 用户登录成功后,建立 session 变量进行跟踪。

## 4.2 JDBC 其他操作

**知识要点**

1. 用 ResultSetMetaData 获取表格结构
2. 大容量数据的存取
3. 数据库光标控制

MetaData 即元数据,用来表示查询到的数据;而 ResultSet 描述查询到的数据背后的数据描述,即用来表示表格名称、字段名称、字段形态等,这些信息可以透过 ResultSetMetaData 来取得。

**1. 实例**

编写程序，直接取得 MySQL 中数据库 edu 的数据表 teacher 的数据域位数、表格名称、字段名称与字段数据类型。

**2. 分析**

JDBC 中可以使用 ResultSet 的 getMetaData() 方法从 ResultSet 中获取 ResultSetMetaData 对象。可以使用此对象获得字段的数目和类型以及每一字段的名称。

getColumnCount()：返回 ResultSet 中的字段数。

getColumnName(int)：返回字段序号为 int 的字段名。

getColumnLabel(int)：返回此字段暗含的标签。

isCurrency(int)：如果此字段包含带有货币单位的数字，则返回 true。

isReadOnly(int)：如果此字段为只读，则返回 true。

isAutoIncrement(int)：如果此字段自动递增，则返回 true。这类字段通常为键，而且始终是只读的。

getColumnType(int)：返回此字段的 SQL 数据类型。

**3. 代码实现**

ResultSetMetaDataDemo.java 代码如下：

```
import java.sql.*;

public class ResultSetMetaDataDemo {
  public static void main(String[] args) {
    String driver="com.mysql.jdbc.Driver";
    String url="jdbc:mysql://localhost:3306/EDU?"+
    "useUnicode=true&characterEncoding=Big5";
    String user="weiyong";
    String password="123456";
    try {
      Class.forName(driver);
      Connection conn=DriverManager.getConnection(url, user, password);

      Statement stmt=conn.createStatement();
      ResultSet result=stmt.executeQuery("SELECT * FROM teacher");
      ResultSetMetaData metadata=result.getMetaData();

      for(int i=1; i <=metadata.getColumnCount(); i++) {

        System.out.print(
        metadata.getTableName(i)+".");
        System.out.print(metadata.getColumnName(i)+"\t|\t");
        System.out.println(
        metadata.getColumnTypeName(i));
      }

      stmt.close();
      conn.close();
```

```
24.     }
25.     catch(ClassNotFoundException e) {
26.       System.out.println("找不到驱动程序");
27.       e.printStackTrace();
28.     }
29.     catch(SQLException e) {
30.       e.printStackTrace();
31.     }
32.   }
33. }
```

代码的第 13、14 行用 ResultSet 的 getMetaData()方法得到 ResultSetMetaData 对象。

代码的第 15～21 行分别用到了 ResultSetMetaData 的 getColumnCount()、getTableName()、getColumnName()和 getColumnTypeName()方法。

**4. 测试与运行**

程序输出 teacher 表格的结构如下：

```
teacher.user|CHAR
teacher.name|CHAR
teacher.password|CHAR
teacher.sex|CHAR
```

**5. 技术分析**

JDBC 除了通过 ResultSetMetaData 可以获得数据库中表格的字段、字段名、字段别名、字段类型等外，还可以做以下操作。

(1) 存取大容量数据

如果要将文件写入数据库，可以在字段上使用 BLOB 或 CLOB 数据形态，BLOB 全名 Binary Large Object，用于存储大量的二进制数据，CLOB 全名 Character Large Object，用于储存大量的文字数据。

在 JDBC 中也提供了 Blob 与 Clob 两个类别分别代表 BLOB 与 CLOB 数据，JDBC 并没有提供直接存入 BLOB 或 CLOB 的对应接口，如 setBlob()、setClob()等方法，但可以使用 PreparedStatement 的 setBinaryStream()、setObject()、setAsciiStream()、setUnicodeStream()等方法来代替。例如，可以取得一个文件，并将其存入数据库中，代码如下：

```
//取得文件
File file=new File("./logo_phpbb.jpg");
int length=(int) file.length();
InputStream fin=new FileInputStream(file);
//填入数据库
PreparedStatement pstmt=conn.prepareStatement(
                    "INSERT INTO files VALUES(?, ?)");
pstmt.setString(1, "米小国 Logo");
pstmt.setBinaryStream(2, fin, length);
pstmt.executeUpdate();
pstmt.clearParameters();
pstmt.close();
fin.close();
```

如果要从数据库中取得 BLOB 或 CLOB 资料,可以如下进行。

```
Blob blob=result.getBlob(2);         //取得 BLOB
Clob clob=result.getClob(2);         //取得 CLOB
```

Blob 拥有 getBinaryStream()、getBytes()等方法,可以取得二进制串流或字节等数据。同样,Clob 拥有 getCharacterStream()、getSubString()等方法,可以取得字符串流或子字符串等数据,可以查看 API 文件来获得更详细的信息。

Blob 也是 MySQL 的一种数据类型,MySQL 有 4 种 Blob 类型,如表 4-2 所示。

**表 4-2 MySQL 的 4 种 Blob 类型**

| 类 型 | 大 小 | 类 型 | 大 小 |
|---|---|---|---|
| TinyBlob | 最大 255B | MediumBlob | 最大 16MB |
| Blob | 最大 65KB | LongBlob | 最大 4GB |

这 4 种类型除了允许的最大值不同外,没有其他区别,实际使用中应根据需要存入的数据大小定义不同的 Blob 类型。

**注意** 如果存储的文件过大,数据库的性能会下降很多。

**例 4-1** 编写程序,将文件存入数据库并取出另存。

程序 BLOBCLOBDemo.java 代码如下:

```
import java.io.*;
import java.sql.*;

public class BLOBCLOBDemo {
    public static void main(String[] args) {
        String driver="com.mysql.jdbc.Driver";
        String url="jdbc:mysql://localhost:3306/upload?"+
                "useUnicode=true&characterEncoding=Big5";
        String user="weiyong";
        String password="123456";
        try {
            Class.forName(driver);
            Connection conn=DriverManager.getConnection(
                                url, user, password);

            //取得文件
            File file=new File("./logo_phpbb.jpg");
            int length=(int)file.length();
            InputStream fin=new FileInputStream(file);

            //填入数据库
            PreparedStatement pstmt=conn.prepareStatement(
                    "INSERT INTO files VALUES(?, ?)");
            pstmt.setString(1, "米小国 Logo");
            pstmt.setBinaryStream(2, fin, length);
            pstmt.executeUpdate();
            pstmt.clearParameters();
            pstmt.close();
```

```
            fin.close();

            //从数据库取出文件
            Statement stmt=conn.createStatement();
            ResultSet result=stmt.executeQuery("SELECT * FROM files");
            result.next();
            String description=result.getString(1);
            Blob blob=result.getBlob(2);

            //写入文件
            System.out.println("文件描述:"+description);
            FileOutputStream fout=new FileOutputStream("./logo_phpbb_2.jpg");
            fout.write(blob.getBytes(1,(int)blob.length()));
            fout.flush();
            fout.close();

            stmt.close();
            conn.close();
        }
        catch(ClassNotFoundException e) {
            System.out.println("找不到驱动程序");
            e.printStackTrace();
        }
        catch(SQLException e) {
            e.printStackTrace();
        }
        catch(IOException e) {
            e.printStackTrace();
        }
    }
}
```

BLOB 的详细资料可以参考相关文献。

(2) 光标控制

前面在建立 Statement 或 PreparedStatement 时，所使用的是 Connection 无参数的 createStatement()与 preparedStatement()，用 Statement 执行 SQL 后得到的 ResultSet 只能使用 next()方法逐笔取得查询结果。可以在建立 Statement 对象时指定 resultSetType，例如：

```
Statement stmt=con.createStatement(ResultSet.TYPE_SCROLL_INSENSITIVE,ResultSet.
  CONCUR_READ_ONLY);
```

通用格式如下：

```
Statement stmt=con.createStatement(int type,int concurrency);
```

在访问数据库读取返回结果的时候，可能要前后移动指针。其参数说明如下。

① 参数 int type

- ResultSet.TYPE_FORWORD_ONLY：结果集的游标只能向下滚动。
- ResultSet.TYPE_SCROLL_INSENSITIVE：结果集的游标可以上下移动，当数据库变化时，当前结果集不变。

- ResultSet.TYPE_SCROLL_SENSITIVE：返回可滚动的结果集，当数据库变化时，当前结果集同步改变。

② 参数 int concurrency

- ResultSet.CONCUR_READ_ONLY：不能用结果集更新数据库中的表。
- ResultSet.CONCUR_UPDATETABLE：能用结果集更新数据库中的表。

当使用 ResultSet re＝stmt.executeQuery（SQL 语句）查询后，可以使用下列方法获得信息。

public boolean previous()：将游标向上移动。该方法返回 boolean 型数据，当移到结果集第一行之前时，返回 false。

public void beforeFirst()：将游标移动到结果集的初始位置，即在第一行之前。

public void afterLast()：将游标移动到结果集最后一行之后。

public void first()：将游标移动到结果集的第一行。

public void last()：将游标移动到结果集的最后一行。

public boolean isAfterLast()：判断游标是否在最后一行之后。

public boolean isBeforeFirst()：判断游标是否在第一行之前。

public boolean isFirst()：判断游标是否指向结果集的第一行。

public boolean isLast()：判断游标是否指向结果集的最后一行。

public int getRow()：得到当前游标所指向行的行号，行号从 1 开始，如果结果集中没有行，则返回 0。

public boolean absolute(int row)：将游标移动到参数 row 指定的行号。如果 row 取负值，就是倒数的行数，absolute(－1)表示移到最后一行，absolute(－2)表示移到倒数第 2 行。当移动到第一行前面或最后一行的后面时，该方法返回 false。

下面代码示范从查询到的数据最后一个记录开始往前读。

```
Statement stmt=conn.createStatement(ResultSet.TYPE_SCROLL_INSENSITIVE,
ResultSet.CONCUR_READ_ONLY);
ResultSet result=stmt.executeQuery("SELECT * FROM student");
result.afterLast();
while(result.previous()) {
      System.out.print(result.getString("user")+"\t");
      System.out.print(result.getString("name")+"\t");
      System.out.print(result.getString("sex")+"\t");
      System.out.print(result.getString("natioanal")+"\t");
      System.out.print(result.getString("telephone")+"\t");
      System.out.println(result.getString("age")+"\t");
}
stmt.close();
conn.close();
```

afterLast()会将 ResultSet 的读取光标移至最后一个记录之后，使用 previous()方法往前移动读取光标。

也可以使用 absolute()方法指定查询到的数据位置，例如，absolute(4)表示第 4 个记录，absolute(10)则是第 10 个记录。如果指定负数，则从最后往前数，例如 absolute(－1)则是最后一个记录。若有 100 个记录，absolute(－4)则是第 97 个记录。

relative()方法则从目前光标处指定相对位置,例如若目前在第 25 个记录,则 relative(−2)表示第 23 个记录,而 relative(4)表示第 29 个记录。

另外还有 beforeFirst()方法,可以将光标移至第 1 个记录之前,first()方法可以将光标移至第 1 个记录,而 last()方法可以将光标移至最后一个记录。

(3) ResultSet 新增、更新、删除数据

之前要进行增加、更新或删除数据,都必须要编写 SQL,然后使用 executeUpdate()来执行 SQL,将 SQL 写在 executeUpdate()之后其实是一个麻烦又容易出错的操作。如果只是想要针对查询到的数据进行一些简单的新增、更新或删除操作,可以采用 ResultSet 对象的一些方法来执行,而不一定要写 SQL 语句执行。

想要使用 ResultSet 直接进行新增、更新或删除数据,在建立 Statement 时必须在 createStatement()上指定 ResultSet.TYPE_SCROLL_SENSITIVE(或 ResultSet.TYPE_SCROLL_INSENSITIVE,此时表示不想取得更新后的数据)与 ResultSet.CONCUR_UPDATEABLE,例如:

```
Statement stmt=conn.createStatement(ResultSet.TYPE_SCROLL_SENSITIVE, ResultSet.
  CONCUR_UPDATEABLE);
```

假如想要针对查询到的数据进行更新操作,先移动光标至想要更新的数据位置,然后使用 update×××()等对应的方法即可,最后记得使用 updateRow()方法让更新生效,例如:

```
ResultSet result=stmt.executeQuery("SELECT * FROM teacher WHERE name='李明'");
result.last();
result.updateString("name", "张小丽");
result.updateString("sex", "女");
result.updateRow();
```

使用 update×××()等方法后,并不会马上对数据库生效,而必须执行完 updateRow()方法才会对数据库进行操作。如果在 updateRow()前想要取消之前的 update×××()方法,则可以使用 cancelRowUpdates()方法取消。

如果想要新增数据,则先使用 moveToInsertRow()方法移至新增数据处,执行相对的 update×××()方法,然后再执行 insertRow()方法即可新增数据,例如:

```
ResultSet result=stmt.executeQuery("SELECT * FROM teacher WHERE name='李明'");
result.moveToInsertRow();
result.updateString("user", "100101");
result.updateString("name", "liuiminghui");
result.updateString("sex", "男");
result.insertRow();
```

如果想要删除查询到的某个记录,则可以将光标移至该记录,然后执行 deleteRow()方法即可,代码如下:

```
ResultSet result=stmt.executeQuery("SELECT * FROM teacher WHERE name='李明'");
result.last();
result.deleteRow();
```

**6. 问题与思考**

在 MySQL 中的数据库 edu 中数据表 student 至少包含 user、name、password、sex 和

photo 字段，编写 JSP 程序，从 student 数据表中读取一个记录的数据，生成如图 4-6 所示的简历表。

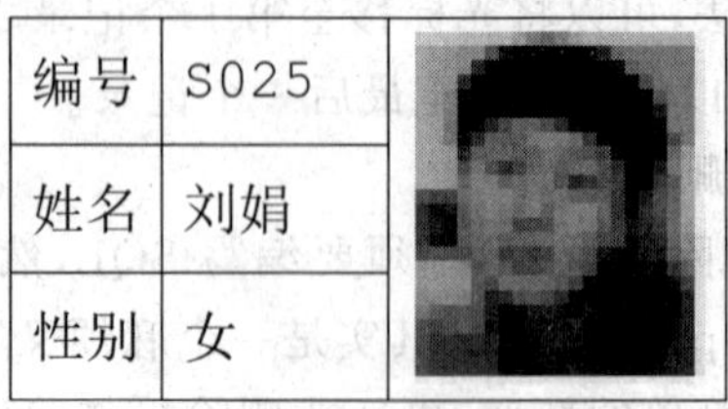

图 4-6　学生简历表

## 4.3　案　　例

用程序实现用户登录验证。进入系统前，程序要求用户输入正确的用户名和密码。如果输入正确，提示欢迎进入系统等信息；如果输入的用户名或密码不正确，提示错误信息，拒绝用户登录。用户名和密码预先保存在数据库中。

**1. 程序结构**

下面先用 Java 伪代码语言描述其算法。为便于理解，部分算法直接用自然语言描述。本程序由 Usercheckin 类实现，下面分别进行描述。

```
class Usercheckin extends JDialog implements ActionListener{
    变量定义;
    //构造函数
    Usercheckin(){
        生成界面;
        监听各个按键;
    }
    //事件触发程序
    actionPerformed(){
      获得事件源;
      switch(事件源){
        case b1:
          //调用查询数据库并且比较 USER 和 PASSWORD
          UserExist();
        case b2:
          退出系统;
        case b3:
          //注册一个用户
          SignUp();
        case b4:
          清空用户名和密码框;
      }
    }
    main(){
      生成一个 Usercheckin 对象 L;
    }
```

```
    UserExist(){
        读用户名和密码
        依据用户名和密码在数据库中查找该用户
        if 存在该用户
          欢迎进入系统
        else
          登录失败
      }

      SignUp(){
        读用户名和密码
        判断数据库中是否已存在该用户
        if 已存在该用户 {
          账号已存在
        }
        else{
          //向数据库插入新用户
          into();
          注册成功
      }
    }

    into(){
      执行插入命令增加新用户
    }
}
```

**2. 程序分析**

Usercheckin 类包括结构函数在内,共有 6 个方法,它们的意义如下。

Usercheckin():结构方法,设置用户界面。

actionPerformcd():判断用户按钮是登录、取消、注册新账号还是清空,并转入相关分支程序。

main():程序起点,创建一个 Usercheckin 对象,启动结构方法。

UserExist():当用户输入用户名、密码并提交后,程序查询数据库中是否存在该用户,并做相应处理。

signUp():注册一个新用户;

into():插入一个新用户。

它们之间的调用关系如图 4-7 所示。

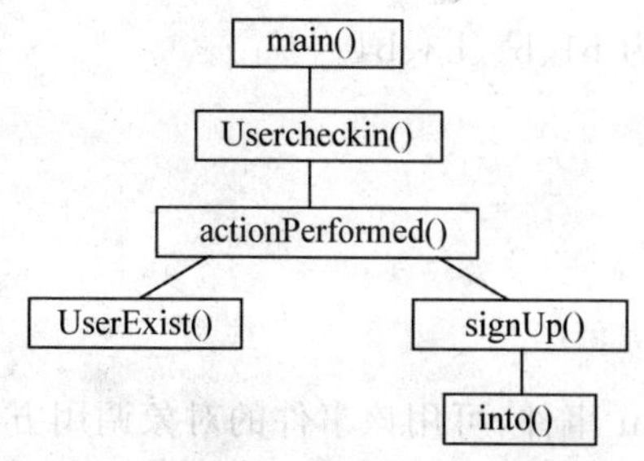


**图 4-7 Usercheckin 类中各方法之间的调用关系**

(1) 生成界面

程序语句如下：

```
setModal(true);
setBackground(Color.LIGHT_GRAY);
Container contentPane=this.getContentPane();
contentPane.setLayout(new GridLayout(5,1));

p2.add(new JLabel("用户:"));
p2.add(user);
p3.add(new JLabel("密码:"));
p3.add(password);
p4.add(b1);
p4.add(b2);
p5.add(b3);
p5.add(b4);

contentPane.add(p1);
contentPane.add(p2);
contentPane.add(p3);
contentPane.add(p4);
contentPane.add(p5);

//setDefaultCloseOperation(JFrame.DISPOSE_ON_CLOSE);
setSize(300,220);
Dimension screen=Toolkit.getDefaultToolkit().getScreenSize();
setLocation((screen.width-300)/2,(screen.height-220)/2);

setTitle("登录窗口");
setResizable(false);
setVisible(true);
```

该界面有 2 个 JTextField，分别用来接收用户名和密码。4 个 JButton，分别用于登录、取消、注册和清空功能。

(2) 监听各个按键

程序语句如下：

```
b1.addActionListener(this);
b2.addActionListener(this);
b3.addActionListener(this);
b4.addActionListener(this);
```

4 个 JButton 的名称分别为 b1、b2、b3、b4。

(3) 获得事件源

程序语句如下：

```
ActionEvent e;
JButton b=e.getSource();
```

一旦触发一个 ActionEvent 事件，可用该事件的对象调用方法 getSourse()获取是哪一个 JButton 触发。

(4) 清空用户名和密码框

程序语句如下：

```
user.setText("");
password.setText("");
```

方法 setText()设置 JTextfield 框为空格。

(5) 读界面用户名和密码

程序语句如下：

```
String s=user.getText();
String ss=password.getText();
```

方法 getText()读 JTextfield 数据。

(6) 依据用户名和密码在数据库中查找该用户

程序语句如下：

```
String sql="SELECT * FROM student where user='";
sql=sql+s;
sql=sql+"'";
sql=sql+" ";
sql=sql+"and";
sql=sql+" ";
sql=sql+"password='";
sql=sql+ss;
sql=sql+"'";
if(result.next()) {
  JOptionPane.showMessageDialog(this,"欢迎来到 LWJ 系统!");
}
```

如果要查找用户为 1001、密码为 lmh 的用户是否存在数据库中，执行 SQL 语句“SELECT * FROM student where user='1001' and password='lmh',”，再用结果对象调用 next()是否为真来判断该用户是否存在数据库中。

在操作数据库之前需装载数据库驱动器、建立连接、生成 Statement 和 ResultSet 对象，参考下面语句段。

```
Class.forName("sun.jdbc.odbc.JdbcOdbcDriver");
connection=DriverManager.getConnection("jdbc:odbc:edu","","");
statement=connection.createStatement();
result=statement.executeQuery(sql);
```

以上操作都会抛出异常，所以必须使用 try{…}catch(){…}语句。

(7) 执行插入命令增加新用户

程序语句如下：

```
String sql1="insert into student VALUES('"+user.getText()+"','"+password.
        getText()+"')";
    result=statement.executeQuery(sql1);
```

与查询一样，在操作数据库之前需装载数据库驱动器、建立连接、生成 Statement 和 ResultSet 对象。因为会抛出异常，所以必须使用 try{…}catch(){…}语句。

**3. 测试与运行**

本程序通过JDBC-ODBC与Access数据库进行连接,数据源名为edu。在数据库中,需建立一个数据表student,该表格至少包括user、password两个字段。程序启动后,出现如图4-8所示的结果。

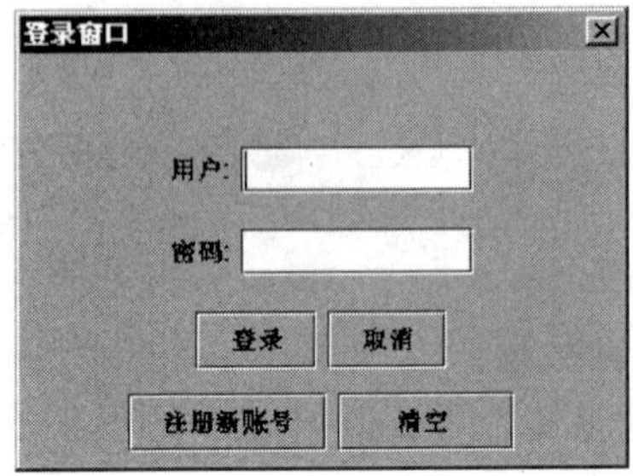


图4-8 类Usercheckin运行结果

**4. 问题与思考**

按照本节的程序结构写出源程序,并调试通过。

## 4.4 数据库连接池及配置

**知识要点**

1. 数据库连接池概念
2. 数据库连接池DBCP、c3p0和Proxool的配置

4.4.wmv

数据库连接是一种关键的且有限的资源,这一点在多用户的应用程序中体现得尤为突出。对数据库连接的管理能显著影响到整个应用程序的伸缩性和健壮性,影响到程序的性能指标。数据库连接池正是针对这个问题提出来的。

数据库连接池负责分配、管理和释放数据库连接,它允许应用程序重复使用一个现有的数据库连接,而不是再重新建立一个。释放空闲的数据库连接来避免因为没有释放数据库连接而引起的资源浪费和性能下降问题。

Java常用的数据库连接池有DBCP(DataBase Connection Pool)、c3p0和Proxool等。

**1. 实例**

配置Tomcat的DBCP数据源。

**2. 分析**

DBCP通过连接池预先同数据库建立一些连接放在内存中(即连接池中),应用程序需要建立数据库连接时直接到连接池中申请一个连接使用,用完后由连接池回收该连接,从而达到连接复用,减少资源消耗的目的。

Tomcat 默认包含 tomcat-dbcp.jar，如果使用 Tomcat 自带的 DBCP 则不用复制 JAR 文件。如果要使用 commons-dbcp 连接池，则要将 commons-dbcp-×××.jar 和 commons-pool.jar 复制到 Tomcat 的 lib 目录下。

### 3. 代码实现

在 Tomcat 中为其配置数据源，首先在 conf/context.xml 的<Context>标签中加入<Resource>元素。配置如下：

```
1 <Context>
2     <!--Default set of monitored resources -->
3     <WatchedResource>WEB-INF/web.xml</WatchedResource>

4     <!--Uncomment this to disable session persistence across Tomcat restarts -->
5     <!--
6     <Manager pathname="" />
7     -->

8     <!--Uncomment this to enable Comet connection tacking (provides events
9     on session expiration as well as webapp lifecycle) -->
10    <!--
11    <Valve className="org.apache.catalina.valves.CometConnectionManagerValve" />
12    -->
13    <Resource name="jdbc/edu" auth="Container"
14    type="javax.sql.DataSource"
15    maxActive="30"
16    maxIdle="10"
17    maxWait="10000"
18    username="root"
19    password="123456"
20    driverClassName="com.mysql.jdbc.Driver"
21    url="jdbc:mysql://localhost:3306/edu"/>
22 </Context>
```

代码中第 13～21 行是在原来<Context>标签中添加进去的内容。各参数说明如下：

```
<!--name: DataSource 的名称-->
<!--type: 数据源对应的 java 类型,一般设计为 javax.sql.DataSource-->
<!--username: 数据库登录名-->
<!--password: 数据库登录密码-->
<!--driverClassName: 指定数据库 JDBC 驱动程序-->
<!--url: 指定数据库的 URL-->
<!--maxIdle: 连接池中数据库连接处于空闲状态的最大数目,取 0 表示不受限制-->
<!--maxWait: 连接池中数据库连接处于空闲状态的最长时间(以毫秒为单位),取 0 表示无限制等待时间-->
<!--maxActive: 连接池中数据库连接处于活动状态的最大数目,取 0 表示不受限制-->
```

**4. 测试与运行**

(1) 建立数据库表格

先在 MySQL 中的数据库 edu 中创建数据表 students,它的字段如下所示。

① student_id　学生编号

② usename　学生名称

③ sex　学生性别

④ password　登录密码

在 MySQL 中定义这个数据库表,SQL 脚本如下:

```
create database edu;
use edu;

CREATE TABLE 'students'(
  'students_id' varchar(32) NOT NULL default '',
  'username' varchar(16) NOT NULL default '',
  'sex' char(1) default NULL,
  'password' varchar(16) NOT NULL default '',
   PRIMARY KEY('students_id')
);
INSERT INTO students VALUES(1,'sdf','f', '123456');
```

以上的 SQL 语句不仅定义了一个表格,而且插入了一条记录,如图 4-9 所示。

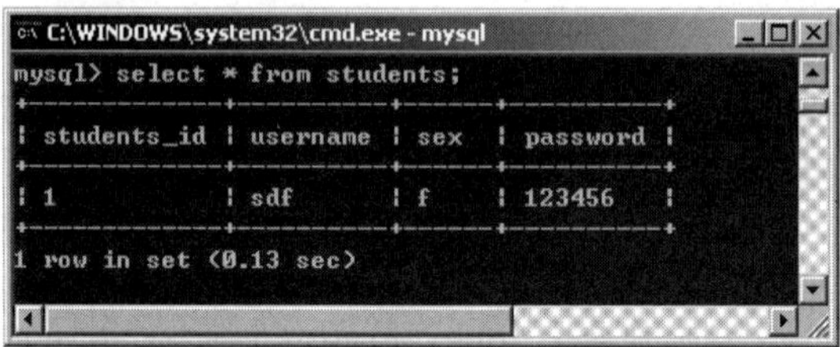


**图 4-9　运行 SQL 语句后数据库中的记录**

(2) 在 web.xml 中声明对数据源的引用

在 web.xml 中添加声明语句。

```
<resource-ref>
    <descryiption>DB Connection</descryiption>
    <res-ref-name>jdbc/edu </res-ref-name>
    <res-type>javax.sql.DataSource </res-type>
    <res-auth>Container </res-auth>
</resource-ref>
```

在 web.xml 中声明对这个 JNDI Resource 的引用。表示资源引用的元素为<resource-ref>,该元素加在<webapp></ webapp >中。

(3) 用 JSP 程序测试数据源

下面的 JSP 程序测试连接数据源是否成功。

datasourcetest.jsp 代码如下：

```
<%@ page language="java" pageEncoding="GB2312" %>
<%@ page import="java.sql.*,javax.sql.*,javax.naming.*" %>
<%
    Connection conn=null;
    //String url="jdbc:mysql://localhost:3306/edu";
    //String user="root";
    //String passw="";
    try{
        InitialContext ctx=new InitialContext();
        DataSource ds=(DataSource)ctx.lookup("java:comp/env/jdbc/edu");
        conn=ds.getConnection();
        if(conn !=null){
            out.println("数据源 jdbc/edu 配置正确!");
        }
    }catch(Exception ex){
        out.println("数据库驱动加载出现错误!"+ex);
    }
%>
```

如果数据源安装成功，启动 Tomcat，并在浏览器地址栏输入 http://localhost:8080/DataSource_Test/datasourcetest.jsp，可以看到数据源安装成功的页面，如图 4-10 所示。

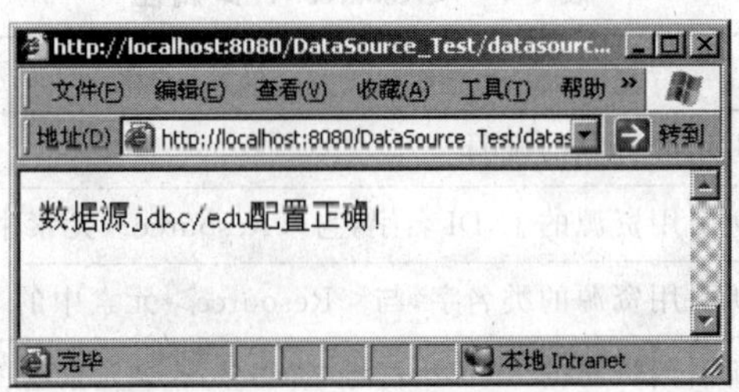


**图 4-10 数据源测试成功页面**

**注意** 需把 MySQL 的驱动程序包 mysql.jar 复制到%\tomcat%\common\lib 目录下，否则会出错，如图 4-11 所示。

**图 4-11 数据源未安装成功时的页面**

**5. 技术分析**

（1）DBCP

DBCP是apache上的一个Java连接池项目。

实例中通过Tomcat的conflcontext.xml中添加<Context>标签配置数据源。<Context>的子标签<Resource>定义了数据源的名字。<Resource>的属性描述如表4-3所示。

**表4-3 <Resource>的属性**

| 属性 | 描　　述 |
|---|---|
| name | 指定Resource的JNDI的名字 |
| auth | 指定管理Resource的Manager，有两个可选值：Container和Application。Container表示由容器来创建和管理Resource，Application表示由Web应用来创建和管理Resource。如果在web application deployment descriptor中使用<resource-ref>，这个属性是必需的；如果使用<resource-env-ref>，这个属性是可选的 |
| type | 指定Resource所属的java类名 |

如果在Web应用中访问了由Servlet容器管理的某个JNDI Resource，还需在web.xml中声明对这个JNDI Resource的引用。表示资源引用的元素为<resource-ref>，该元素加在<webapp></webapp>中。

<resource-ref>元素的属性如表4-4所示。

**表4-4 <resource-ref>属性**

| 属　性 | 描　　述 |
|---|---|
| description | 对所引用的资源的说明 |
| res-ref-name | 指定所引用资源的JNDI名字，与<Resource>元素中的name属性保持一致 |
| res-type | 指定所引用资源的类名字，与<Resource>元素中的type属性保持一致 |
| res-auth | 指定所引用资源的Manager，与<Resource>元素中的auth属性保持一致 |

实例中通过conflcontext.xml方式配置给Tomcat下的所有webapp都配置了数据源。如果只是为特定的Web程序配置数据源这种方法显然是不合适的。这种情况下可以在META-INF新建context.xml文件，再在该文件中通过<Context>标签配置数据源，如下面的context.xml配置。

```
<?xml version="1.0" encoding="UTF-8"?>
<Context>
<Resource name="jdbc/edu"
        auth="Container"
    type="javax.sql.DataSource"
    maxActive="30"
    maxIdle="10"
    maxWait="10000"
    username="root"
```

```
    password="root"
    driverClassName="com.mysql.jdbc.Driver"
    url="jdbc:mysql://localhost:3306/edu"/>
</Context>
```

把该配置文件保存在 META-INF 目录中，如图 4-12 所示。

**图 4-12　把 context.xml 保存在 META-INF 目录中**

运行 datasourcetest.jsp，可以看到如图 4-12 所示的结果。

在 context.xml 中配置的连接池可以不用在 web.xml 中声明。

(2) c3p0

c3p0 是一个开放源代码的 JDBC 连接池，它在 lib 目录中与 Hibernate 一起发布，包括了实现 jdbc3 和 jdbc2 扩展规范说明的 Connection 和 Statement 池的 DataSources 对象。

配置时需要复制 c3p0-××.jar 到 Tomcat 的 lib 目录下。

在 src 目录下新建一个名叫 c3p0-config.xml 的文件。注意，必须是这个文件名。配置方式如下：

```
<!--c3p0-->
  <Resource auth="Container"
    description="DB Connection"
    driverClass="com.mysql.jdbc.Driver"
    maxPoolSize="100"
    minPoolSize="2"
    acquireIncrement="2"
    name="jdbc/edu-c3p0"
    user="root"
    password=""
    factory="org.apache.naming.factory.BeanFactory"
    type="com.mchange.v2.c3p0.ComboPooledDataSource"
    jdbcUrl="jdbc:mysql://localhost:3306/test" />
```

(3) Proxool

Proxool 可以设置最大和最小连接、连接等待时间等。

Proxool 连接池的配置一般放在 proxool.xml 文件中。

在具体项目应用中，发现 Proxool 连接池的持续运行的稳定性有一定问题，有一个需要长时间运行批处理的任务场景，同样的代码在另外两个开源连接池中成功结束，但在 Proxool 中出现异常退出。

而 Proxool 有一个优势，即连接池监控，配置方式是在 web.xml 中添加如下配置。

```
<servlet>
   <servlet-name>admin</servlet-name>
      <servlet-class>org.logicalcobwebs.proxool.admin.servlet.AdminServlet
        </servlet-class>
</servlet>
```

```
<servlet-mapping>
    <servlet-name>admin</servlet-name>
    <url-pattern>/admin</url-pattern>
</servlet-mapping>
```

在应用启动后访问 http://localhost:8080/myapp/admin,即可监控这个 url。

配置时需要复制 proxool-××.jar、proxool-cglib.jar、commons-logging-×××.jar 到 Tomcat 的 lib 目录下。配置方式如下:

```
<!--proxool-->
<Resource name="jdbc/edu-proxool"
     auth="Container"
     type="javax.sql.DataSource"
     factory="org.logicalcobwebs.proxool.ProxoolDataSource"
     proxool.alias="test"
     user="root"
     password=""
     delegateProperties="foo=1,bar=true"
     proxool.jndi-name="mysqljndi"
     proxool.driver-url="jdbc:mysql://127.0.0.1:3306/edu"
     proxool.driver-class="com.mysql.jdbc.Driver"
     proxool.house-keeping-sleep-time="900000"
     proxool.maximum-active-time="5"
     proxool.prototype-count="3"
     proxool.statistics="1m,15m,1d"
     proxool.simultaneous-build-throttle="10"
     proxool.minimum-connection-count="5"
     proxool.maximum-connection-count="15"
/>
```

无论哪种连接池,都必须在 web.xml 中声明引用配置好的数据源。

**6. 问题与思考**

(1) 通过 server.xml 方式配置,让 Tomcat 下的所有 webapp 都配置了数据源。如果只是为特定的 Web 程序配置数据源这种方法显然是不合适的。请在 META-INF 新建 context.xml 文件,再在该文件中通过<Context>标签配置数据源。

(2) 利用 c3p0 或 Proxool 配置数据源并在 Servlet 或 JSP 中获取连接。

第 5 章

# Servlet/JSP 案例

Chapter 5

## 5.1 Servlet 案例

用 Servlet 编写一个用户验证程序 Usercheckin.java，如果登录用户存在，显示"欢迎来到本系统！"，否则显示"对不起，用户名或密码错误，登录失败！"。

下面从分析 Usercheckin.java 程序结构开始。

**1. 程序结构**

```
class Usercheckin extends HttpServlet {
  doPost(){
    获取客户端用户名和密码;
    查询数据库是否存在该用户;
    if 存在
      欢迎进入系统;
    else
      用户名或密码不正确;
  }
  connectdb(){
    安装数据库驱动器并建立连接;
    发送 SQL 语句查询用户是否存在;
    if 存在
      设置存在标志;
    else
      存在标志为 false;
  }
  doGet(){
    doPost();
  }
}
```

**2. 程序分析**

同一般 Servlet 程序一样，本程序实现了 HttpServlet 的两个方法 doPost()和 doGet()，而且这两个方法过程相同。方法 connectdb()实现与数据库的连接并查询数据库中用户是否存在并设置存在标志。各个模块之间的调用关系如图 5-1 所示。

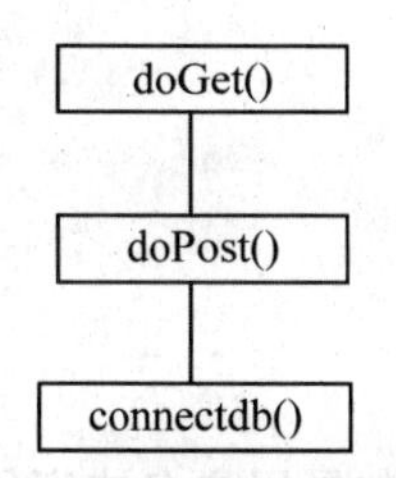


**图 5-1 Usercheckin 中各模块的调用关系**

下面对该程序进行详细分析。

(1) 获取客户端用户名和密码

程序语句如下：

```
username=request.getParameter("name");
password=request.getParameter("password");
```

name 和 password 一定是客户端提交用户名和密码时表单对应的 INPUT 名称。

(2) 查询数据库是否存在该用户

程序语句如下：

```
result=statement.executeQuery(sql);
```

其中，SQL 语句是 select * from student where username='...' and password='...'。

(3) 设置存在标志

程序语句如下：

```
existence=true;
```

通过判断 result.next()是否为真，就可以知道该用户是否存在，并设置存在标志 existence 为 true；反之，设置存在标志为 false。

**3. 测试与运行**

首先编译好该程序，放入 Tomcat 中的适当位置，并做正确配置。

仍用第 4 章案例中的数据库 edu，它包含数据表 student，该数据表有字段 user 和 password。

数据库建立好后，在例 3-2 的表单中，将 ACTION 指向本例程序，代码如下：

```
<form action="http://localhost:8080/sv/Usercheckin" method=GET>
    用户: <input type="text" NAME="name" value="  "><br>
    密码: <input type="text" NAME="password" value="**"><br>
        <input type="submit" VALUE="提交">
</form>
```

在浏览器中打开网页，输入正确的用户名和密码，可以看到如图 5-2 所示的结果。

图 5-2 类 Usercheckin 运行界面

如果用户名或密码不正确，结果如图 5-3 所示。

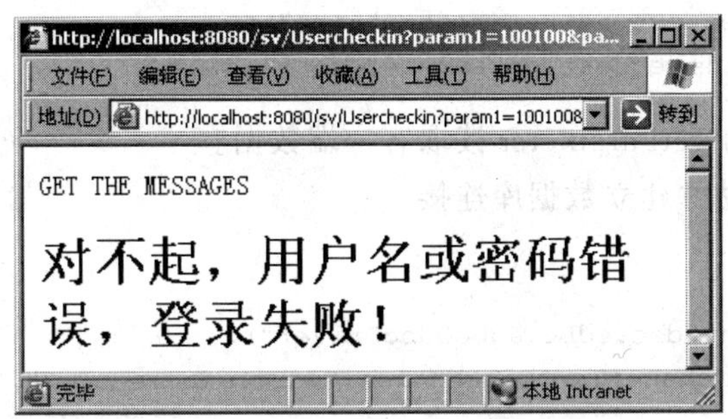


图 5-3 当数据库中没有该用户的情况

**4. 问题与思考**

按照本节的程序结构写出源程序,并调试通过。

## 5.2 JSP 案例

### 5.2.1 用户验证

前面用 Servlet 编写了用户验证程序,现在再用 JSP 编写程序实现同样的功能。

**1. 程序结构**

```
<html>
    <head>
        <title>用户验证 </title>
    </head>
    <body>
    <%
        读客户端用户名和密码;
        安装数据库驱动并建立数据库连接;
        发送 SQL 查找用户;
        if 用户存在
          欢迎用户进入;
        else 用户不存在
          用户不存在;
    %>
    </body>
</html>
```

**2. 程序分析**

编写的 JSP 程序类似于 HTML 文档。但要注意文件扩展名是.jsp,程序部分一定包含在<%...%>标签中。

下面对该程序进行详细分析。

(1) 读客户端用户名和密码

程序语句如下:

```
String username=request.getParameter("name");
String userpassword=request.getParameter("password");
```

默认对象 request 的 getParameter 读取客户端数据。

(2) 安装数据库驱动并建立数据库连接

程序语句如下:

```
Class.forName("sun.jdbc.odbc.JdbcOdbcDriver");
connection=DriverManager.getConnection("jdbc:odbc:edu","","");
```

这个过程可能抛出异常,所以需用 try{...}catch(){...}语句。

(3) 发送 SQL 查找用户

程序语句如下:

```
Statement statement=connection.createStatement();
String sql="SELECT * FROM student where user='...' and password='...'";
ResultSet result=statement.executeQuery(sql);
```

Statement 的 createStatement()执行 SQL 语句,结果放在 ResultSet 对象中。

(4) 判断用户是否存在

```
if 用户存在
    欢迎用户进入;
else 用户不存在
    用户不存在;
```

程序语句如下:

```
if(existence){
    out.println("<H1>欢迎来到本系统!</H1>");
}else{
    out.println("<H1>对不起,用户名或密码错误,登录失败! </H1>");
}
```

执行了 SQL 的查询语句后,通过 ResultSet 的 next()方法可以判断是否找到相应的用户,保存至布尔变量 existence,见下面的程序段。

```
if(result.next()) {
    existence=true;
}else {
    existence=false;
}
```

之后可以通过判断 existence 的值来确定用户是否存在。

**3. 测试与运行**

程序运行结果如图 5-4 所示。

**4. 问题与思考**

按照本节的程序结构写出源程序,并调试通过。

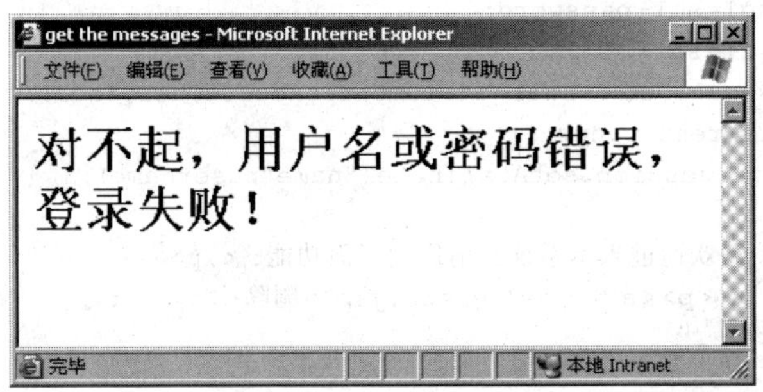


图 5-4 用户验证程序结果

### 5.2.2 Session 跟踪

在一个多用户网络应用系统中，用户登录成功后，根据各自的权限，在不同的页面只能进行符合其权限的操作。

本案例假设在数据库 edu 的数据表 student 中至少存在名为 100100、100101 两个用户。用户通过登录页面(login.jsp)进行登录，只有用户 100100 具有删除的权限，在进入删除页面(delete.jsp)后，删除名为 100101 用户。其他用户进入页面不能进行删除操作。

在进入删除页面后，系统如何判断是哪个用户呢？这就需要前面介绍的跟踪技术。在用户登录成功后，即建立一个 Session 变量，其值就是该用户的登录名(每个用户登录名唯一)，当用户在进行删除操作时，读出这个 Session 变量值就可以判断是哪个用户了。

先来看看登录页面程序 login.jsp。

login.jsp 代码如下：

```
<%@ page
    language="java"
    contentType="text/html;charset=GBK"
    import="java.sql.*"
%>
<body>
    <center>
        <%
            if(request.getParameter("username")!=null){
            String username=request.getParameter("username");
            String password=request.getParameter("password");
            Connection connection=null;
            try{
                Class.forName("sun.jdbc.odbc.JdbcOdbcDriver");
                connection=DriverManager.getConnection("jdbc:odbc:edu","","");
                Statement statement=connection.createStatement();
                String sql="SELECT * FROM student where user='";
                sql=sql+username;
                sql=sql+"'";
                sql=sql+" ";
                sql=sql+"and";
                sql=sql+" ";
                sql=sql+"password='";
```

```
            sql=sql+password;
            sql=sql+"'";
            ResultSet result=statement.executeQuery(sql);
            if(result.next()) {
                session.setAttribute("name",username);
            %>
            <p>欢迎进入本系统! 请启用下面功能: </p>
                <p><a href="delete.jsp">删除</a> </p>
            <%
            }else {
                out.println("登录失败,请重新登录!");
            }
        }catch(SQLException sqle){System.err.println(sqle.getMessage());}
        catch(ClassNotFoundException cnfe){System.err.println(cnfe.getMessage());}
        catch(Exception e){System.err.println(e.getMessage());}
        finally{
          try{
                if(connection!=null){
                    connection.close();
                }
          }catch(SQLException sqle){System.err.println(sqle.getMessage());}
        }
      }else{
        out.println("<form action=\"login.jsp\" method=\"POST\">");
        out.println("用户名: <input type=\"text\" NAME=\"username\" value=
            \"\"><br>");
        out.println("密码: <input type=\"Password\" NAME=\"password\" value=
            \"\"><br>");
        out.println("<input type=\"submit\" VALUE=\"登录\">");
        out.println("<input type=\"Reset\" value=\"清空\">");
        out.println("</form>");
    }
    %>
  </center>
</body>
```

该 login.jsp 和 5.2 节 JSP 案例的程序有些区别。首先,在用户登录成功后,不是仅输出一个欢迎信息,而是建立了一个 session 变量 name,其值是登录用户名。程序代码如下:

```
session.setAttribute("name",username);
%>
<p>欢迎进入本系统! 请启用下面功能:</p>
<p><a href="delete.jsp">删除</a></p>
<%
```

另外,还以网页超链接方式为用户提供了一个可选择功能,连接到网页 delete.jsp 实现删除操作。

第二个区别是为了简化程序,把前面要求输入用户名和密码的页面合并到 login.jsp 中,登录页面代码如下:

```
out.println("<form action=\"login.jsp\" method=\"POST\">");
out.println("用户名: <input type=\"text\" name=\"username\" value=\"\"><br>");
```

```
out.println("密码: <input type=\"Password\" NAME=\"password\" value=\"\"><br>");
out.println("<input type=\"submit\" VALUE=\"登录\">");
out.println("<input type=\"Reset\" value=\"清空\">");
out.println("</form>");
```

**注意** 这段程序发送的页面与前面用户登录的页面是一致的。接下来看看程序运行的效果,首先是出现一个登录页面,如图 5-5 所示。

图 5-5 用户登录页面

如果用户名和密码正确,出现登录成功的页面,如图 5-6 所示。

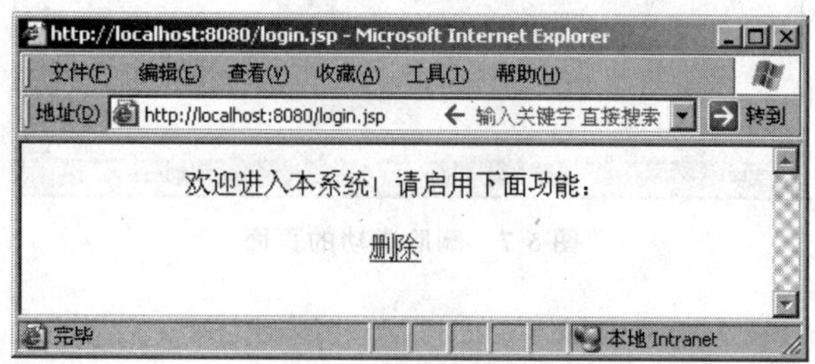


图 5-6 登录成功的页面

此时,只要单击"删除"按钮就会进入 delete.jsp 完成删除操作。下面分析 delete.jsp 页面,delete.jsp 程序如下:

```
<%@ page
    language="java"
    contentType="text/html;charset=GBK"
    import="java.sql.*"
%>
<html>
    <head>
        <title>session.jsp</title>
    </head>
    <body>
    <%
    Connection connection;
    String name=(String)session.getAttribute("name");
    try{
        Class.forName("sun.jdbc.odbc.JdbcOdbcDriver");
        connection=DriverManager.getConnection("jdbc:odbc:edu","","");
        Statement statement=connection.createStatement();
```

```
        if(name.equals("100100")){
            statement.executeUpdate("delete from student where user='100101'");
          out.println("You have deleted one record!!");
        }
    else{out.println("You haven't the right!!");}
    }catch(Exception e){
        out.println(e.getMessage());
    }
    %>
    </body>
</html>
```

由于从页面 login.jsp 切换到本页面 delete.jsp，系统必须知道是谁在操作，所以首先读取 session 变量 name 来判断是哪位用户。本程序只允许 100100 用户进行删除操作，如果操作成功，会得到删除成功的页面，如图 5-7 所示。

图 5-7 删除成功的页面

## 5.3 JavaBean 案例

现在用 JSP+Bean 实现用户验证程序，其中与数据库的操作在 Studentbean 中实现。

### 1. 程序结构

```
public class Studentbean {
  public void setResult(String sql) {
    数据库驱动;
    建立数据库连接;
    执行查询语句;
    设置查询标志;}
  public boolean getResult(){
    返回查询结果;
  }
}
```

### 2. 程序分析

下面对该程序进行详细分析。

(1) 数据库驱动

程序语句如下：

```
Class.forName("sun.jdbc.odbc.JdbcOdbcDriver");
```

用 JDBC-ODBC 方式连接数据库。

(2) 安装数据库驱动并建立数据库连接

程序语句如下：

```
connection=DriverManager.getConnection("jdbc:odbc:edu","","");
```

此案例中仍用数据库 edu。以上过程可能抛出异常，所以需用 try{...}catch(){...}语句。

(3) 执行查询语句

程序语句如下：

```
statement=connection.createStatement();
rs=statement.executeQuery(sql);
```

参数 sql 由调用 Studentbean 的程序传递。

(4) 设置查询标志

```
if(rs.next()) {
  result=true;
}else {
  result=false;
}
```

如果数据库存在该用户，设置 result 为 true；反之设置为 false。

### 3. 测试与运行

为了试验 Studentbean 运行是否正确，还需编写相应的 testbean.jsp 程序调用它，该 testbean.jsp 程序如下：

```
<%@ page
   language="java"
   contentType="text/html;charset=GBK"
%>
<jsp:useBean id="StuBean" scope="application" class="student.Studentbean"/>
<html>
   <head>
      <title>
         get the messages
      </title>
   </head>
   <body>
   <%
      String username=request.getParameter("name");
      String userpassword=request.getParameter("password");
      String sql="SELECT * FROM student where user='";
      sql=sql+username;
      sql=sql+"'";
      sql=sql+" ";
      sql=sql+"and";
      sql=sql+" ";
```

```
            sql=sql+"password='";
            sql=sql+userpassword;
            sql=sql+"'";
            StuBean.setResult(sql);
            if(StuBean.getResult()){
                out.println("<h1>欢迎来到本系统!</h1>");
            }else{
                out.println("<h1>对不起,用户名或密码错误,登录失败! </h1>");
            }
        %>
        </body>
    </html>
```

很显然,该程序调用 Studentbean 执行查询语句来判断登录用户在数据库中是否存在,并做出相应提示。

为了让 testbean.jsp 能够接收到登录用户的用户名和密码,编写一个录入网页 login.html,表单中动作指向的程序以及读取的 input 名称要和 testbean.jsp 程序一致,代码如下:

```
<form action="http://localhost:8080/testbean.jsp" method=GET>
    用户: <input type="text" NAME="name" value="  "><br>
    密码: <input type="text" NAME="password" value="**"><br>
          <input type="submit" value="提交">
</form>
```

将 Studentbean.class、testbean.jsp、login.html 放在正确的位置,启动 Tomcat,在地址栏输入 http://localhost:8080/login.html,如图 5-8 所示。

图 5-8 用户登录页面

如果数据库中存在该用户,则显示欢迎界面,如图 5-9 所示。

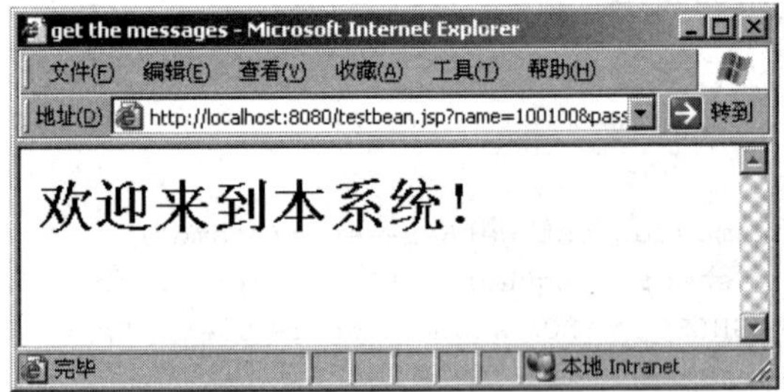


图 5-9 数据库中存在该登录用户

否则,提示用户名或密码错误,如图 5-10 所示。

图 5-10 数据库中不存在该登录用户

**4. 问题与思考**

按照本节的程序结构写出源程序，并调试通过。

## 5.4 MVC 案 例

有了上面一个基本的实现 MVC 的程序，再来看一个案例。该案例从一个页面 login.jsp 进入，要求提供的服务是判断登录的用户是否在数据库中存在，然后跳转到页面 welcome.jsp。除 Controller 类、Service 接口外，本案例还包括 login.jsp、welcome.jsp 和 LoginService 类，看一下这个实例的序列图，如图 5-11 所示。

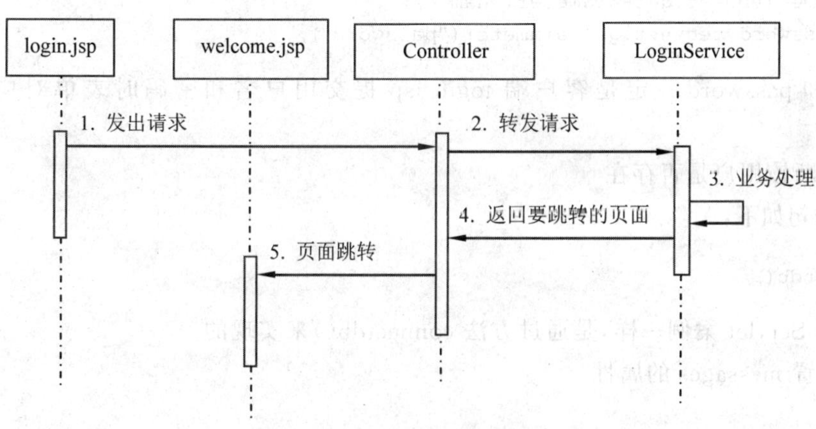


图 5-11 案例序列图

用 Servlet 编写一个用户验证程序。

**1. 程序结构**

```
class LoginService implements Service{
    public void execute {
        读用户名和密码;
        判该用户是否存在;
        if 存在
          设置 messages 为"欢迎来到本系统!";
        else
```

```
            设置 messages 为"对不起,用户名或密码错误,登录失败";
    }
    connectdb(){
      安装数据库驱动器并建立连接;
      发送 SQL 语句查询用户是否存在;
      if 存在
        设置存在标志;
      else
        存在标志为 false;
    }
}
```

**2. 程序分析**

本案例的服务程序 LoginService.java 是一般的类,它首先通过实现 Service 接口的 execute()方法来提供服务。类似前面的 Servlet 案例,这里也通过方法 connectdb()实现与数据库的连接,并查询数据库中用户是否存在并设置存在标志。该类各个模块之间的调用关系如图 5-12 所示。

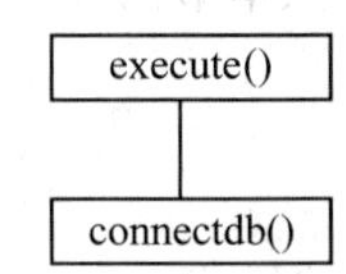

**图 5-12 LoginService 中各模块的调用关系**

下面对该程序进行详细分析。

(1) 读用户名和密码

程序语句如下:

```
username=request.getParameter("name");
userpassword=request.getParameter("password");
```

name 和 password 一定是客户端 login.jsp 提交用户名和密码时表单对应的 INPUT 名称。

(2) 判断该用户是否存在

程序语句如下:

```
connectdb();
```

同前面 Servlet 案例一样,是通过方法 connectdb()来实现的。

(3) 设置 messages 的属性

```
if 存在
   设置 messages 为"欢迎来到本系统!";
else
   设置 messages 为"对不起,用户名或密码错误,登录失败";
```

程序语句如下:

```
if(existence){
  request.setAttribute("messages","欢迎来到本系统!");
}else{
  request.setAttribute("messages","对不起,用户名或密码错误,登录失败");
}
```

通过设置 messages 的属性来实现。

### 3. 测试与运行

参考前面的序列图，本程序需要有两个页面，一个是请求服务的页面 login.jsp，程序清单如下：

```
<html>
  <head>
    <title>用户登录</title>
  </head>
  <body>
    <center>
      <h3>请输入正确用户名与密码</h3>
      <form action="http://127.0.0.1:8080/sv/Controller" method=GET>
          用户名: <input type="Text" name="name" value=""><br>
          密码: <input type="Password" name="password" value=""><br>
                <input type="Hidden" name="service" value="LoginService">
                <input type="Hidden" name="target" value="/welcome.jsp">
                <input type="submit" value="登录">
                <input type="Reset" value="清空">
    </center>
  </body>
</html>
```

login.jsp 页面接收用户名和密码，同时向 Controller 传送 service 和 target 值。另外一个是服务完后返回的页面 welcome.jsp，程序清单如下：

```
<%@page
   language="java"
   contentType="text/html;charset=GBK"
%>
<html>
  <head>
    <title>welcome</title>
  </head>
  <body>
    <center>
      <h4>
      <%
        out.println(""+request.getAttribute("messages"));
      %>
      </h4><br>
    </center>
  </body>
</html>
```

属性 messages 已经在类 LoginService 中设置，这里直接读取显示。

除以上两个页面外，其他的类 LoginService、Controller 和接口 Service 都需要编译好，放入 Tomcat 中的适当位置，并做正确配置。

仍用第 4 章案例中的数据库 edu，它包含数据表 student，该数据表有字段 user 和 password。

在浏览器中打开网页，输入正确的用户名和密码，如图 5-13 所示。

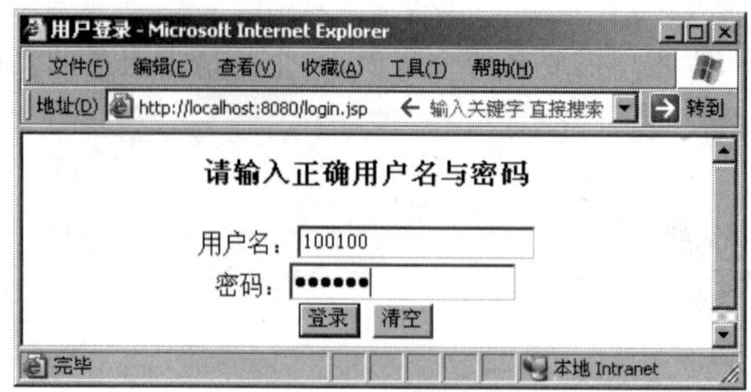


图 5-13 login.jsp 页面

如果输入的用户存在，可以看到如图 5-14 所示的结果。

图 5-14 当数据库中存在该用户的情况

如果用户名或密码不正确，结果如图 5-15 所示。

图 5-15 当数据库中没有该用户的情况

**4. 问题与思考**

按照本节的程序结构写出 LoginService 源程序，并调试通过。

第 6 章

# Tomcat 及配置

Chapter 6

## 6.1 Tomcat 配置

Tomcat 下有 9 个目录，分别是 bin、common、conf、logs、server、shared、temp、webapps、work 目录，如图 6-1 所示。

Tomcat 根目录在 Tomcat 中为＜CATALINA_HOME＞，本书中把 Tomcat 解压后放在 C:/tomcat 目录下。

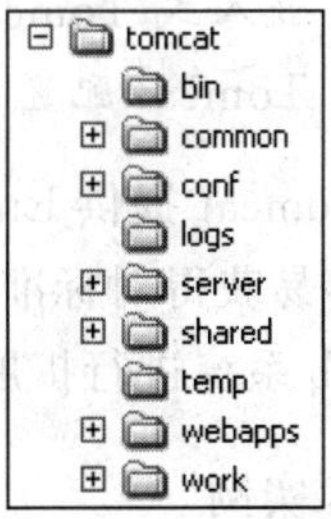

(1) ＜CATALINA_HOME＞/bin：存放各种平台下启动和关闭 Tomcat 的脚本文件。其中文档 catalina.bat 可以设置环境变量，例如将 SET JAVA_HOME=C:\j2sdk1.4.2 放入该文件的非注释行，就配置好 Tomcat 环境了。startup.bat 是 Windows 下启动 Tomcat 的文件，shutdown.bat 是关闭 Tomcat 的文件。

tomcat
bin
common
conf
logs
server
shared
temp
webapps
work

**图 6-1 Tomcat 的目录结构**

(2) ＜CATALINA_HOME＞/common：在 common 目录下的 lib 目录，存放 Tomcat 服务器和所有 Web 应用都能访问的 JAR 文件。

(3) ＜CATALINA_HOME＞/shared：在 shared 目录下的 lib 目录，存放所有 Web 应用能访问但 Tomcat 不能访问的 JAR 文件。

(4) ＜CATALINA_HOME＞/server：在 server/webapps 目录中，存放 Tomcat 自带的 admin 和 manager 两个应用。在 server/lib 目录中，存放 Tomcat 服务器所需要的、Web 应用不能访问的 JAR 文件。

(5) ＜CATALINA_HOME＞/work：Tomcat 把各种由 JSP 生成的 Servlet 文件放在这个目录下。

(6) ＜CATALINA_HOME＞/temp：临时文件夹，用于存放临时文件。

(7) ＜CATALINA_HOME＞/logs：存放 Tomcat 的日志文件。

(8) ＜CATALINA_HOME＞/conf：Tomcat 的各种配置文件，最重要的是 server.xml。配置 Tomcat 组件的 XML 文件 server.XML 包括以下内容。

① 顶层类元素[Top Level Elements]：位于整个配置文件的顶层，包括＜Server＞和＜Service＞。

② 连接器类元素[Connectors]：用户和服务(容器类元素)间的通信接口。接受用户请求，返回响应结果。

③ 容器类元素[Containers]：处理用户请求并且生成响应结果，包括＜Engine＞、＜Host＞、＜Context＞。

④ 嵌套类元素[Nested Components]：可以加入容器中的元素，包括<logger>、<Valve>、<Realm>等。

一个<Server>包含一个或多个<Service>；一个<Service>包含一个<Engine>和一个或多个<Connector>；多个 <Connector>共享一个<Engine>；一个<Engine>包含多个<Host>，每个<Host>定义一个虚拟主机，包含一个或多个 Web 应用<Context>；<Context>元素是代表一个在虚拟主机上运行的 Web 应用。

(9) <CATALINA_HOME>/webapps：Web 应用的发布目录，把 Java 开发的 Web 站点文件放入这个目录下，这就可以通过 Tomcat 服务器访问了。

## 6.2 在应用中使用嵌入式 Tomcat

**知识要点**

1. 嵌入式 Tomcat 的实现方法
2. Tomcat 配置文件基本含义

Tomcat 提供 Embeded 版本，为在应用中集成完整的 Web 服务提供了尽可能大的空间，不仅容易获得对标准 HTTP 的处理，还有 SSL 的通信处理。使开发者很容易就可以对原有非 Web 系统进行扩展，以支持瘦客户端应用。

**1. 实例**

编写程序，启动嵌入式 Tomcat。

**2. 分析**

嵌入式 Tomcat 服务器无须部署外置 Tomcat，开发者只需引入嵌入式 Tomcat 相关 jar 包，编写少量启动代码即可运行 Web 应用，是搭建微服务应用的重要方式。

本程序由类 TomcatService 实现。

**3. 代码实现**

```
import org.apache.catalina.startup.Tomcat;

public class TomcatService {
  private static Tomcat tomcat=null;
  private static String CONTEXT_PATH="/";
  //private static String PROJECT_PATH=System.getProperty("user.dir");
  private static String BASE_DIR="E:\\tomcat-embed";
  //private static String WEB_APP_PATH=PROJECT_PATH+"/myProject";
  //private static String TOMCAT_HOME=PROJECT_PATH+"/Embedded/Tomcat";
  private static String ENCODING="UTF-8";
   private static int TOMCAT_PORT=8080;

   //启动嵌入式 Tomcat 服务器
   public static void startTomcat() throws Exception {
     try {
```

```
14.         long startTime=System.currentTimeMillis();
15.         tomcat=new Tomcat();
16.         //设置 Tomcat 的工程根目录
17.         tomcat.setBaseDir(BASE_DIR);
18.         tomcat.setPort(TOMCAT_PORT);
19.         tomcat.addWebapp(CONTEXT_PATH, BASE_DIR);
20.         tomcat.enableNaming();        //执行这一条语句才能支持 JDNI 查找
21.         tomcat.getConnector().setURIEncoding(ENCODING);
22.         tomcat.start();
23.         System.err.println("Tomcat started in "+(System.currentTimeMillis()-
              startTime)+" ms.");
24.         tomcat.getServer().await();   //让服务器一直运行
25.       } catch(Exception e) {
26.         e.printStackTrace();
27.       }
28.     }
29.     public static void main(String[] args) {
30.       try {
31.         TomcatService.startTomcat();
32.       } catch(Exception e) {
33.         e.printStackTrace();
34.       }
35.     }
36. }
```

源代码中第 15～22 行创建了一个 Tomcat 对象，设置好工作目录等参数后，即可用方法 start()启动。

**4. 测试与运行**

源程序中，用 E:\tomcat-embed 作为工作目录。下载 Tomcat 的 Embeded，本案例下载的是 apache-tomcat-9.0.13-embed。解压文件，并设置在项目的 CLASSPATH 中。编辑测试程序 index.jsp 代码如下：

```
<%@ page contentType="text/html; charset=UTF-8"  language="java" %>
<html>
    <head>
        <title>一个简单的 JSP 示例</title>
    </head>
    <body>
        <h3><%out.println("hello 中国");%></h3>
    </body>
</html>
```

该程序保存在工作目录 E:\tomcat-embed 中。

运行启动程序，启动 Tomcat 服务，如图 6-2 所示。

```
TomcatService [Java Application] D:\Program Files\Java\jdk1.8.0_131\bin\javaw.exe (2019年10月25日 上午10:54:00)
十月 25, 2019 10:54:04 上午 org.apache.catalina.core.StandardService startInternal
信息: Starting service [Tomcat]
十月 25, 2019 10:54:04 上午 org.apache.catalina.core.StandardEngine startInternal
信息: Starting Servlet Engine: Apache Tomcat/9.0.13
十月 25, 2019 10:54:04 上午 org.apache.catalina.startup.ContextConfig getDefaultWe
信息: No global web.xml found
十月 25, 2019 10:54:05 上午 org.apache.jasper.servlet.TldScanner scanJars
信息: At least one JAR was scanned for TLDs yet contained no TLDs. Enable debug
十月 25, 2019 10:54:05 上午 org.apache.coyote.AbstractProtocol start
信息: Starting ProtocolHandler ["http-nio-8080"]
Tomcat started in 3513 ms.
```

图 6-2 服务端控制台

图 6-2 所示内容说明 Tomcat 服务正常启动了。在浏览器中输入正确的地址，得到如图 6-3 所示的结果。

图 6-3 客户端测试效果

**5. 技术分析**

Tomcat 严格意义上不是一个真正的 AppServer，只是支持运行 Servlet 和 JSP 的 Web 容器，此外扩展了一些 AppServer 的功能，如数据库连接池、JNDI 等。如何把 Tomcat 简化成一个最小的集合成为 Tomcat 嵌入式版本的关键。从 Tomcat 5.0 开始提供和支持 Embeded 版本，即最简化的 Tomcat Server。下面就针对 Tomcat Server 的 Embeded 版本进行介绍，如何把 Tomcat 集成到 Java 应用中。

要了解 Tomcat 在工作时的层次情况，打开 Tomcat 的配置文件 server.xml(通常保存在 $tomcat$\conf 目录中)，文件按照如下结构存放。

```
<Server>
  <Service>
    <Connector />
    <Engine>
      <Host>
        <Context 1/>
        <Context 2/>
        <Context n.../>
      </Host>
    </Engine>
  </Service>
</Server>
```

这样的结构表明 Tomcat Embeded 工作时的实例结构情况，一个 Server 含有一个 Connector 和一个 Engine，其中 Engine 里含有一个 Host，一个 Host 内可以含有多个 Context，Context 代表 Web 应用，即一个 Host 里可以包含多个 Web 应用。

**6. 问题与思考**

(1) Embeded 的 stop()方法可以停止 Tomcat 服务。编写程序,运行后出现两个按钮,一个为“启动”,一个为“中止”。当单击“启动”按钮时,启动 Tomcat 服务;当单击“中止”按钮时,停止 Tomcat 服务。

(2) 编写一个 Servlet 或 JSP 程序,利用嵌入式 Tomcat 启动该程序。

(3) 利用嵌入式 Tomcat 实现 5.4 节的 MVC 案例,并用 Install4J 等软件把项目发布成可以安装的系统。

# 第 7 章

# Servlet/JSP 高级技术

Chapter 7

## 7.1 生成彩色验证码

### 知识要点

1. 彩色验证码生成原理及方法
2. 开源验证码包的使用
3. 汉字验证码

7.1.wmv

验证码是防止有人利用机器人自动批量注册、对特定的注册用户用特定程序暴力破解方式进行不断的登录、灌水。因为验证码是一个混合了数字或符号的图片，人眼看起来比较困难，机器识别起来就更困难。

**1. 实例**

利用 Servlet 实现一个 4 位的彩色验证码数据。4 位验证码数字和颜色都需要随机产生。

**2. 分析**

登录表单很可能遭到模拟登录的暴力破解攻击，要么轻易获得特定账户的登录信息，要么给服务器增加大量的负荷。解决的办法，一般就是在登录前给出一个随机的信息（验证码），非法的非 Web 途径登录者将看不到这个验证码，从而让用户安全登录。为防止攻击者破获验证码，需将验证信息作为图像显示在 Web 上。

实现程序的框架结构如下：

```
public class Image extends HttpServlet {
  protected void processRequest (HttpServletRequest request, HttpServletResponse
  response) throws ServletException, IOException {
    网页初始化;
    在内存中创建图像;
    获取图形上下文;
    生成随机类;
    设定背景色;
    设定字体;
    画边框;
    随机产生 155 条干扰线,使图像中的验证码不易被其他程序探测到;
    取随机产生的 4 位数字验证码
    将验证码存入 Session;
    图像生效;
    输出图像到页面;
```

```
    关闭输入流;
  }
    //给定范围获得随机颜色
    Color getRandColor(int fc,int bc){
      随机生成红、蓝、绿三基色的颜色并返回;
    }
    protected void doGet(HttpServletRequest request, HttpServletResponse response)
    throws ServletException, IOException {
      processRequest(request, response);
    }
    protected void doPost(HttpServletRequest request, HttpServletResponse response)
      throws ServletException, IOException {
      processRequest(request, response);
    }
    public String getServletInfo() {
      //返回 Servlet 信息
      return "Short description";
    }
}
```

**3. 代码实现**

```
import java.io.*;
import javax.Servlet.*;
import javax.Servlet.http.*;
import java.awt.*;
import java.awt.image.*;
import java.util.*;
import javax.imageio.*;
/**
 *
 @author http://www.tot.name
 @version
 */
 public class Image extends HttpServlet {
 /** Processes requests for both HTTP <code>GET</code> and <code>POST</code>
   methods.
 @param request Servlet request
 @param response Servlet response
 */
   protected void processRequest(HttpServletRequest request,
     HttpServletResponse response) throws ServletException, IOException {
     response.setContentType("image/jpeg");
     response.setHeader("Pragma","No-cache");
     response.setHeader("Cache-Control","no-cache");
     response.setDateHeader("Expires", 0);
     HttpSession session=request.getSession();
     //在内存中创建图像
     int width=60, height=20;
     BufferedImage image=new BufferedImage(width, height, BufferedImage.TYPE_
       INT_RGB);
     //获取图形上下文
```

```
    Graphics g=image.getGraphics();
    //生成随机类
    Random random=new Random();
    //设定背景色
    g.setColor(getRandColor(200,250));
    g.fillRect(0, 0, width, height);
    //设定字体
    g.setFont(new Font("Times New Roman",Font.PLAIN,18));
    //画边框
    //g.setColor(new Color());
    //g.drawRect(0,0,width-1,height-1);

    //随机产生 155 条干扰线,使图像中的认证码不易被其他程序探测到
    g.setColor(getRandColor(160,200));
    for(int i=0;i<155;i++) {
      int x=random.nextInt(width);
      int y=random.nextInt(height);
      int xl=random.nextInt(12);
      int yl=random.nextInt(12);
      g.drawLine(x,y,x+xl,y+yl);
    }
    //取随机产生的验证码(4 位数字)
    String sRand="";
    for(int i=0;i<4;i++){
      String rand=String.valueOf(random.nextInt(10));
      sRand+=rand;
      //将验证码显示到图像中
      g.setColor(new Color(20+random.nextInt(110),20+random.nextInt(110),
        20+random.nextInt(110)));//调用函数出来的颜色相同,可能是因为种子太接近,
        所以只能直接生成
      g.drawString(rand,13*i+6,16);
    }
    //将验证码存入 Session
    session.setAttribute("rand",sRand);
    //图像生效
    g.dispose();
    ServletOutputStream responseOutputStream=response.getOutputStream();
    //输出图像到页面
    ImageIO.write(image, "JPEG", responseOutputStream);
    //以下代码关闭输入流
    responseOutputStream.flush();
    responseOutputStream.close();
  }
  Color getRandColor(int fc,int bc){          //给定范围获得随机颜色
    Random random=new Random();
    if(fc>255) fc=255;
    if(bc>255) bc=255;
    int r=fc+random.nextInt(bc-fc);
    int g=fc+random.nextInt(bc-fc);
    int b=fc+random.nextInt(bc-fc);
    return new Color(r,g,b);
  }
```

```
77.    //<editor-fold defaultstate="collapsed" desc="HttpServlet methods. Click
         on the+sign on the left to edit the code.">
78.    /** Handles the HTTP <code>GET</code>method.
79.      @param request Servlet request
80.      @param response Servlet response
81.     */
82.    protected void doGet(HttpServletRequest request, HttpServletResponse response)
83.    throws ServletException, IOException {
84.      processRequest(request, response);
85.    }
86.    /** Handles the HTTP <code>POST</code>method.
87.      @param request Servlet request
88.      @param response Servlet response
89.     */
90.    protected void doPost(HttpServletRequest request, HttpServletResponse response)
91.    throws ServletException, IOException {
92.      processRequest(request, response);
93.    }
94.    /** Returns a short description of the Servlet.
95.     */
96.    public String getServletInfo() {
97.      return "Short description";
98.    }
99.    //</editor-fold>
100. }
```

本程序需要引入 javax.imageio 包。

(1) 网页初始化

源代码第 19～23 行把该网页设置为图片，且页面不缓存。session 用于保存生成的验证码图片。

(2) 在内存中创建图像

类 BufferedImage 的继承关系如下：

```
java.lang.Object
  └java.awt.Image
    └java.awt.image.BufferedImage
```

代码第 25、26 行构造一个类型为 TYPE_INT_RGB 的 BufferedImage 图像，常量 TYPE_INT_RGB 表示的图像具有合成整数像素的 8 位 RGB 颜色分量。

(3) 获取图形上下文

代码第 28 行中 BufferedImage 的 getGraphics()方法生成一个 Graphics 类的图像，Graphics 类允许应用程序在图像上进行绘制。

(4) 生成随机类

代码第 30 行创建一个随机数生成器。

(5) 设定背景色

代码第 32、33 行用 setColor(Color c)将此图形的当前颜色设置为指定颜色。fillRect(int x,int y,int width,int height)填充指定的矩形。

(6) 设定字体

代码第 35 行将此图形的字体设置为指定字体。

(7) 画边框

代码第 37、38 行用设定的颜色画长方形边框。如果不画边框,可以注释掉这两条语句。

(8) 随机产生 155 条干扰线,使图像中的验证码不易被其他程序探测到

代码第 40～47 行在图形中随机画 155 条线。nextInt(int n)返回的随机数取 0(包括)和指定值(不包括)之间均匀分布的 int 值。

(9) 取随机产生的 4 位数字验证码

代码中第 49～56 行用法 setColor(Color c)将验证码显示到图像中。Color(int,int,int)是类 java.awt.Color 的构造方法,创建具有指定红色、绿色和蓝色分量值的颜色,这些值都在(0～255)的范围内。

(10) 将验证码存入 Session

代码第 58 行用 sRand 保存了随机产生的 4 位数字验证码。

(11) 图像生效

代码第 60、61 行释放图形及其使用的系统资源。调用 dispose()方法之后,就不能再使用 Graphics 对象。垃圾回收器虽然也能够进行相同的系统资源释放,但最好通过调用此方法来手动释放相关资源。

类 Class ServletOutputStream 的继承关系如下:

```
java.lang.Object
   |
   +--java.io.OutputStream
         |
         +--javax.Servlet.ServletOutputStream
```

使用 Servlet/JSP 生成 Web 图片时,利用这个输出流可以将数据返回到客户端。

(12) 输出图像到页面

代码第 63 行中,ImageIO 类的静态方法 write(RenderedImage im,String formatName,OutputStream output)将给定格式的任意图像写入 OutputStream。

(13) 关闭输入流

代码第 65、66 行用 flush()方法刷新缓冲的输出流。

(14) 随机生成红、蓝、绿三基色的颜色并返回

代码第 69～75 行中,构造方法 Color(int r,int g,int b)创建具有指定红色、绿色和蓝色值的颜色,这些值都在 0～255 的范围内。参数 r 表示红色分量,g 表示绿色分量,b 表示蓝色分量。

**4. 测试与运行**

该 Servlet 仅仅是一个验证码图像,这里用 index.jsp 和 check.jsp 去测试,index.jsp 显示一个包含该验证码的登录页面,程序如下:

```
<%@ page contentType="text/html;charset=gb2312" %>
<!DOCTYPE HTML PUBLIC "-//W3C//DTD HTML 4.01 Transitional//EN">
<html>
```

```
    <head>
        <title>认证码输入页面</title>
        <meta http-equiv="Content-Type" content="text/html; charset=gb2312">
        <meta http-equiv="Pragma" content="no-cache">
        <meta http-equiv="Cache-Control" content="no-cache">
        <meta http-equiv="Expires" content="0">
    </head>
    <body>
        <form method=post action="check.jsp">
            <table>
            <tr>
                <td align=left>系统产生的验证码: </td>
                <td><img border=0 src="http://your server/image"></td>
            </tr>
            <tr>
                <td align=left>输入上面的验证码: </td>
                <td><input type=text name=rand maxlength=4 value=""></td>
            </tr>
            <tr>
                <td colspan=2 align=center><input type=submit value="提交检测"></td>
            </tr>
        </form>
    </body>
</html>
```

该程序运行结果如图 7-1 所示。

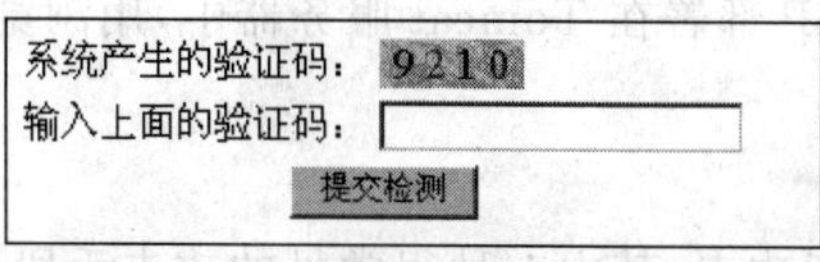


**图 7-1 index.jsp 程序运行结果**

用户提交后，转到页面 check.jsp 查看用户输入的验证码是否正确，见下面的 check.jsp 程序。

```
<%@ page contentType="text/html; charset=gb2312" language="java" import="java.
    sql.*" errorPage="" %>
<html>
    <head>
        <title>验证码验证页面</title>
        <meta http-equiv="Content-Type" content="text/html; charset=gb2312">
        <meta http-equiv="Pragma" content="no-cache">
        <meta http-equiv="Cache-Control" content="no-cache">
        <meta http-equiv="Expires" content="0">
    </head>
    <body>
        <%
            String rand=(String)session.getAttribute("rand");
            String input=request.getParameter("rand");
        %>
        系统产生的验证码为: <%=rand %><br>
```

```
        您输入的验证码为: <%=input %><br>
        <br>
        <%
            if(rand.equals(input)) {
                %>
                    <font color=green>输入相同,验证成功! </font>
                <%
        } else {
            %>
                <font color=red>输入不同,验证失败! </font>
            <%
        }
        %>
    </body>
</html>
```

如果输入的验证码正确,结果如图 7-2 所示。

如果输入的验证码不正确,结果如图 7-3 所示。

| 系统产生的验证码为: 9210<br>您输入的验证码为: 9210<br><br>输入相同, 验证成功! |
|---|

图 7-2 输入正确验证码后的结果

| 系统产生的验证码为: 5102<br>您输入的验证码为: 6789<br><br>输入不同, 验证失败! |
|---|

图 7-3 输入不正确验证码后的结果

将编写好的 Servlet 和 JSP 部署在 Tomcat 服务器中,用浏览器运行程序,并分析结果。

**5. 技术分析**

网站常会碰到客户机恶意攻击,其中一种很常见的攻击手段就是身份欺骗,通过在客户端脚本写入一些代码,然后利用其客户机在网站、论坛反复登录。或者攻击者创建一个 HTML 窗体,其窗体如果包含了注册窗体或发帖窗体等相同的字段,然后利用 http-post 传输数据到服务器,服务器会执行相应的创建账户,提交垃圾数据等操作,如果服务器本身不能有效验证并拒绝此非法操作,会严重耗费其系统资源,降低网站性能甚至使程序崩溃。

而现在流行的判断访问 Web 程序是合法用户还是恶意操作的方式,就是采用一种叫"字符校验"的技术。

Web 网站就像现在的动网论坛,采用的方法是为客户提供一个包含随即字符串的图片,用户必须读取这些字符串,然后随登录窗体或者发帖窗体等用户创建的窗体一起提交。

虽然人员可以很容易读出图片中的数字,但是如果是一段客户端攻击代码,通过一般手段是很难识别验证码的,这样可以确保当前访问是来自一个人而非机器。

所谓验证码,就是将一串随机产生的数字或符号生成一幅图片,图片里加上一些干扰像素(防止 OCR),由用户肉眼识别其中的验证码信息,输入表单提交网站验证,验证成功后才能使用某项功能。

(1) 用开源组件 jcaptcha 做 JSP 彩色验证码

用开源组件 jcaptcha 做 JSP 彩色验证码需要把 jcaptcha-all.jar 和 ehcache.jar 加入 classpath 中。下面是一个 jcaptcha 服务。

**注意** 必须是单例模式的。

```
import com.octo.captcha.service.image.ImageCaptchaService;
import com.octo.captcha.service.image.DefaultManageableImageCaptchaService;
public class CaptchaServiceSingleton {
  private static ImageCaptchaService instance=new
    DefaultManageableImageCaptchaService();
  public static ImageCaptchaService getInstance(){
    return instance;
  }
}
```

以上是默认的一个实现，下面是其他更多的实现。

```
* SimpleListSoundCaptchaEngine          //还可以用声音
* SpellerSoundCaptchaEngine
* SpellerSoundCaptchaEngine
* DefaultGimpyEngineCaptcha
* BaffleListGimpyEngineCaptcha
* BasicListGimpyEngineCaptcha
* DeformedBaffleListGimpyEngineCaptcha
* DoubleRandomListGimpyEngineCaptcha
* SimpleListImageCaptchaEngineCaptcha
* SimpleFishEyeEngineCaptcha
```

对以上实现，请参考官方说明。

**例 7-1** 利用开源组件 jcaptcha 编写一个产生图片的 Servlet。

```
import com.octo.captcha.service.CaptchaServiceException;
import com.sun.image.codec.jpeg.JPEGCodec;
import com.sun.image.codec.jpeg.JPEGImageEncoder;
import javax.servlet.*;
import javax.Servlet.http.*;
import java.awt.image.BufferedImage;
import java.io.ByteArrayOutputStream;
import java.io.IOException;
public class ImageCaptchaServlet extends HttpServlet {
  public void init(ServletConfig ServletConfig) throws ServletException {
    super.init(ServletConfig);
  }
  protected void doGet(HttpServletRequest httpServletRequest, HttpServletResponse
    httpServletResponse) throws ServletException, IOException {
    byte[] captchaChallengeAsJpeg=null;
    //the output stream to render the captcha image as jpeg into
    ByteArrayOutputStream jpegOutputStream=new ByteArrayOutputStream();
    try {
      //get the session id that will identify the generated captcha
      //the same id must be used to validate the response, the session id is a good
        candidate
      String captchaId=httpServletRequest.getSession().getId();
      //call the ImageCaptchaService getChallenge method
      BufferedImage challenge=
        CaptchaServiceSingleton.getInstance().getImageChallengeForID(captchaId,
```

```
        httpServletRequest.getLocale());
      //a jpeg encoder
      JPEGImageEncoder jpegEncoder=
      JPEGCodec.createJPEGEncoder(jpegOutputStream);
      jpegEncoder.encode(challenge);
    } catch(IllegalArgumentException e) {
      httpServletResponse.sendError(HttpServletResponse.SC_NOT_FOUND);
      return;
    } catch(CaptchaServiceException e) {
      httpServletResponse.sendError(HttpServletResponse.SC_INTERNAL_SERVER_ERROR);
      return;
    }
    captchaChallengeAsJpeg=jpegOutputStream.toByteArray();
    //flush it in the response
    httpServletResponse.setHeader("Cache-Control", "no-store");
    httpServletResponse.setHeader("Pragma", "no-cache");
    httpServletResponse.setDateHeader("Expires", 0);
    httpServletResponse.setContentType("image/jpeg");
    ServletOutputStream responseOutputStream=
        httpServletResponse.getOutputStream();
    responseOutputStream.write(captchaChallengeAsJpeg);
    responseOutputStream.flush();
    responseOutputStream.close();
  }
}
```

为 Servlet 修改 web.xml 配置文件。

```
<Servlet>
    <Servlet-name>jcaptcha</Servlet-name>
    <Servlet-class>ImageCaptchaServlet</Servlet-class>
    <load-on-startup>0</load-on-startup>
</Servlet>
<Servlet-mapping>
    <Servlet-name>jcaptcha</Servlet-name>
    <url-pattern>/jcaptcha</url-pattern>
</Servlet-mapping>
```

编写客户端的展示,代码如下:

```
<img src="jcaptcha">
<input type='text' name='j_captcha_response' value=''>
```

其中,src="jcaptcha"就是调用了上面的 text 里用户填写的确认验证码。
后台逻辑验证代码如下:

```
Boolean isResponseCorrect=Boolean.FALSE;
//remember that we need an id to validate!
String captchaId=httpServletRequest.getSession().getId();
//retrieve the response
String response=httpServletRequest.getParameter("j_captcha_response");
//call the Service method
try {
```

```
    isResponseCorrect=CaptchaServiceSingleton.getInstance().
      validateResponseForID(captchaId, response);
  } catch(CaptchaServiceException e) {
    //should not happen, may be thrown if the id is not valid
  }
```

(2) 运用JSP技术生成汉字彩色验证码

利用汉字生成验证码软件很难识别，为了增加软件识别的难度，还可以考虑以下几种方法。

① 生成计算题，比如“20+34*(23-12)=?”，用户必须输入正确的答案才能通过验证。

② 问一些常见的问题，比如“人”这个字由几笔组成。这是不错的想法，关键是必须有上万条的题库，而且题库的答案必须是明确的。

下面是彩色汉字验证码的代码。

```
<%@ page contentType="image/jpeg"
import="java.awt.*,java.awt.image.*,java.util.*,javax.imageio.*" %>
<%
  //create by smallnest
  //email: smallnest@gmail.com
  //website:www.kuaff.com
  //生成随机颜色
  Color getRandColor(Random random,int fc,int bc){
    if(fc>255) fc=255;
    if(bc>255) bc=255;
    int r=fc+random.nextInt(bc-fc);
    int g=fc+random.nextInt(bc-fc);
    int b=fc+random.nextInt(bc-fc);
    return new Color(r,g,b);
  }
%>
<%
      //设置页面不缓存
      response.setHeader("Pragma","No-cache");
      response.setHeader("Cache-Control","no-cache");
      response.setDateHeader("Expires", 0);
      //设置图片的长宽
      int width=176, height=30;
      //设置备选汉字，剔除一些低俗词语
  String base="\u7684\u4e00\u4e86\u662f\u6211\u4e0d\u5728\u4eba\u4eec\u6709\u6765\
    u4ed6\u8fd9\u4e0a\u7740\u4e2a\u5730\u5230\u5927\u91cc\u8bf4\u5c31\u53bb\u5b50\
    u5f97\u4e5f\u548c\u90a3\u8981\u4e0b\u770b\u5929\u65f6\u8fc7\u51fa\u5c0f\u4e48\
    u8d77\u4f60\u90fd\u628a\u597d\u8fd8\u591a\u6ca1\u4e3a\u53c8\u53ef\u5bb6\u5b66\
    u53ea\u4ee5\u4e3b\u4f1a\u6837\u5e74\u60f3\u751f\u540c\u8001\u4e2d\u5341\u4ece\
    u81ea\u9762\u524d\u5934\u9053\u5b83\u540e\u7136\u8d70\u5f88\u50cf\u89c1\u4e24\
    u7528\u5979\u56fd\u52a8\u8fdb\u6210\u56de\u4ec0\u8fb9\u4f5c\u5bf9\u5f00\u800c\
    u5df1\u4e9b\u73b0\u5c71\u6c11\u5019\u7ecf\u53d1\u5de5\u5411\u4e8b\u547d\u7ed9\
    u957f\u6c34\u51e0\u4e49\u4e09\u58f0\u4e8e\u9ad8\u624b\u77e5\u7406\u773c\u5fd7\
    u70b9\u5fc3\u6218\u4e8c\u95ee\u4f46\u8eab\u65b9\u5b9e\u5403\u505a\u53eb\u5f53\
    u4f4f\u542c\u9769\u6253\u5462\u771f\u5168\u624d\u56db\u5df2\u6240\u654c\u4e4b\
    u6700\u5149\u4ea7\u60c5\u8def\u5206\u603b\u6761\u767d\u8bdd\u4e1c\u5e2d\u6b21\
    u4eb2\u5982\u88ab\u82b1\u53e3\u653e\u513f\u5e38\u6c14\u4e94\u7b2c\u4f7f\u5199\
```

```
    u519b\u5427\u6587\u8fd0\u518d\u679c\u600e\u5b9a\u8bb8\u5feb\u660e\u884c\u56e0\
    u522b\u98de\u5916\u6811\u7269\u6d3b\u90e8\u95e8\u65e0\u5f80\u8239\u671b\u65b0\
    u5e26\u961f\u5148\u529b\u5b8c\u5374\u7ad9\u4ee3\u5458\u673a\u66f4\u4e5d\u60a8\
    u6bcf\u98ce\u7ea7\u8ddf\u7b11\u554a\u5b69\u4e07\u5c11\u76f4\u610f\u591c\u6bd4\
    u9636\u8fde\u8f66\u91cd\u4fbf\u6597\u9a6c\u54ea\u5316\u592a\u6307\u53d8\u793e\
    u4f3c\u58eb\u8005\u5e72\u77f3\u6ee1\u65e5\u51b3\u767e\u539f\u62ff\u7fa4\u7a76\
    u5404\u516d\u672c\u601d\u89e3\u7acb\u6cb3\u6751\u516b\u96be\u65e9\u8bba\u5417\
    u6839\u5171\u8ba9\u76f8\u7814\u4eca\u5176\u4e66\u5750\u63a5\u5e94\u5173\u4fe1\
    u89c9\u6b65\u53cd\u5904\u8bb0\u5c06\u5343\u627e\u4e89\u9886\u6216\u5e08\u7ed3\
    u5757\u8dd1\u8c01\u8349\u8d8a\u5b57\u52a0\u811a\u7d27\u7231\u7b49\u4e60\u9635\
    u6015\u6708\u9752\u534a\u706b\u6cd5\u9898\u5efa\u8d76\u4f4d\u5531\u6d77\u4e03\
    u5973\u4efb\u4ef6\u611f\u51c6\u5f20\u56e2\u5c4b\u79bb\u8272\u8138\u7247\u79d1\
    u5012\u775b\u5229\u4e16\u521a\u4e14\u7531\u9001\u5207\u661f\u5bfc\u665a\u8868\
    u591f\u6574\u8ba4\u54cd\u96ea\u6d41\u672a\u573a\u8be5\u5e76\u5e95\u6df1\u523b\
    u5e73\u4f1f\u5fd9\u63d0\u786e\u8fd1\u4eae\u8f7b\u8bb2\u519c\u53e4\u9ed1\u544a\
    u754c\u62c9\u540d\u5440\u571f\u6e05\u9633\u7167\u529e\u53f2\u6539\u5386\u8f6c\
    u753b\u9020\u5634\u6b64\u6cbb\u5317\u5fc5\u670d\u96e8\u7a7f\u5185\u8bc6\u9a8c\
    u4f20\u4e1a\u83dc\u722c\u7761\u5174\u5f62\u91cf\u54b1\u89c2\u82e6\u4f53\u4f17\
    u901a\u51b2\u5408\u7834\u53cb\u5ea6\u672f\u996d\u516c\u65c1\u623f\u6781\u5357\
    u67aa\u8bfb\u6c99\u5c81\u7ebf\u91ce\u575a\u7a7a\u6536\u7b97\u81f3\u653f\u57ce\
    u52b3\u843d\u94b1\u7279\u56f4\u5f1f\u80dc\u6559\u70ed\u5c55\u5305\u6b4c\u7c7b\
    u6e10\u5f3a\u6570\u4e61\u547c\u6027\u97f3\u7b54\u54e5\u9645\u65e7\u795e\u5ea7\
    u7ae0\u5e2e\u5566\u53d7\u7cfb\u4ee4\u8df3\u975e\u4f55\u725b\u53d6\u5165\u5cb8\
    u6562\u6389\u5ffd\u79cd\u88c5\u9876\u6025\u6797\u505c\u606f\u53e5\u533a\u8863\
    u822c\u62a5\u53f6\u538b\u6162\u53d4\u80cc\u7ec6";
//备选汉字的长度
int length=base.length();
//创建内存图像
BufferedImage image=new BufferedImage(width, height, BufferedImage.TYPE_INT_RGB);
//获取图形上下文
Graphics g=image.getGraphics();
//创建随机类的实例
Random random=new Random();
//设定图像背景色(因为是做背景,所以偏淡)
g.setColor(getRandColor(random,200,250));
g.fillRect(0, 0, width, height);
//备选字体
String[] fontTypes={"\u5b8b\u4f53","\u65b0\u5b8b\u4f53","\u9ed1\u4f53","\u6977\
    u4f53","\u96b6\u4e66"};
int fontTypesLength=fontTypes.length;
//在图片背景上增加噪点
g.setColor(getRandColor(random,160,200));
g.setFont(new Font("Times New Roman",Font.PLAIN,14));
for(int i=0;i<6;i++){
    g.drawString("********************************************",0,5*(i+2));
}
//取随机产生的验证码(6个汉字)
//保存生成的汉字字符串
String sRand="";
for(int i=0;i<6;i++){
    int start=random.nextInt(length);
```

```
        String rand=base.substring(start,start+1);
        sRand+=rand;
        //设置字体的颜色
        g.setColor(getRandColor(random,10,150));
        //设置字体
        g.setFont(new Font(fontTypes[random.nextInt(fontTypesLength)],Font.BOLD,
          18+random.nextInt(6)));
        //将此汉字画到图片上
        g.drawString(rand,24*i+10+random.nextInt(8),24);
      }
      //将验证码存入 session
      session.setAttribute("rand",sRand);
      g.dispose();
      //输出图像到页面
      ImageIO.write(image, "JPEG", response.getOutputStream());
%>
```

**6. 问题与思考**

(1) 用 JSP 程序实现该 Servlet 同样的功能。

(2) 用 Servlet 或 JSP 编写一个用户验证程序,登录界面要求输入用户名、密码和附加码。根据输入的用户名和数据库 edu 中数据表 student 的数据进行比较来判定用户是否存在。如果登录用户不存在且附加码正确,建立一个 Session 变量进行跟踪,显示"欢迎来到本系统!";如果用户不存在或附加码不正确,提示重新输入。

## 7.2 中文乱码问题

**知识要点**

1. 接收字符串的编码
2. 改变参数传递时的编码
3. 设置输出流的编码
4. 设置浏览器编码
5. JSP 文件编码
6. 用过滤器解决编码
7. 数据库编码
8. 开发工具编码
9. Servlet/JSP 参数编码

7.2.wmv

在例 3-12 的用 Servlet 读取表单中,如果输入名字是中文,将出现乱码。例如输入"李清华",如图 7-4 所示。

提交后结果中显示中文处出现乱码,如图 7-5 所示。

用 Servlet/JSP 设计的页面出现中文乱码问题比较复杂。这里是由于用 GET 方式提交中文,而 Tomcat 的内部编码会以默认编码方式 ISO8859-1 对汉字进行编码(ISO8859-1 无汉字编码),编码后追加到 URL,导致得到的参数为乱码。

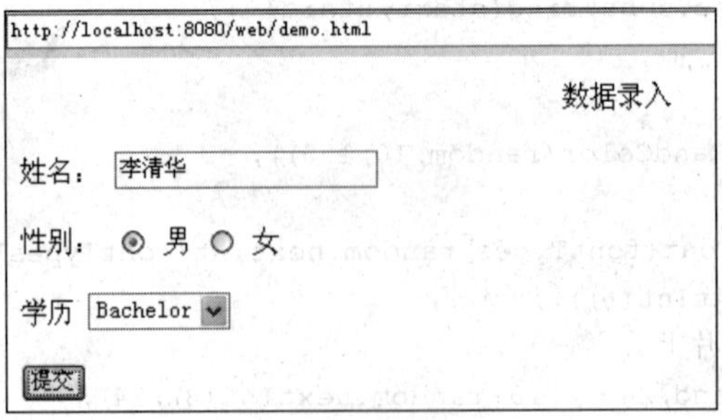

图 7-4 表单中出现中文数据

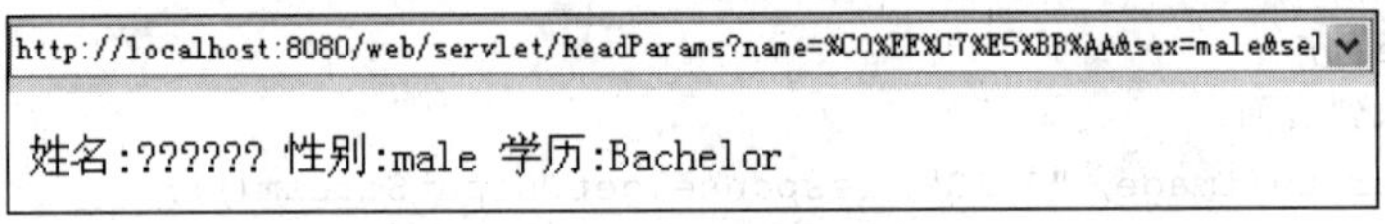

图 7-5 结果中应显示中文处出现乱码

下面用实例讨论如何用 GET 方式把中文提交到服务器并如何处理的问题。

**1. 实例**

利用 Servlet 读取从客户端用 GET 方式提交的中文信息。

**2. 分析**

页面表单向 Servlet 传递参数有两种方式,一种是 GET 方式;另一种是 POST 方式。

当页面通过以上两种方式请求 Servlet 时,在通过 HTTP 服务将请求发送出去时,会将参数重新按照 ISO8859-1 编码后发送。因此,Servlet 接收到的参数数据的编码均需重新转码为 GBK 或其他中文编码才能正确显示中文参数。

(1) GET 方式的请求与接收过程

无论页面中参数的编码原本为 GBK 还是其他编码,当用 GET 方式发送参数时,参数值会被 Web 服务器从 GBK 转码为 ISO8859-1 发送。

Servlet 接收到的 GET 请求参数的编码一定是 ISO8859-1,由于 ISO8859-1 中没有中文,所以显示乱码。因此,要将 ISO8859-1 转换为 GBK 或其他编码就可以正常显示中文了。

(2) POST 方式请求与接收过程

POST 方式提交的参数如果不特别指定编码,仍然是 ISO8859-1 编码。但 POST 方式可以用 request.setCharacterEncoding()方法明确指定编码。假如指定编码为 GBK,页面提交后参数会以 GBK 编码格式发送给 Servlet,这样就可以正确接收中文了。

显然,由于 POST 方式提交的参数默认是 ISO8859-1 编码,所以可以按照 GET 方式来接收 POST 的参数。

**3. 代码实现**

```
import java.io.*;
import javax.servlet.*;
import javax.servlet.http.*;
```

```
4.  public class ReadParams extends HttpServlet{
5.    public void doGet(HttpServletRequest request,HttpServletResponse response)
        throws ServletException,IOException{
6.      response.setContentType("text/html;charset=GB2312");
7.      PrintWriter out=response.getWriter();
8.      String name1=new String(request.getParameter("name").getBytes("ISO8859-1"),
          "GB2312");
9.      String name2=request.getParameter("sex");
10.     String name3=request.getParameter("select");
11.     out.println("<html>");
12.     out.println("<head><title>××××××</title></head>");
13.     out.println("<body>");
14.     out.println("姓名:"+name1);
15.     out.println("性别:"+name2);
16.     out.println("学历:"+name3);
17.     out.println("</body></html>");
18.   }
19. }
```

为了能正常显示中文,代码第 8 行把接收的字符串从 ISO8859-1 编码方式转化为 GB2312 编码方式。

#### 4. 测试与运行

(1) 转变接收参数的编码方式

重新按照如图 7-4 所示输入姓名时,输入中文"李清华",得到如图 7-6 所示的结果。

http://localhost:8080/web/servlet/ReadParams?name=%C0%EE%C7%E5%BB%AA&sex=male&sel

姓名:李清华性别:male 学历:Bachelor

图 7-6 Servlet 接收到中文的结果

与图 7-5 所示的结果比较,出现了正确中文而不是乱码。

(2) 转变参数传递的编码方式

如果把 demo.html 中的表单请求方式改为 POST 方式,见如下修改的一行代码。

```
<form method="post" action="http://localhost:8080/web/servlet/ReadParams">
```

运行程序,Servlet 仍然可以正确地接收到中文。在表单仍然用 POST 方式的请求下,修改程序,指定参数传递时的编码方式,仍可以得到中文参数,修改的程序如下:

```
import java.io.*;
import javax.servlet.*;
import javax.servlet.http.*;

public class ReadParams extends HttpServlet{
  public void doGet(HttpServletRequest request,HttpServletResponse response)
     throws ServletException,IOException{
       response.setContentType("text/html;charset=GB2312");
       request.setCharacterEncoding("GBK");
```

```
        PrintWriter out=response.getWriter();
        String name1=new String(request.getParameter("name").getBytes("ISO8859-1"),
          "GB2312");
        String name2=request.getParameter("sex");
        String name3=request.getParameter("select");
        out.println("<html>");
        out.println("<head><title>××××××</title></head>");
        out.println("<body>");
        out.println("姓名:"+name1);
        out.println("性别:"+name2);
        out.println("学历:"+name3);
        out.println("</body></html>");
    }
    public void doPost(HttpServletRequest request,HttpServletResponse response)
      throws ServletException,IOException{
        doGet(request, response);
    }
}
```

运行程序,得到如图 7-6 所示的结果。

**5. 技术分析**

Java 的内核和 Class 文件是基于 Unicode(统一码)的,这使 Java 程序具有良好的跨平台性,但也带来了一些中文乱码问题。Servlet/JSP 页面显示中文时出现乱码都是由于不同阶段编码和解码方式不同造成的。

不是所有的编码方式都包含中文。GBK 包含 GB2312,如果通过 GB2312 编码后可以通过 GBK 解码,反之不成立。

Servlet/JSP 出现乱码的情况可以分为以下几个方面。

(1) Response 对象乱码

在 Servlet 中,Response 对象输出流不指定编码方式会遇到中文乱码问题。见下面的程序代码。

```
OutputStream out=response.getOutputStream();
out.write(String);
```

**例 7-2** 输出中文时可能会出现乱码。

下面的代码是在 Servlet 的 doGet()方法中用 Response 对象的输出流输出中文。

```
protected void doGet(HttpServletRequest request, HttpServletResponse response)
  throws ServletException, IOException {
    OutputStream out=response.getOutputStream();
    String data="深圳信息职业技术学院";
    //按照 UTF-8 编码方式输出字符串
    out.write(data.getBytes("UTF-8"));
}
```

输出中文"深圳信息职业技术学院"会出现乱码。问题出在 Servlet 中用 UTF-8 编码,而浏览器用 GB2312 解码,因此会出现乱码。

对于 Response 对象出现的中文乱码,有效的解决方法是添加如下代码。

```
response.setCharacterEncoding("UTF-8");
response.setContentType("text/html;charset=UTF-8");
response.setHeader("content-type","text/html;charset=UTF-8");
```

response.setCharacterEncoding("UTF-8")的目的是用于指明 response.getWriter()输出的字符流的编码。这句话的意思是将 Response 对象中的数据以 UTF-8 解码后发向浏览器。

其中,response.setContentType("text/html;charset=UTF-8")的目的是为了控制浏览器的行为,即控制浏览器用 UTF-8 进行解码。

**例 7-3** 利用 response.getWriter()输出中文并解决乱码问题。

见下面代码。

```
protected void doGet(HttpServletRequest request, HttpServletResponse response)
    throws ServletException, IOException {
    OutputStream out=response.getWriter();
    String data="深圳信息职业技术学院";
    out.write(data);
}
```

浏览器输出中文时会出现乱码。原因是“深圳信息职业技术学院”首先被封装在 Response 对象中,因为 IE 和 Web 服务器之间不能传输文本,然后就通过 ISO8859-1 进行编码,但是 ISO8859-1 中没有“深圳信息职业技术学院”的编码,因此输出“??”表示没有编码。解决方案是通过添加语句 response.setCharacterEncoding("GB2312")设置 Response 对象使用的编码表。修改后的代码如下:

```
protected void doGet(HttpServletRequest request, HttpServletResponse response)
    throws ServletException, IOException {
    response.setCharacterEncoding("GB2312");
    OutputStream out=response.getWriter();
    String data="深圳信息职业技术学院";
    out.write(data);
}
```

解决 Response 对象中文乱码还可以通过<meta>标签模拟 response 头。<meta http-equiv="Content-Type" content="text/html charset=GB2312">等价于 response.setContentType("text/html;charset=GB2312")。

(2) Request 对象乱码问题

Request 对象的请求分为 POST 和 GET,对于不同的请求方式有不同的解决乱码的方案。本节实例中已经讨论了这两种请求方式出现的乱码问题,这里不再赘述。

(3) JSP 页面乱码问题

JSP 页面乱码问题比较简单,一般是页面编码不一致导致的乱码。一般解决的办法是在文件头加上<%@ page contentType="text/html;charset=GBK"%>或<%@ page contentType="text/html;charset=GB2312"%>等。

下面例子中编码采用的是 GB2312,也可设为 GBK 或 UTF-8。

**例 7-4** 在 JSP 中显示中文。

下面的显示页面(display.jsp)出现乱码。

```
<html>
```

```
  <head>
    <title>JSP的中文处理</title>
    <meta http-equiv="Content-Type" content="text/html charset=GB2312">
  </head>
  <body>
    <%out.print("深圳信息职业技术学院");%>
  </body>
</html>
```

这种乱码的原因是没有在页面里指定使用的字符集编码，JSP 页面中出现了中文字符，而默认的 ISO8859-1 字符集中无中文字符。

解决方法是在 JSP 页面中指定编码方式(GB2312)和浏览器解码方式设置相同，即在页面的第一行加上＜%@ page contentType＝"text/html; charset＝GB2312"%＞就可以消除乱码了。完整页面如下：

```
<%@ page contentType="text/html; charset=GB2312"%>
<html>
  <head>
    <title>JSP的中文处理</title>
    <meta http-equiv="Content-Type" content="text/html charset=GB2312">
  </head>
  <body>
    <%out.print("深圳信息职业技术学院");%>
  </body>
</html>
```

**例 7-5** 解决编码字符集设置不一致出现的乱码。

下面的显示页面(display.jsp)会出现乱码。

```
<%@ page language="java" pageEncoding="GB2312"%>
<%@ page contentType="text/html;charset=ISO8859-1"%>
<html>
  <head>
    <title>JSP的中文处理</title>
    <meta http-equiv="Content-Type" content="text/html charset=GB2312">
  </head>
  <body>
    <%out.print("深圳信息职业技术学院");%>
  </body>
</html>
```

出现乱码的原因是由于页面编码不一致导致的乱码。

这个例子中有三处设置字符集的地方，下面分别了解一下这三处设置的具体含义。

第一处＜%@ page language＝"java" pageEncoding＝"GB2312"%＞的编码格式为 JSP 文件的存储格式。Eclipse 会根据这个编码格式保存文件，并编译 JSP 文件，包括里面的汉字。

第二处编码为解码格式。因为编码为 GB2312 的文件被解码为 ISO8859-1，所以中文出现乱码。

第三处编码为控制浏览器的解码方式。如果前面的解码都一致并且无误，这个编码格式设不设置都可以。有的网页出现乱码，就是因为浏览器不能确定使用哪种编码格式。有的页面有时候会嵌入其他页面，浏览器混淆了编码格式导致出现了乱码。完整的正确代码如下：

```
<%@ page language="java" pageEncoding="GB2312"%>
<%@ page contentType="text/html;charset=GB2312"%>
<html>
  <head>
    <title>JSP的中文处理</title>
    <meta http-equiv="Content-Type" content="text/html charset=GB2312">
  </head>
  <body>
    <%out.print("深圳信息职业技术学院");%>
  </body>
</html>
```

(4) 使用过滤器进行编码

为了避免 Servlet/JSP 接收用 POST 方法提交的数据的乱码问题，在 Servlet/JSP 的每个页面都要写 request.setCharacterEncoding("GB2312")等。如果利用过滤器进行统一编码，Servlet/JSP 页面会自动按照过滤器指定编码来进行编码。

通过过滤器设置统一编码只对 POST 方式提交有效果。如果是 GET 方式，仍然需要进行编码转换，见下面的 JSP 代码。

```
<body>
    <%=new String(request.getParameter("name").getBytes("ISO8859-1"), "GBK")%>
</body>
```

(5) 数据库连接出现乱码

数据库连接出现乱码会使插入数据库的中文变成乱码，或者读出显示时也是乱码，解决方法为在数据库连接字符串中加入编码字符集。

```
String URL=" jdbc:mysql://localhost:3306/ DataBaseName=mydb;user=sa&password=
sa&useUnicode=true&characterEncoding=GB2312
```

并在 JSP 页面中使用如下代码。

```
response.setContentType("text/html;charset=GB2312");
request.setCharacterEncoding("GB2312");
```

(6) 关于 JSP 在 MyEclipse 中打开的乱码问题

对于一个已经存在的项目，JSP 文件的存储格式可能是 UTF-8。如果新安装了 Eclipse，则默认打开使用的编码格式是 ISO8859-1。两者不一致会导致 JSP 里面的汉字出现乱码。解决方式如下：

① 依次选择 MyEclipse Window→Preferences→General→Workspace 命令，设置 Text file encoding 全局选项。

② 右击项目，选择“属性”命令，再对 Text file encoding 项目进行设置。

(7) 关于 HTML 页面在 Eclipse 中打开出现乱码的情况

由于大部分页面都是由 Dreamweaver 制作的，其存储格式与 Eclipse 的识别有差别会导致出现乱码情况。

对于这种情况，可先在 Eclipse 中新建一个 JSP，直接从 Dreamweaver 复制页面内容并粘贴到 JSP 中即可。

(8) JSP 页面通过 URL 传递中文参数的乱码问题

在项目中经常遇到需要在 JSP 页面切换中传递中文字符。例如：

```
http://website/test1.jsp?act=add&type=深圳信息职业技术学院
```

一般来说，很少直接在 URL 里面把参数写成中文，如例子中的“type＝深圳信息职业技术学院”这样传递。如果出现这种情况，只需要在接收参数的页面做个简单的转换就可以了。代码如下：

```
<%@ page language="java" import="java.util.*" pageEncoding="GB2312"%>
<%
    String type=request.getParameter("type");
    String result=new String(type.getBytes("ISO8859-1"), "GB2312");
    out.println(result);
%>
```

更普遍的做法就是对 URL 中的中文字符进行编码，变成类似 type＝%20D%20B 这样的字符。代码如下：

```
<%@ page language="java" import="java.util.*" pageEncoding="GB2312"%>
<%@ page import="java.net.*" %>
<a href='./MyJSP2.jsp?act=<%=URLEncoder.encode("深圳信息职业技术学院")%>'>test
</a>
```

其中，MyJSP2.jsp 代码如下：

```
<%@ page language="java" import="java.util.*" pageEncoding="GB2312"%>
<%@ page import="java.net.*" %>
<%
    String tempVal=URLDecoder.decode(request.getParameter("act"));
    out.println(new String(tempVal.getBytes("ISO8859-1"), "GB2312"));
%>
```

**6. 问题与思考**

用 Servlet 或 JSP 编写程序，从一个表单中接收学生数据(名字等用中文)，然后插入 MySQL 数据库，并从数据库提取数据显示在一个 JSP 页面。要求不能出现中文乱码问题。

## 7.3 Servlet 过滤器

**知识要点**

1. 过滤器的基本概念
2. 过滤器及链的实现

7.3.wmv

过滤器是一个程序，它先于 Servlet 或 JSP 页面运行在服务器上。过滤器可附加到一个或多个 Servlet 或 JSP 页面上，并且可以检查进入这些资源的请求信息。在这之后，过滤器可以做以下的选择。

(1) 以常规的方式调用资源(即调用 Servlet 或 JSP 页面)。

(2) 利用修改过的请求信息调用资源。

(3) 调用资源,但在发送响应到客户机前对其进行修改。

(4) 阻止该资源调用,并转到其他的资源,返回一个特定的状态代码或生成替换输出。

**1. 实例**

编写两个过滤器 SimpleFilter1 和 SimpleFilter2,它们进行请求/响应过滤时,在控制台输出相应信息。

**2. 分析**

过滤器有生命周期,它的生命周期由 Servlet 容器管理。

过滤器必须实现 Filter 接口,否则不具备过滤器的功能。Filter 接口的主要方法如下:

```
public void init(FilterConfig fg);           //被容器调用初始化过滤器
public void doFilter(ServletRequest req,ServletResponse res, FilterChain chain);
                                             //每当有请求或响应时被容器调用进行过滤
public void destroy();                       //被容器调用销毁过滤器
```

有时一个 Web 应用中的过滤器不止一个,如一个过滤器完成编码转换,另一个完成验证。这时就要把它们组成链,按配置的顺序一一进行过滤,就要用到过滤器链 FilterChain 接口。FilterChain 接口用于调用过滤器链中的一系列过滤器,通过该接口把被过滤的任务在 Filter 间传递,它的主要方法如下:

```
public void doFilter(ServletRequest req,ServletResponse res);
                              //调用下一个过滤器,若无下一个过滤器,则将请求或响应传递到目标
```

程序框架如下:

```
/*SimpleFilter1.java*/
class SimpleFilter1 implements Filter {
    private FilterConfig filterConfig;
    init(FilterConfig config) throws ServletException {
       this.filterConfig=config;
    }
    doFilter(ServletRequest request, ServletResponse response, FilterChain chain) {
       SimpleFilter1 过滤行为;
    }
    public void destroy() {
       this.filterConfig=null;
    }
}

/*SimpleFilter2.java*/
class SimpleFilter2 implements Filter {
    private FilterConfig filterConfig;
    init(FilterConfig config) throws ServletException {
       this.filterConfig=config;
    }
    doFilter(ServletRequest request, ServletResponse response, FilterChain chain) {
```

```
      SimpleFilter2 过滤行为;
    }

    public void destroy() {
      this.filterConfig=null;
    }
}
```

### 3. 代码实现

(1) SimpleFilter1 过滤行为

```
1.  /* SimpleFilter1.java */
2.  package samplefilter;
3.  import java.io.IOException;
4.  import javax.Servlet.Filter;
5.  import javax.Servlet.FilterChain;
6.  import javax.Servlet.FilterConfig;
7.  import javax.Servlet.ServletException;
8.  import javax.Servlet.ServletRequest;
9.  import javax.Servlet.ServletResponse;

10.  public class SimpleFilter1 implements Filter {
11.    @SuppressWarnings("unused")
12.    private FilterConfig filterConfig;

13.    public void init(FilterConfig config) throws ServletException {
14.      this.filterConfig=config;
15.    }

16.    public void doFilter(ServletRequest request, ServletResponse response,
         FilterChain chain) {
17.      try {
18.        System.out.println("Within SimpleFilter1:Filtering the Request...");
19.        chain.doFilter(request, response);      //把处理发送到下一个过滤器
20.        System.out.println("Within SimpleFilter1:Filtering the Response...");
21.      } catch(IOException ioe) {
22.        ioe.printStackTrace();
23.      } catch(ServletException se) {
24.        se.printStackTrace();
25.      }
26.    }

27.    public void destroy() {
28.      this.filterConfig=null;
29.    }
30.  }
```

SimpleFilter1 源代码的第 18～25 行中,首先对 Request 过滤,然后转移到下一个过滤器,再进行 Response 过滤。

(2) SimpleFilter2 过滤行为

```
1.  /* SimpleFilter2.java */
2.  package samplefilter;
3.  import java.io.IOException;
4.  import javax.Servlet.Filter;
5.  import javax.Servlet.FilterChain;
6.  import javax.Servlet.FilterConfig;
7.  import javax.Servlet.ServletException;
8.  import javax.Servlet.ServletRequest;
9.  import javax.Servlet.ServletResponse;

10.  public class SimpleFilter2 implements Filter {
11.    @SuppressWarnings("unused")
12.    private FilterConfig filterConfig;

13.    public void init(FilterConfig config) throws ServletException {
14.      this.filterConfig=config;
15.    }

16.    public void doFilter(ServletRequest request, ServletResponse response,
         FilterChain chain){
17.      try {
18.        System.out.println("Within SimpleFilter2:Filtering the Request...");
19.        chain.doFilter(request, response);      //把处理发送到下一个过滤器
20.        System.out.println("Within SimpleFilter2:Filtering the Response...");
21.      } catch(IOException ioe) {
22.        ioe.printStackTrace();
23.      } catch(ServletException se) {
24.        se.printStackTrace();
25.      }
26.    }

27.    public void destroy() {
28.      this.filterConfig=null;
29.    }
30.  }
```

在 SimpleFilter2 代码的第 17～25 行中，首先对 Request 过滤，然后转移到下一个过滤器（如果有），再进行 Response 过滤。

**4. 测试与运行**

运行前必须在 web.xml 中对过滤器进行配置，相关配置内容如下：

```
<filter>
  <filter-name>filter1</filter-name>
  <filter-class>simplefilter.SimpleFilter1</filter-class>
</filter>
<filter-mapping>
```

```
  <filter-name>filter1</filter-name>
  <!--为所有的访问做过滤 -->
  <url-pattern>/*</url-pattern>
</filter-mapping>
<filter>
  <filter-name>filter2</filter-name>
  <filter-class>simplefilter.SimpleFilter2</filter-class>
</filter>
<filter-mapping>
  <filter-name>filter2</filter-name>
  <!--为所有的访问做过滤 -->
  <url-pattern>/*</url-pattern>
</filter-mapping>
```

打开任意页面如 http://localhost:8080/filter/index.jsp，输出如图 7-7 所示的结果。

```
Within SimpleFilter1:Filtering the Request...
Within SimpleFilter2:Filtering the Request...
Within SimpleFilter2:Filtering the Response...
Within SimpleFilter1:Filtering the Response...
```

图 7-7　两个过滤器被启动的效果

### 5. 技术分析

（1）Servlet 过滤器处理过程

Servlet 作为过滤器使用时，它可以对用户的请求进行处理。处理完成后，它会交给下一个过滤器处理，对用户的请求在过滤器链里逐个处理，如图 7-8 所示。

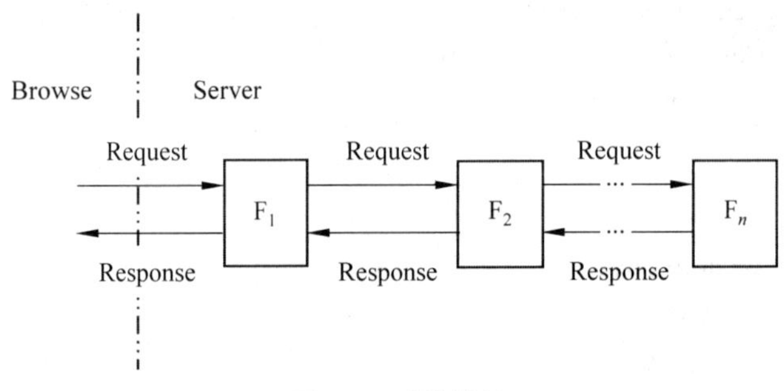


图 7-8　过滤器链

例如，某网站里有提交“修改的注册信息”的网页，当用户填写完修改信息并提交后，服务器在进行处理时需要做两项工作：判断客户端的会话是否有效；对提交的数据进行统一编码。这两项工作可以在由两个过滤器组成的过滤器链里进行处理。当过滤器处理成功后，把提交的数据发送到最终目标；如果过滤器处理不成功，将把视图发送到指定的错误页面。

（2）Servlet 过滤器开发步骤

开发 Servlet 过滤器的步骤如下。

① 编写实现 Filter 接口的 Servlet 类。

② 在 web.xml 中配置 Filter。

开发一个过滤器需要实现 Filter 接口，Filter 接口定义了以下方法。

① destory()：由 Web 容器调用，初始化此 Filter。

② init(FilterConfig filterConfig)：由 Web 容器调用，初始化此 Filter。

③ doFilter(ServletRequest request，ServletResponse response，FilterChain chain)：具体过滤处理代码。

Filter 过滤器使用户可以改变一个 Request 和修改一个 Response。Filter 不是一个 Servlet，它不能产生一个 Response，它能够在一个 Request 到达 Servlet 之前预处理 Request，也可以在离开 Servlet 时处理 Response。Filter 其实是一个 Servlet chaining(Servlet 链)。一个 Filter 包括以下处理过程。

① 在 Servlet 被调用之前截获。

② 在 Servlet 被调用之前检查 Servlet Request。

③ 根据需要修改 Request 头和 Request 数据。

④ 根据需要修改 Response 头和 Response 数据。

⑤ 在 Servlet 被调用之后截获。

能配置一个 Filter 到一个或多个 Servlet；单个 Servlet 或 Servlet 组能够被多个 Filter 使用。几个实用的 Filter 包括：用户辨认 Filter、日志 Filter、审核 Filter、加密 Filter、符号 Filter、能改变 XML 内容的 XSLT Filter 等。

服务器每次只调用 setFilterConfig()方法一次；调用 doFilter()方法多次以处理不同的请求。FilterConfig 接口有方法可以找到 Filter 名字及初始化参数信息。服务器可以设置 FilterConfig 为空来指明 Filter 已经终结。

**例 7-6** 编写一个报告过滤器，如果调用相关的 Servlet 或 JSP 页面，则打印一条消息到标准输出。

为实现此功能，在 doFilter()方法中执行过滤行为。每当调用与这个过滤器相关的 Servlet 或 JSP 页面时，doFilter()方法就生成一个打印输出，此输出列出请求主机和调用的 URL。因为 getRequestURL 方法位于 HttpServletRequest 类而不是 ServletRequest 类中，所以把 ServletRequest 对象构造为 HttpServletRequest 类。修改前面的 SimpleFilter1.java。

```
/*SimpleFilter1.java*/
package simplefilter;
import java.io.IOException;
import java.util.Date;
import javax.Servlet.Filter;
import javax.Servlet.FilterChain;
import javax.Servlet.FilterConfig;
import javax.Servlet.ServletException;
import javax.Servlet.ServletRequest;
import javax.Servlet.ServletResponse;
import javax.Servlet.http.HttpServletRequest;

public class SimpleFilter1 implements Filter {
    @SuppressWarnings("unused")
    private FilterConfig filterConfig;

    public void init(FilterConfig config) throws ServletException {
      this.filterConfig=config;
    }
```

```
    public void doFilter(ServletRequest request, ServletResponse response,
            FilterChain chain) {
        try {
            System.out.println("Within SimpleFilter1:Filtering the Request...");
            HttpServletRequest req= (HttpServletRequest) request;
            System.out.println(req.getRemoteHost()+" tried to access "+
                    req.getRequestURL()+" on "+new Date()+".");
            chain.doFilter(request, response);
            System.out.println("Within SimpleFilter1:Filtering the Response...");
        } catch(IOException ioe) {
            ioe.printStackTrace();
        } catch(ServletException se) {
            se.printStackTrace();
        }
    }

    public void destroy() {
        this.filterConfig=null;
    }
}
```

web.xml 设置同前。测试时在地址栏输入 http://localhost:8080/filter/index.jsp，改进 SimpleFilter2 后的运行结果如图 7-9 所示。

```
Within SimpleFilter1:Filtering the Request...
127.0.0.1 tried to access http://localhost:8080/filter/index.jsp on Mon
Within SimpleFilter2:Filtering the Request...
Within SimpleFilter2:Filtering the Response...
Within SimpleFilter1:Filtering the Response...
```

**图 7-9 改进 SimpleFilter2 后的运行结果**

**例 7-7** 编写访问时的过滤器，对那些不在某时间段的访问做出记录。

本例在过滤器中使用 Servlet 初始化参数，下面利用 init()方法设定一个正常访问时间范围，对那些不在此时间段的访问做出记录。修改 SimpleFilter2.java 的代码如下：

```
/* SimpleFilter2.java */
package simplefilter;
import java.io.IOException;
import java.text.DateFormat;
import java.util.Calendar;
import java.util.GregorianCalendar;
import javax.Servlet.Filter;
import javax.Servlet.FilterChain;
import javax.Servlet.FilterConfig;
import javax.Servlet.ServletContext;
import javax.Servlet.ServletException;
import javax.Servlet.ServletRequest;
import javax.Servlet.ServletResponse;
import javax.Servlet.http.HttpServletRequest;
```

```
public class SimpleFilter2 implements Filter {
    @SuppressWarnings("unused")
    private FilterConfig config;
    private ServletContext context;
    private int startTime, endTime;
    private DateFormat formatter;

    public void init(FilterConfig config) throws ServletException {
      this.config=config;
      context=config.getServletContext();
      formatter=DateFormat.getDateTimeInstance(DateFormat.MEDIUM,
            DateFormat.MEDIUM);
      try {
          startTime=Integer.parseInt(config.getInitParameter("startTime"));
                                                                  //web.xml
          endTime=Integer.parseInt(config.getInitParameter("endTime"));
                                                                  //web.xml
      } catch(NumberFormatException nfe) {//Malformed or null
          //Default: access at or after 10 p.m. but before 6 a.m. is
          //considered unusual.
          startTime=22;     //10:00 p.m.
          endTime=6;        //6:00 a.m.
      }
    }

    public void doFilter(ServletRequest request, ServletResponse response,
          FilterChain chain) {
      try {
          System.out.println("Within SimpleFilter2:Filtering the Request...");
          HttpServletRequest req=(HttpServletRequest) request;
          GregorianCalendar calendar=new GregorianCalendar();
          int currentTime=calendar.get(Calendar.HOUR_OF_DAY);
          if(isUnusualTime(currentTime, startTime, endTime)) {
             context.log("WARNING: "+req.getRemoteHost()+" accessed "+
                   req.getRequestURL()+" on "+
                   formatter.format(calendar.getTime()));
             //The log file is under <CATALINA_HOME>/logs.One log per day.
          }
          chain.doFilter(request, response);
          System.out
                .println("Within SimpleFilter2:Filtering the Response...");
      } catch(IOException ioe) {
          ioe.printStackTrace();
      } catch(ServletException se) {
          se.printStackTrace();
      }
    }

    public void destroy() {}
```

```
    //Is the current time between the start and end
    //times that are marked as abnormal access times?
    private boolean isUnusualTime(int currentTime, int startTime, int endTime) {
      //If the start time is less than the end time(i.e.,
      //they are two times on the same day), then the
      //current time is considered unusual if it is
      //between the start and end times.
      if(startTime<endTime) {
          return((currentTime >=startTime) &&(currentTime<endTime));
      }
      //If the start time is greater than or equal to the
      //end time(i.e., the start time is on one day and
      //the end time is on the next day), then the current
      //time is considered unusual if it is NOT between
      //the end and start times.
      else {
          return(!isUnusualTime(currentTime, endTime, startTime));
      }
    }
}
```

此程序还要进行 Tomcat 日志处理，config.getServletContext().log("log message")会将日志信息写入<CATALINA_HOME>/logs 文件夹下，文件名应该为 localhost_log.2010-03-04.txt 这样的形式(按日期每天产生一个，第二天可以看见)。要得到一个这样的日志文件，应该在 server.xml 中配置。

```
<Logger className="org.apache.catalina.logger.FileLogger" prefix="catalina_
log." suffix=".txt" timestamp="true"/>
```

**6. 问题与思考**

编写两个过滤器，一个过滤器在 Web 服务时，启用 UTF-8 编码，以处理 Web 服务时的乱码问题。另一个过滤器用来判断用户是否登录，只有登录用户可访问/view 子目录。

(1) 用过滤器做编码处理

代码如下：

```
public class SetCodingFilter implements Filter {
private String coding=null;
  public void destroy() {
      //TODO Auto-generated method stub
  }
  public void doFilter(ServletRequest request, ServletResponse response,
    FilterChain chain) throws IOException, ServletException {
   //TODO Auto-generated method stub
   //设置请求编码
   request.setCharacterEncoding(coding);
   //调用下一个过滤器(如果没有下一个过滤器,就把请求提交给请求目标)
   chain.doFilter(request, response);
  }
```

```
  public void init(FilterConfig config) throws ServletException {
    //获取 Filter 初始化参数(web.xml 文件中配置的参数)
    coding=config.getInitParameter("coding");
  }
}
```

以上是一个过滤器类，再配置 web.xml 文件如下：

```
<?xml version="1.0" encoding="UTF-8"?>
<web-app version="2.4"
   xmlns="http://java.sun.com/xml/ns/j2ee"
   xmlns:xsi="http://www.w3.org/2001/XMLSchema-instance"
   xsi:schemaLocation="http://java.sun.com/xml/ns/j2ee
   http://java.sun.com/xml/ns/j2ee/web-app_2_4.xsd">
  <filter>
    <filter-name>SetCodingFilter</filter-name>
    <filter-class>com.filter.SetCodingFilter</filter-class>
    <init-param>
      <param-name>coding</param-name>
      <param-value>UTF-8</param-value>
    </init-param>
  </filter>

  <filter-mapping>
    <filter-name>SetCodingFilter</filter-name>
    <url-pattern>/*</url-pattern>此过滤器用于所有的页面
  </filter-mapping>

  ...
  <welcome-file-list>
      <welcome-file>index.jsp</welcome-file>
  </welcome-file-list>
</web-app>
```

(2) 用来判断用户是否登录

首先编写 UserOnlineFilter 类，代码如下：

```
public class UserOnlineFilter implements Filter {
  public void destroy() {
    //TODO Auto-generated method stub
  }
  public void doFilter(ServletRequest Servletrequest,
     ServletResponse Servletresponse, FilterChain filterchain)
     throws IOException, ServletException {
    //TODO Auto-generated method stub
    HttpServletRequest request=(HttpServletRequest)Servletrequest;
    HttpServletResponse response=(HttpServletResponse)Servletresponse;
    HttpSession session=request.getSession();
    String username=(String)session.getAttribute("username");
    //验证用户是否登录(Session 对象中是否存在用户信息)
    if(username==null){
     response.sendRedirect(request.getContextPath()+"/login.jsp");
```

```
    }else{
     filterchain.doFilter(Servletrequest, Servletresponse);
    }
  }
  public void init(FilterConfig filterconfig) throws ServletException {
    //TODO Auto-generated method stub
  }
}
```

配制 xml 文件如下：

```
<?xml version="1.0" encoding="UTF-8"?>
<web-app version="2.4"
   xmlns="http://java.sun.com/xml/ns/j2ee"
   xmlns:xsi="http://www.w3.org/2001/XMLSchema-instance"
   xsi:schemaLocation="http://java.sun.com/xml/ns/j2ee
   http://java.sun.com/xml/ns/j2ee/web-app_2_4.xsd">
    <filter>
     <filter-name>UserOnlineFilter</filter-name>
     <filter-class>com.filter.UserOnlineFilter</filter-class>
    </filter>
    <filter-mapping>
        <filter-name>UserOnlineFilter</filter-name>
        //这个路径只用于数据交互页面。不能用"/"。否则就进不了页面了
        <url-pattern>/view/*</url-pattern>
    </filter-mapping>
    <welcome-file-list>
      <welcome-file>index.jsp</welcome-file>
    </welcome-file-list>
</web-app>
```

## 7.4 Servlet 监听器

**知识要点**

1. 监听器基本概念
2. 利用监听器实现网页浏览计数
3. 监听器接口及事件

7.4.wmv

Servlet 的监听器可以监听客户端的请求、服务器端的操作等。通过监听器，可以自动进行一些操作，如监听在线用户数量等。编写监听器需要实现相应的接口，常用的监听接口如下。

ServletContextAttributeListener：监听对 ServletContext 属性的操作，比如增加/删除/修改。

ServletContextListener：监听 ServletContext。当创建 ServletContext 时，执行 contextInitialized(ServletContextEvent sce)方法；当销毁 ServletContext 时，执行 contextDestroyed(ServletContextEvent sce)方法。

HttpSessionListener：监听 HttpSession 的操作。当创建一个 Session 对象时，执行

sessionCreated(SessionEvent se)方法；当销毁一个 Session 对象时，执行 sessionDestroyed(HttpSessionEvent se)方法。

HttpSessionAttributeListener：监听 HttpSession 中的属性的操作。当在 Session 对象中增加一个属性时，执行 attributeAdded(HttpSessionBindingEvent se)方法；当在 Session 对象中删除一个属性时，执行 attributeRemoved(HttpSessionBindingEvent se)方法；当在 Session 对象中属性被重新设置时，执行 attributeReplaced(HttpSessionBindingEvent se)方法。

**1. 实例**

编写监视器程序 Linstener，计算在线用户数量。

**2. 分析**

本实例由 Counter 类和 OnlineCounter 类实现。Counter 是一个计数器，有 3 个静态方法，raise()和 reduce()方法分别实现增数和减数，方法 getOnline()获取计数值。

OnlineCounter 是监听器，实现了接口 HttpSessionListener。一旦有用户连接创建一个 Session 对象时，执行 sessionCreated(HttpSessionEvent se)方法，调用计数器的 raise()方法增数；当销毁一个 Session 对象时，调用计数器的 reduce()方法减数。

程序框架如下：

```
/* Counter */
class Counter {
    static long online=0;
    static long getOnline(){
      return online;
    }
    static void raise(){
       online++;
    }
    static void reduce(){
       online--;
    }
}

/* OnlineCounter.java */
class OnlineCounter implements HttpSessionListener{
  sessionCreated(HttpSessionEvent hse) {
        Counter.raise();
  }
  sessionDestroyed(HttpSessionEvent hse){
        Counter.reduce();
  }
}
```

**3. 代码实现**

```
/* Counter.java */
package simplelistener;
public class Counter {
```

```
  private static long online=0;
  public static long getOnline(){
    return online;
  }
  public static void raise(){
    online++;
  }
  public static void reduce(){
    online--;
  }
}
```

在 OnlineCounter 源代码的第 5～10 行中，sessionCreated(HttpSessionEvent se)和 sessionDestroyed(HttpSessionEvent hse)方法都是实现接口 HttpSessionListener 的方法。当创建一个 Session 对象时，激发 sessionCreated(HttpSessionEvent se)方法；当销毁一个 Session 对象时，激发 sessionDestroyed(HttpSessionEvent hse)方法。OnlineCounter 只要实现这两个方法即可。另一条代码如下：

```
1.  /* OnlineCounter.java */
2.  package simplelistener;

3.  import javax.Servlet.http.*;

4.  public class OnlineCounter implements HttpSessionListener{
5.    public void sessionCreated(HttpSessionEvent hse) {
6.      Counter.raise();
7.    }
8.    public void sessionDestroyed(HttpSessionEvent hse){
9.      Counter.reduce();
10.   }
11. }
```

**4. 测试与运行**

运行前必须在 web.xml 中对过滤器进行配置，相关配置如下：

```
<listener>
  <listener-class>simplelistener.OnlineCounter</listener-class>
</listener>
```

为了能对监视器进行测试，编写 online.jsp 文件如下：

```
<%@ page contentType="text/html;charset=GB2312" %>
<%@ page import="simplelistener.Counter" %>
<html>
  <head>
    <title>onlinelistener</title>
  </head>

  <body>
```

```
        <h3>在线用户：<%=Counter.getOnline()%></h3>
    </body>
</html>
```

启动 Tomcat，打开 Web 容器中任意页面如 http://localhost:8080/listener/online.jsp，输出如图 7-10 所示的结果。

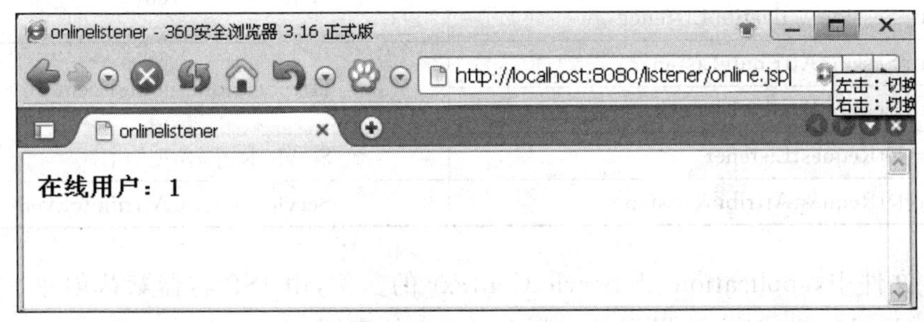


图 7-10 第一个浏览器打开 online.jsp 的结果

再一次用浏览器打开 online.jsp，建立一个 Session 对象，显示在线人数会增加，如图 7-11 所示。

图 7-11 再一次用浏览器打开 online.jsp 的结果

用户注销时，用<%session.invalidate();%>方法可以使计数器减 1。

**5. 技术分析**

Servlet 监听器用于监听一些重要事件的发生，监听器对象可以在事情发生前、发生后做一些必要的处理。

目前 Servlet 2.4 和 JSP 2.0 总共有 8 个监听器接口和 6 个 Event 类，其中 HttpSessionAttributeListener 与 HttpSessionBindingListener 都使用 HttpSessionBindingEvent，HttpSessionListener 和 HttpSessionActivationListener 则都使用 HttpSessionEvent，其余 Listener 对应的 Event 类如表 7-1 所示。

(1) ServletContext 相关监听接口

① ServletContextListener 接口：通过 ServletContext 的实例可以存取应用程序的全局对象以及初始化阶段的变量。

表 7-1 监听器接口及事件

| Listener 接口 | Event 类 |
| --- | --- |
| ServletContextListener | ServletContextEvent |
| ServletContextAttributeListener | ServletContextAttributeEvent |
| HttpSessionListener | HttpSessionEvent |
| HttpSessionActivationListener | |
| HttpSessionAttributeListener | HttpSessionBindingEvent |
| HttpSessionBindingListener | |
| ServletRequestListener | ServletRequestEvent |
| ServletRequestAttributeListener | ServletRequestAttributeEvent |

在 JSP 文件中，application 是 ServletContext 的实例，由 JSP 容器默认创建。Servlet 中调用 getServletContext()方法得到 ServletContext 的实例。

**注意** 全局对象即 Application 对象，初始化阶段的变量指在 web.xml 中经由<context-param>元素所设定的变量，它的范围也是 Application 对象的范围，例如：

```
<context-param>
  <param-name>Name</param-name>
  <param-value>browser</param-value>
</context-param>
```

当容器启动时，会建立一个 Application 范围的对象，若要在 JSP 网页中取得此变量，其代码如下：

```
String name=(String)application.getInitParameter("Name");
```

或者使用 EL 取得此变量。

```
${initPara.name}
```

在 Servlet 中，取得 Name 值的方法如下：

```
String name=(String)ServletContext.getInitParameter("Name");
```

ServletContextListener：用于监听 Web 应用启动和销毁的事件，监听器类需要实现 javax.Servlet.ServletContextListener 接口。

ServletContextListener 是 ServletContext 的监听者。如果 ServletContext 发生变化，如服务器启动时 ServletContext 被创建，服务器关闭时 ServletContext 将被销毁。

ServletContextListener 接口的方法如下：

```
void contextInitialized(ServletContextEvent sce);     //通知正在接收的对象，应用程序
                                                      //已经被加载及初始化
void contextDestroyed(ServletContextEvent sce);       //通知正在接收的对象，应用程序
                                                      //已经被销毁
```

ServletContextEvent 中的方法如下：

```
ServletContext getServletContext();     //取得 ServletContext 对象
```

② ServletContextAttributeListener：用于监听 Web 应用属性改变的事件，包括增加属性、删除属性、修改属性，监听器类需要实现 javax.Servlet.ServletContextAttributeListener 接口。

ServletContextAttributeListener 接口的方法如下：

```
void attributeAdded(ServletContextAttributeEvent scab);
                    //若有对象加入 Application 的范围，通知正在收听的对象
void attributeRemoved(ServletContextAttributeEvent scab);
                    //若有对象从 Application 的范围移除，通知正在收听的对象
void attributeReplaced(ServletContextAttributeEvent scab);
                    //若在 Application 的范围中，有对象取代另一个对象时，通知正在收听的对象
```

ServletContextAttributeEvent 中的方法如下：

```
java.lang.String getName();            //回传属性的名称
java.lang.Object getValue();           //回传属性的值
```

(2) HttpSession 相关监听口

① HttpSessionBindingListener 接口。

**注意** HttpSessionBindingListener 接口是唯一不需要在 web.xml 中设定的 Listener。

当类实现了 HttpSessionBindingListener 接口后，只要对象加入 Session 范围(即调用 HttpSession 对象的 setAttribute 方法时)或从 Session 范围中移出时(即调用 HttpSession 对象的 removeAttribute 方法时或 Session Time out 时)，容器分别会自动调用下列两个方法。

```
void valueBound(HttpSessionBindingEvent event);
void valueUnbound(HttpSessionBindingEvent event);
```

② HttpSessionAttributeListener 接口。HttpSessionAttributeListener 监听 HttpSession 中的属性的操作。当在 Session 对象中增加一个属性时，执行 attributeAdded(HttpSessionBindingEvent se)方法；当在 Session 对象中删除一个属性时，执行 attributeRemoved(HttpSessionBindingEvent se)方法；当 Session 属性被重新设置时，执行 attributeReplaced(HttpSessionBindingEvent se) 方法。这与 ServletContextAttributeListener 类似。

③ HttpSessionListener 接口。HttpSessionListener 监听 HttpSession 的操作。当创建一个 Session 对象时，执行 session Created(HttpSessionEvent se)方法；当销毁一个 Session 对象时，执行 sessionDestroyed (HttpSessionEvent se)方法。

④ HttpSessionActivationListener 接口。主要用于同一个 Session 对象转移至不同的 JVM 的情形。

(3) ServletRequest 监听接口

① ServletRequestListener 接口与 ServletContextListener 接口类似，应由 ServletContext 修改为 ServletRequest。

② ServletRequestAttributeListener 接口与 ServletContextListener 接口类似，应由 ServletContext 修改为 ServletRequest。

**例 7-8** 由监听器管理共享数据库连接。

生命周期事件的一个实际应用由 context 监听器管理共享数据库连接。在 web.xml 中设置如下定义监听器。

```
<listener>
    <listener-class>×××.MyConnectionManager</listener-class>
</listener>
```

Server 创建监听器的实例，接收事件并自动判断实现监听器接口的类型。要记住的是由于监听器是配置在 web.xml 中，所以不需要改变任何代码就可以添加新的监听器。

```
public class MyConnectionManager implements ServletContextListener{
    public void contextInitialized(ServletContextEvent e) {
        Connection con=//create connection
        e.getServletContext().setAttribute("con", con);
    }
    public void contextDestroyed(ServletContextEvent e) {
        Connection con=(Connection) e.getServletContext().getAttribute("con");
        try {
          con.close();
        }
      catch(SQLException ignored) {} //close connection
    }
}
```

监听器保证每生成一个 Servlet context 都会有一个可用的数据库链接，并且所有的链接会随 context 关闭而关闭。

**6. 问题与思考**

(1) HttpSessionBindingListener 接口是唯一不需要在 web.xml 中设定的 Listener，编写程序，利用 HttpSessionBindingListener 接口实现记录网站的客户登录日志，统计在线人数。

(2) 编写程序，使用 Servlet 监听器统计在线用户，要求：

① 通过 ServletContext 监听初始化一个 Application 对象，保存在线用户列表。

② 通过 Session 监听当用户登录成功设置 Session 属性时，将用户名保存在列表中。

③ 通过 Session 监听当用户注销登录时，将用户名从列表中删除。

程序完成后，启动 Tomcat，在地址栏输入 onlinelistener.jsp，假设已有用户按 user1 登录，此时准备用 user2 登录，如图 7-12 所示。

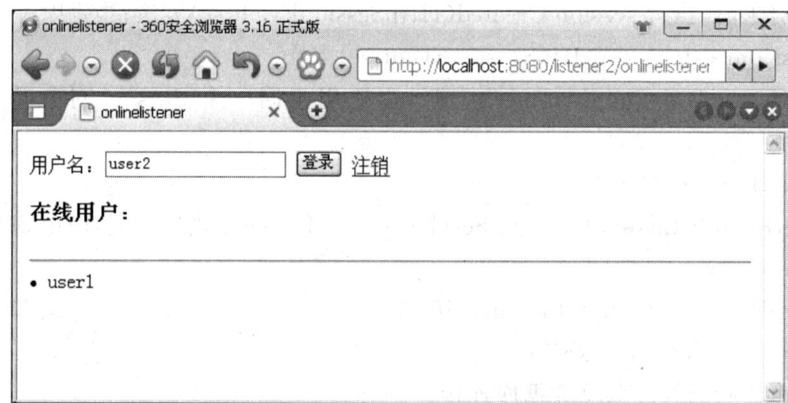


图 7-12 用 user2 登录

提交后，系统输出所有登录用户，如图 7-13 所示。

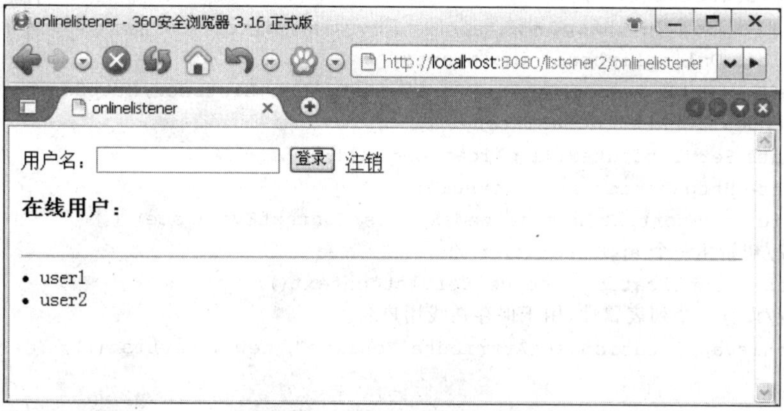

图 7-13 输出所有登录用户

如果要删除一个用户，可以进入注销界面，如图 7-14 所示。

图 7-14 进入注销页面

从注销页面返回后，可以发现用户 user2 被删除，如图 7-15 所示。

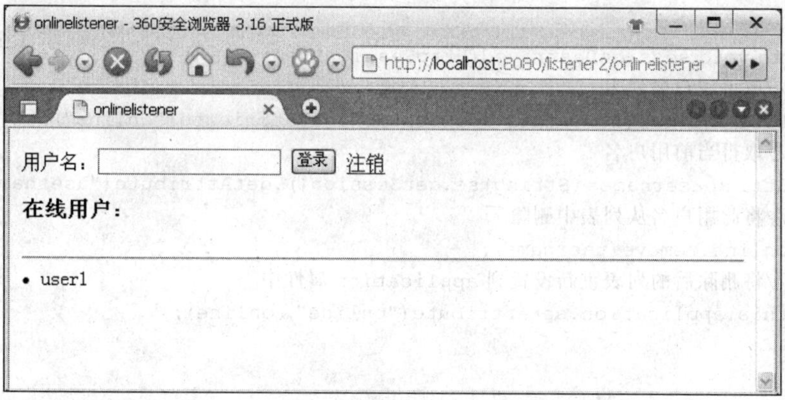

图 7-15 user2 已被删除

OnlineListener.java 代码如下：

```
package mgc.listener.test;
```

```
import java.util.*;
import javax.Servlet.*;
import javax.Servlet.http.*;
public class OnlineListener implements
  ServletContextListener,ServletContextAttributeListener,HttpSessionListener,
      HttpSessionAttributeListener {
    private ServletContext application=null;
    private HttpSession session=null;
    public void contextInitialized(ServletContextEvent sce) {
        //初始化一个 application 对象
        this.application=sce.getServletContext();
        //设置一个列表属性,用于保存在线用户名
        this.application.setAttribute("online", new ArrayList());
    }

    public void contextDestroyed(ServletContextEvent sce) {

    }

    public void attributeAdded(ServletContextAttributeEvent scab) {

    }

    public void attributeRemoved(ServletContextAttributeEvent scab) {

    }

    public void attributeReplaced(ServletContextAttributeEvent scab) {

    }

    public void sessionCreated(HttpSessionEvent se) {

    }

    public void sessionDestroyed(HttpSessionEvent se) {
        //取得用户名列表
        List online=(List)this.application.getAttribute("online");
        //取得当前用户名
        String username=(String)se.getSession().getAttribute("username");
        //将此用户名从列表中删除
        online.remove(username);
        //将删除后的列表重新设置到 application 属性中
        this.application.setAttribute("online", online);
    }

    public void attributeAdded(HttpSessionBindingEvent se) {
        //取得用户名列表
        List online=(List)this.application.getAttribute("online");
        //将当前用户名添加到列表中
        online.add(se.getValue());
        //将添加后的列表重新设置到 application 属性中
```

```
        this.application.setAttribute("online", online);
    }

    public void attributeRemoved(HttpSessionBindingEvent se) {

    }

    public void attributeReplaced(HttpSessionBindingEvent se) {

    }
}
```

web.xml 配置如下：

```
<listener>
    <listener-class>mgc.listener.test.OnlineListener</listener-class>
</listener>
```

onlinelistener.jsp 代码如下：

```
<%@ page contentType="text/html;charset=GB2312" %>
<%@ page import="java.util.* " %>
<html>
  <head>
    <title>onlinelistener</title>
  </head>

  <body>
    <form action="onlinelistener.jsp" method="post">
      用户名：<input type="text" name="username"/>
      <input type="submit" value="登录"/>
      <a href="logout.jsp">注销</a>
    </form>
    <%
    String username=request.getParameter("username");
    if(username !=null) {

        session.setAttribute("username",username);
    }
    %>
      <p>
      <h3>在线用户：</h3>
      <hr>
    <%
    List online=(List)getServletContext().getAttribute("online");
        Iterator iter=online.iterator();
        while(iter.hasNext()) {

    %>
        <li><%=iter.next() %></li>
    <%
        }
    %>
```

```
  </body>
</html>
```

logout.jsp 代码如下：

```
<%@ page contentType="text/html;charset=GB2312" %>
<html>
  <head>
    <title>logout</title>
  </head>

  <body>
  <%
      session.invalidate();
      response.setHeader("refresh","3;URL=onlinelistener.jsp");
  %>
      <h3>注销成功！</h3>
      3秒后自动返回登录页面<br>
      如果没有跳转,请单击<a href="onlinelistener.jsp">这里</a>
  </body>
</html>
```

## 7.5 JSP EL 表达式和 JSTL 标签库

**知识要点**

1. EL 表达式基本概念及运用
2. JSTL 标签库

7.5.wmv

EL(Expression Language)提供了在 JSP 中简化表达式的方法，使 JSP 写起来更加简单。EL 是一种简单的语言，基于可用的命名空间(PageContext 属性)、嵌套属性和对集合、操作符(算术型、关系型和逻辑型)的访问符、映射到 Java 类中静态方法的可扩展函数以及一组隐式对象。EL 提供了在 JSP 脚本编制元素范围外使用运行时表达式的功能。

JSP 的标准标签库 JSTL 包含一系列标准函数，支持通用的、结构化的任务。JSTL 依赖 EL，是 EL 的扩展。

**1. 实例**

编写一个 JSP 程序，展示 EL 的算术运算符、关系运算符、逻辑运算符等的效果。

**2. 分析**

本实例中用到了算术运算符、关系运算符、逻辑运算符等。

**3. 代码实现**

利用 EL 表达式可以在 JSP 页面中执行一些基本的关系运算、逻辑运算和算术运算。

```
<!--JspEL.jsp-->
<%@ page language="java" pageEncoding="UTF-8"%>
<!DOCTYPE HTML PUBLIC "-//W3C//DTD HTML 4.01 Transitional//EN">
<html>
  <head>
    <title>My JSP 'elExample1.jsp' starting page</title>
    <meta http-equiv="pragma" content="no-cache">
    <meta http-equiv="cache-control" content="no-cache">
    <meta http-equiv="expires" content="0">
    <meta http-equiv="keywords" content="keyword1,keyword2,keyword3">
    <meta http-equiv="description" content="This is my page">
  </head>
  <body>
    以下为 JSP EL 的算术运算实例<br>
    ${3+2}<br>
    ${5/2}<br>
    ${5%2}<br>
    ${5 mod 2}<br>
    以下为想输入原样的表达式,需要用"\"或者"'"进行转义<br>
    \${3+2}<br>
    '$'{3+2}<br>
    以下为 JSP EL 的关系运算实例<br>
    ${2>3}<br>
    ${1 gt 2}<br>
    以下为比较字符,字符用单引号,字符串用双引号引起<br>
    ${'a' eq 'c'}<br>
    ${"you">"your"}<br>
    以下为逻辑运算符的实例<br>
    ${(5>2) && (1>5)}<br>
    ${(5>2) and (3>2)}<br>
    empty 运算符的应用 empty 判断时,若对象为""或是 null,则都为 true<br>
    <%
      pageContext.setAttribute("username",null);
      pageContext.setAttribute("city","深圳");
    %>
     <!--判断 username 变量是否为空,以下返回 true-->
     ${empty username}<br>
     <!--判断 city 变量是否为空,以下返回 false -->
     ${empty city}<br>
  </body>
</html>
```

**4. 测试与运行**

启动 Tomcat,用浏览器打开页面 http://127.0.0.1:8080/webserviceproject/JspEL.jsp,输出的结果如图 7-16 所示。

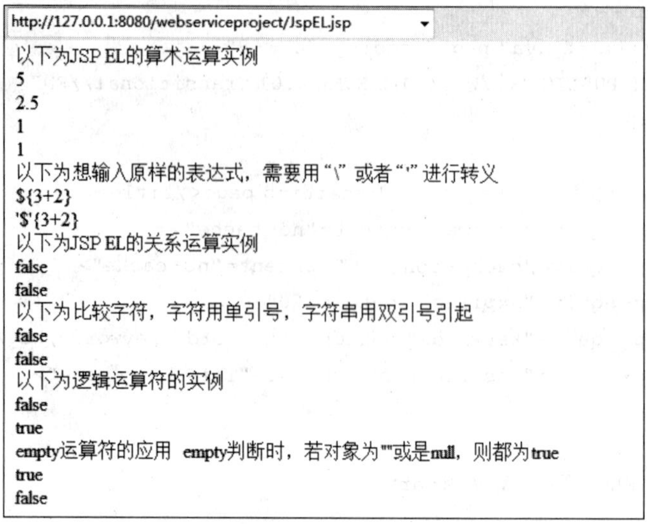

http://127.0.0.1:8080/webserviceproject/JspEL.jsp
以下为JSP EL的算术运算实例
5
2.5
1
1
以下为想输入原样的表达式，需要用"\"或者"'"进行转义
${3+2}
'$'{3+2}
以下为JSP EL的关系运算实例
false
false
以下为比较字符，字符用单引号，字符串用双引号引起
false
false
以下为逻辑运算符的实例
false
true
empty运算符的应用 empty判断时，若对象为""或是null，则都为true
true
false

**图 7-16 JspEL.jsp 的结果**

### 5. 技术分析

1) JSP EL 简介

EL 的语法结构为：${expression}。它提供"."和"[]"两种运算符来存取数据。

当要存取的属性名称中包含一些特殊字符，如"."或"?"等非字母或数字的符号，就一定要使用"[]"。例如：${user.first-name}应当改为${user["first-name"]}。

当要动态取值时，就可以用"[]"来做，而"."无法做到动态取值。例如：${sessionScope.user[salary]}中 salary 是一个变量。

EL 存取变量数据的方法很简单，例如：${username}的意思是取出某一范围中名称为 username 的变量。因为没有指定哪一个范围的 username，所以它会依序从 Page、Request、Session、Application 范围查找。途中找到 username，就直接回传，不再继续找下去，如果全部的范围都没有找到，就回传 null。

属性范围在 EL 中的名称：

| | |
|---|---|
| Page | PageScope |
| Request | RequestScope |
| Session | SessionScope |
| Application | ApplicationScope |

2) JSP EL 表达式

EL 的表达式可以包含文字、操作符、变量(对象引用)和函数调用。

(1) 文字：JSP EL 可以使用的文字表达式如表 7-2 所示。

(2) 操作符：JSP 表达式语言提供的操作符如表 7-3 所示，其中大部分是 Java 中常用的操作符。

(3) 隐式对象：JSP 表达式语言定义了一组隐式对象，其中许多对象在 JSP Script 和表达式中可用。pageContext 对象作为 JSP 的上下文，可以用于访问 JSP 隐式对象，如请求、响应、会话、输出、servletContext 等。例如，${pageContext.response}为页面的响应对象赋值。

表 7-2 JSP EL 的文字表达式

| 文 字 | 文字的值 |
| --- | --- |
| Boolean | true 和 false |
| Integer | 与 Java 类似。可以包含任何正数或负数，例如，24、－45、567 |
| Floating Point | 与 Java 类似。可以包含任何正的或负的浮点数，例如，－1.8E－45、4.567 |
| String | 任何由单引号或双引号限定的字符串。对于单引号、双引号和反斜杠，使用反斜杠字符作为转义序列。必须注意，如果在字符串两端使用双引号，则单引号不需要转义 |
| Null | null |

表 7-3 JSP EL 的操作符

| 术 语 | 定 义 |
| --- | --- |
| 算术型 | ＋、－－(二元)、＊、/、div、%、mod、－(一元) |
| 逻辑型 | and、&&、or、\|\|、!、not |
| 关系型 | ＝＝、eq、!＝、ne、gt、＜＝、le、＞＝、ge。可以与其他值进行比较，或与布尔型、字符串型、整型、浮点型文字进行比较 |
| 空 | 空操作符是前缀操作，可用于确定值是否为空 |
| 条件型 | A? B:C。根据 A 赋值的结果来赋值 B 或 C |

此外，JSP EL 还提供几个隐式对象，如表 7-4 所示，允许对以下对象进行简单访问。

表 7-4 JSP EL 的隐式对象

| 术 语 | 定 义 |
| --- | --- |
| param | 将请求参数名称映射到单个字符串参数值，通过调用 ServletRequest.getParameter(String name)获得。getParameter(String)方法返回带有特定名称的参数。表达式 $(param.name)相当于 request.getParameter(name) |
| paramValues | 将请求参数名称映射到一个数值数组，通过调用 ServletRequest. getParameter(String name)获得。它与 param 隐式对象非常类似，但它检索一个字符串数组而不是单个值。表达式 ${paramvalues.name}相当于 request.getParameterValues(name) |
| header | 将请求头名称映射到单个字符串头值，通过调用 ServletRequest.getHeader(String name)获得。表达式 ${header.name}相当于 request.getHeader(name) |
| headerValues | 将请求头名称映射到一个数值数组，通过调用 ServletRequest.getHeaders(String)获得。它与头隐式对象非常类似。表达式 ${headerValues. name} 相当于 request.getHeaderValues(name) |
| cookie | 将 cookie 名称映射到单个 cookie 对象。向服务器发出的客户端请求可以获得一个或多个 cookie。表达式 ${cookie.name.value}返回带有特定名称的第一个 cookie 值。如果请求包含多个同名的 cookie，则应该使用 ${headerValues.name}表达式 |
| initParam | 将上下文初始化参数名称映射到单个值，通过调用 ServletContext.getInitparameter(String name)获得 |

除了上述两种类型的隐式对象之外，还有些对象允许访问多种范围的变量，如 Web 上下文、会话、请求、页面，如表 7-5 所示。

表 7-5 允许访问多种范围的变量

| 术 语 | 定 义 |
|---|---|
| pageScope | 将页面范围的变量名称映射到其值。例如，EL 表达式可以使用 ${pageScope.objectName}访问一个 JSP 中页面范围的对象，还可以使用 ${pageScope.objectName.attributeName}访问对象的属性 |
| requestScope | 将请求范围的变量名称映射到其值。该对象允许访问请求对象的属性。例如，EL 表达式可以使用 ${requestScope.objectName}访问一个 JSP 请求范围的对象，还可以使用 ${requestScope.objectName.attributeName}访问对象的属性 |
| sessionScope | 将会话范围的变量名称映射到其值。该对象允许访问会话对象的属性。例如：${sessionScope.name} |
| applicationScope | 将应用程序范围的变量名称映射到其值。该隐式对象允许访问应用程序范围的对象 |

当表达式根据名称引用这些对象时，返回的是相应的对象而不是相应的属性。例如，即使现有的 pageContext 属性包含某些其他值，${pageContext}也返回 PageContext 对象。

<%@ page isELIgnored="true" %>表示是否禁用 EL 语言，True 表示禁止。False 表示不禁止。JSP 2.0 中默认启用 EL 语言。

例如：

```
<%=request.getParameter("username")%> 等价于 ${param.username};
<%=request.getAttribute("userlist") %> 等价于 ${requestScope.userlist}
```

3）用 EL 操作 JavaBean 属性

可以用 EL 表达式读取 JavaBean 中的属性。

**例 7-9** 利用 EL 表达式读取 3.5 节 Studentbean 中的 name 属性。

可以用 ElBean.jsp 读取 Studentbean 中的 name 对象。ElBean.jsp 内容如下：

```
<%@ page language="java" pageEncoding="UTF-8"%>
<%@ page import="java.util.*,student.*"%>
<!DOCTYPE HTML PUBLIC "-//W3C//DTD HTML 4.01 Transitional//EN">
<html>
  <head>
    <title>ElBean</title>
    <meta http-equiv="pragma" content="no-cache">
    <meta http-equiv="cache-control" content="no-cache">
    <meta http-equiv="expires" content="0">
    <meta http-equiv="keywords" content="keyword1,keyword2,keyword3">
    <meta http-equiv="description" content="This is my page">
    <!--
      <link rel="stylesheet" type="text/css" href="styles.css">
    -->
  </head>
  <body>
     <!--使用 studbean,设置属性 Name 的值 -->
     <jsp:useBean id="studbean" scope="application" class="student.Studentbean">
     </jsp:useBean>
     <jsp:setProperty name="studbean" property="name" value="Qinghua Li"/>
```

```
    ${studbean.name}<br>
    ${studbean["name"]}<br>
    ${studbean['name']}<br>
  </body>
</html>
```

运行结果如图 7-17 所示。

```
http://localhost:8080/ElBean.jsp

Qinghua Li
Qinghua Li
Qinghua Li
```

**图 7-17 EL 读取 JavaBean 的属性**

如果 Bean 的某属性是一个类,EL 表达是可以继续读取该类的属性。比如在 student.Studentbean 中增加一个 Address 属性和相应的 set()和 get()方法,代码如下:

```
package student;
public class Studentbean{
    //定义属性
    String Id;
    String Name;
    Address address;
        //构造函数
    public Studentbean(){
      this.Id="100102";  //预置初始值
      this.Name="张凯";
    }
    //定义方法。set×××用于设置属性值;get×××用于得到属性值。
    //操作 Id 属性
    public void setId(String str)  {
      this.Id=str;
    }
    public String getId()  {
      return(this.Id);
    }
    //操作 Name 属性
    public void setName(String name)  {
      this.Name=name;
    }
    public String getName(){
      return(this.Name);
    }
    /*增加 Address 的方法*/
    public void setAddress(Address address){
      this.address=address;
    }
    public Address getAddress(){
      return(this.address);
    }
  }
```

Address 是一个用城市来表示的类,代码如下:

```
package student;
public class Address
{
  private String city;
  public String getCity()
  {
    return city;
  }
  public void setCity(String city)
  {
    this.city=city;
  }
}
```

重新改写一下 ElBean.jsp,让它可以读取 Address 属性,代码如下:

```
<%@ page language="java" pageEncoding="UTF-8"%>
<%@ page import="java.util.*,student.*"%>
<!DOCTYPE HTML PUBLIC "-//W3C//DTD HTML 4.01 Transitional//EN">
<html>
  <head>
    <title>ElBean</title>
    <meta http-equiv="pragma" content="no-cache">
    <meta http-equiv="cache-control" content="no-cache">
    <meta http-equiv="expires" content="0">
    <meta http-equiv="keywords" content="keyword1,keyword2,keyword3">
    <meta http-equiv="description" content="This is my page">
    <!--
      <link rel="stylesheet" type="text/css" href="styles.css">
    -->
  </head>
  <body>

  <!--使用 studbean,设置属性 Name 的值 -->
  <jsp:useBean id="studbean" scope="application" class="student.Studentbean">
  </jsp:useBean>
  <jsp:setProperty name="studbean" property="name" value="Qinghua Li"/>

  <%
      //建立地址对象,设置城市名
      student.Address address=new student.Address();
      address.setCity("深圳");
      studbean.setAddress(address);
   %>

    ${studbean.name}<br>
    ${studbean["name"]}<br>
    ${studbean['name']}<br>
    <!--输出 studbean 对象中 address 属性对象中的 city 值 -->
```

```
    ${studbean.address.city}<br>
    ${studbean['address']['city']}<br>

  </body>
</html>
```

运行结果如图 7-18 所示。

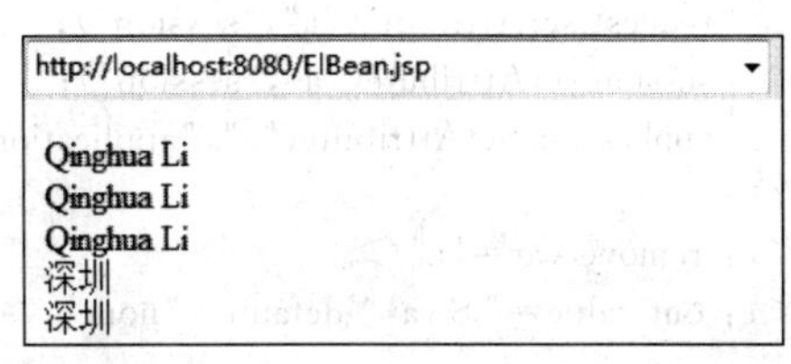


图 7-18 EL 读取 Address 属性

4) JSTL 标签库

(1) JSTL 标签介绍

JSTL 是 apache 对 EL 表达式的扩展(也就是说 JSTL 依赖 EL),JSTL 是标签语言。JSTL 标签使用以来非常方便,它与 JSP 动作标签一样,只不过它不是 JSP 内置的标签,需要自己导入相应的包以及指定标签库。

(2) JSTL 标签库介绍

JSTL 一共包含四个标签库。core 标签库是核心标签库,较常用。fmt 标签库是格式化标签库,只少数标签常用。数据库标签库 SQL 和 XML 标签库很少使用。

(3) 使用 taglib 指令导入标签库

除了 JSP 动作标签外,使用其他第三方的标签库都需要导入包,并在使用标签的 JSP 页面中使用 taglib 指令导入标签库。下面是导入 JSTL 的 core 标签库。

```
<%@ taglib prefix="c"uri="http://java.sun.com/jstl/core" %>
```

其中内容说明如下。

- prefix="c":指定标签库的前缀,这个前缀可以随便给值,但一般在使用 core 标签库时指定前缀为 c。
- uri="http://java.sun.com/jstl/core",指定标签库的 URL,它不一定是真实存在的网址,但它可以让 JSP 找到标签库的描述文件。

(4) core 标签库常用标签

① out 和 set 标签:表 7-6 所示是 core 标签库的 out 和 set 标签。

表 7-6 core 标签库的 out 和 set 标签

| | |
|---|---|
| <c:out value="aaa"/> | 输出 aaa 字符串常量 |
| <c:out value="${aaa}"/> | 与 ${aaa}相同 |
| <c:out value="${aaa}" default="×××"/> | 当 ${aaa}不存在时,输出×××字符串 |
| <%<br>request.setAttribute("a","<script>alert('hello');</script>");<br>%><br><c:out value="${a}" default="×××" escapeXml="false" /> | 当 escapeXml 为 false,不会转换<、>。这可能会受到 JavaScript 攻击 |
| <c:set var="a" value="hello"/> | 在 pageContext 中添加 name 为 a,value 为 hello 的数据 |
| <c:set var="a" value="hello" scope="session"/> | 在 Session 中添加 name 为 a,value 为 hello 的数据 |

② remove 标签：接下来是 core 的 remove 标签，如表 7-7 所示。

**表 7-7　core 的 remove 标签**

| | |
|---|---|
| <%<br>pageContext.setAttribute("a","pageContext");<br>request.setAttribute("a","session");<br>session.setAttribute("a","session");<br>application.setAttribute("a","application");<br>%><br><c:remove var="a"/><br><c:out value="${a}" default="none"/> | 删除所有域中 name 为 a 的数据 |
| <c:remove var="a" scope="page"/> | 删除 pageContext 中 name 为 a 的数据 |

③ url 标签：再来了解一下 core 的 url 标签，如表 7-8 所示。

**表 7-8　core 的 url 标签**

| | |
|---|---|
| <c:url value="/"/> | 输出上下文路径：/项目名/ |
| <c:url value="/" var="a" scope="request"/> | 把本该输出的结果赋给变量 a。范围为 request |
| <c:url value="/AServlet"/> | 输出：/项目名/AServlet |
| <c:url value="/AServlet"><br><c:param name="username" value="abc"/><br><c:param name="password" value="123"/> | 输出：/项目名/AServlet?username=abc&password=123<br>如果参数中包含中文，那么会自动使用 URL 编码 |

④ if 标签：core 的 if 标签的 test 属性必须是一个 boolean 类型的值，如果 test 的值为 true，那么执行 if 标签的内容，否则不执行。代码如下：

```
<c:set var="a" value="hello"/>
<c:if test="${not empty a}">
<c:out value="${a}"/>
</c:if>
```

⑤ choose 标签：choose 标签对应 Java 中的 if…else 结构。when 标签的 test 为 true 时，会执行 when 的内容。当所有 when 标签的 test 都为 false 时，才会执行 otherwise 标签的内容。

```
<c:set var="score" value="${param.score}"/>
<c:choose>
    <c:when test="${score>100 || score<0}">错误的分数：${score}</c:when>
    <c:when test="${score >=90}">A 级</c:when>
    <c:when test="${score >=80}">B 级</c:when>
    <c:when test="${score >=70}">C 级</c:when>
    <c:when test="${score >=60}">D 级</c:when>
    <c:otherwise>E 级</c:otherwise>
</c:choose>
```

⑥ forEach 标签：forEach 是循环标签，forEach 标签一般有两种使用方式。

- 使用循环变量，指定开始和结束值，类似 for(int i=1; i <= 10; i++) {}。
- 循环遍历集合，类似 for(Object o：集合)。

循环变量，举例如下：

```
<c:set var="sum" value="0" />
<c:forEach var="i" begin="1" end="10">
    <c:set var="sum" value="${sum+i}" />
</c:forEach>
<c:out value="sum=${sum}"/>
<c:set var="sum" value="0" />
<c:forEach var="i" begin="1" end="10" step="2">
    <c:set var="sum" value="${sum+i}" />
</c:forEach>
<c:out value="sum=${sum}"/>
```

遍历集合或数组方式，举例如下：

```
<%
    String[] names={"zhangSan", "liSi", "wangWu", "zhaoLiu"};
    pageContext.setAttribute("ns", names);
%>
<c:forEach var="item" items="${ns}">
    <c:out value="name: ${item}"/><br/>
</c:forEach>
```

遍历 List，举例如下：

```
<%
    List<String>names=new ArrayList<String>();
    names.add("zhangSan");
    names.add("liSi");
    names.add("wangWu");
    names.add("zhaoLiu");
    pageContext.setAttribute("ns", names);
%>
<c:forEach var="item" items="${ns}">
    <c:out value="name: ${item}"/><br/>
</c:forEach>
```

遍历 Map，举例如下：

```
<%
    Map<String,String>stu=new LinkedHashMap<String,String>();
    stu.put("number", "N_1001");
    stu.put("name", "zhangSan");
    stu.put("age", "23");
    stu.put("sex", "male");
    pageContext.setAttribute("stu", stu);
%>
<c:forEach var="item" items="${stu}">
    <c:out value="${item.key}: ${item.value}"/><br/>
</c:forEach>
```

forEach 标签还有一个属性：varStatus，该属性用来指定接收“循环状态”的变量名。例如：<forEach varStatus="vs".../>，这时就可以使用 vs 这个变量来获取循环的状态了。

- count：int 类型，当前遍历元素的个数；
- index：int 类型，当前元素的下标；
- first：boolean 类型，是否为第一个元素；
- last：boolean 类型，是否为最后一个元素；
- current：object 类型，表示当前项目。

```
<c:forEach var="item" items="${ns}" varStatus="vs">
    <c:if test="${vs.first}">第一行：</c:if>
    <c:if test="${vs.last}">最后一行：</c:if>
    <c:out value="第${vs.count}行："/>
    <c:out value="[${vs.index}]："/>
    <c:out value="name：${vs.current}"/><br/>
</c:forEach>
```

(5) fmt 标签库常用标签

fmt 标签库是用来格式化输出的，通常需要格式化的有时间和数字。

格式化时间举例如下：

```
<%@ taglib prefix="fmt" uri="http://java.sun.com/jsp/jstl/fmt" %>
  ...
<%
    Date date=new Date();
    pageContext.setAttribute("d", date);
%>
<fmt:formatDate value="${d}" pattern="yyyy-MM-dd HH:mm:ss"/>
```

格式化数字举例如下：

```
<%
    double d1=3.5;
    double d2=4.4;
    pageContext.setAttribute("d1", d1);
    pageContext.setAttribute("d2", d2);
%>
<fmt:formatNumber value="${d1}" pattern="0.00"/><br/>
<fmt:formatNumber value="${d2}" pattern="#.##"/>
```

除了 JSTL 标签，用户还可以根据项目需要定义自己的标签。

**6. 问题与思考**

以下为对象的 JavaBean 的内容。

(1) Profile 类

```
package com.beans;
import java.util.Date;
import java.util.Map;
public class Profile {
  private String email;
  private Date birthday;
  private Address[] address;
  private Map<String, String>phone;
```

```
  public String getEmail(){
    return email;
  }
  public void setEmail(String email){
    this.email=email;
  }
  public Date getBirthday() {
    return birthday;
  }
  public void setBirthday(Date birthday){
    this.birthday=birthday;
  }
  public Address[] getAddress() {
    return address;
  }
  public void setAddress(Address[] address){
    this.address=address;
  }
  public Map<String, String>getPhone() {
    return phone;
  }
  public void setPhone(Map<String, String>phone){
    this.phone=phone;
  }
}
```

（2）User 类

```
package com.beans;
public class User {
  private Long userID;
  private String userName;
  private String password;
  private Profile profile;

  public Long getUserID(){
    return userID;
  }
  public void setUserID(Long userID){
    this.userID=userID;
  }
  public String getUserName() {
    return userName;
  }
  public void setUserName(String userName){
    this.userName=userName;
  }
  public String getPassword() {
    return password;
  }
  public void setPassword(String password){
    this.password=password;
```

```
  }
  public Profile getProfile() {
    return profile;
  }
  public void setProfile(Profile profile) {
    this.profile=profile;
  }
}
```

(3) Address 类

```
package com.beans;
public class Address {
  private String city;
  public String getCity(){
    return city;
  }
  public void setCity(String city){
    this.city=city;
  }
}
```

编写一个 JSP 文件，利用 EL 读取 JavaBean 中的值。

参考代码如下：

```
<!--使用 User Bean,设置属性值 username -->
<jsp:useBean id="user" class="com.beans.User"></jsp:useBean>
<jsp:setProperty name="user" property="username" value="meixin"/>
<%
    //建立 Profile 对象,设置邮件地址
    Profile p=new Profile();
    p.setEmail("wnight88@sina.com");

    //将不同的电话存入 Map 中,并设置在 p 对象的属性中
    Map<String,String>phone=new HashMap<String,String>();
    phone.put("office","8383838");
    p.setPhone(phone);

    //建立地址对象,设置城市名
    Address address=new Address();
    address.setCity("北京");
    Address[] addresses={address};
    p.setAddress(addresses);
    user.setProfile(p);
%>
    <!--用 JSP EL 的级连方式输入值 -->
    <!--输出 user 对象中的 username 属性值,三种写法等价 -->
    ${user.username}<br>
    ${user["username"]}<br>
    ${user['username']}<br>
    <!--输出 user 对象中 profile 属性对象中的 phone 属性 Map 中键值为 office 的值 -->
    ${user.profile.phone.office}<br>
    ${user['rofile']['phone']['office']}<br>
```

```
<!--输出 user 对象中 profile 属性对象中 address 数据属性中第 0 个元素对象中的 city 的
    属性值 -->
${user.profile.address[0].city}<br>
```

## 7.6 自定义标签

### 知识要点

7.6.wmv

1. 自定义标签实现过程
2. 自定义标签有关类
3. 自定义标签嵌套
4. 迭代标签

标签(Tag)是一种 XML 元素，通过标签可以使 JSP 网页变得简洁并且易于维护，还可以方便地实现同一个 JSP 文件支持多种语言版本。由于标签是 XML 元素，所以它的名称和属性都是大小写敏感的。

标签库(Tag Library)是由一系列功能相似、逻辑上互相联系的标签构成的集合。标签库描述文件(Tag Library Descriptor)是一个 XML 文件，这个文件反映了标签库中类和 JSP 标签之间的映射关系。它是一个配置文件，和 web.xml 是类似的。

标签处理类(Tag Handle Class)是一个 Java 类，这个类继承了 TagSupport 或者扩展了 SimpleTag 接口，通过这个类可以实现自定义 JSP 标签的具体功能。

**1. 实例**

实现一个简单的标签，当属性 parameter 为 filename 时输出页面路径，否则输出日期。

**2. 分析**

简单的 tag 处理类必须实现 Tag 接口的 doStartTag()和 doEndTag()方法。当 JSP 引擎碰到 tag 标签的开头时，doStartTag()方法被调用，因为简单的 tag 没有 body，所以此方法将返回 SKIP_BODY。当 JSP 引擎碰到 tag 标签的结尾时，doEndTag()方法被调用，如果余下的页面还要被计算，那它将返回 EVAL_PAGE，否则将会返回 SKIP_PAGE。

由于需要输出日期和文件名两个内容，因此为标签创建一个参数。程序框架如下：

```
class DemoTag extends TagSupport {
  实现 doStartTag()方法;
  定义 setParameter()和 getParameter()方法;
}
```

**3. 代码实现**

```
package tag;
import java.util.Date;
import javax.Servlet.http.HttpServletRequest;
import javax.Servlet.jsp.*;
import javax.Servlet.jsp.tagext.TagSupport;
```

```
6.  public class DemoTag extends TagSupport {
7.    public int doStartTag() throws JspException {
8.      try{
9.        HttpServletRequest request=(HttpServletRequest)pageContext.getRequest();
10.       JspWriter out=pageContext.getOut();
11.       if(parameter.compareToIgnoreCase("filename")==0)
12.         out.print(request.getServletPath());
13.       else
14.         out.print(new Date());
15.     } catch(java.io.IOException e) {
16.       throw new JspTagException(e.getMessage());
17.     }
18.     return SKIP_BODY;
19.   }
20.   private String parameter="date";
21.   public void setParameter(String parameter) {
22.     this.parameter=parameter;
23.   }
24.   public String getParameter() {
25.     return parameter;
26.   }
27. }
```

(1) 实现 doStartTag()方法

在代码第 7～19 行中，当自定义标签开始被执行时，JSP 引擎会调用 doStartTag()方法。在此方法中如果返回"Tag.EVAL_BODY_INCLUDE"，告诉 JSP 引擎继续向下执行标签体中的内容；如果返回"Tag.SKIP_BODY"，JSP 引擎将不执行标签体中的内容。

(2) 定义 setParameter()和 getParameter()方法

在代码的第 20～26 行中，标签属性的赋值与获取用 set×××()和 get×××()方法。

### 4. 测试与运行

(1) 创建标签文件

接下来创建标签文件 MyTagLib.tld。标签文件其实只是一个 XML 格式的说明文件，内容很简单。

```
<?xml version="1.0" encoding="ISO8859-1"?>
<taglib>
  <tlib-version>1.0</tlib-version>
  <Jsp-version>1.2</Jsp-version>
  <tag>
    <name>demo</name>
    <tag-class>tag.DemoTag</tag-class>
    <body-content>empty</body-content>
    <attribute>
      <name>parameter</name>
      <required>false</required>
      <rtexprvalue>true</rtexprvalue>
    </attribute>
  </tag>
```

```
</taglib>
```

这个标签文件中将创建的标签取名 demo,并声明了类型和参数(parameter)。将该文件保存在/WEB-INF 下面。

(2) 定义标签库

还需要将自定义的标签添加到 web.xml 中,否则还是无法使用。

```
<?xml version="1.0" encoding="UTF-8"?>
<web-app version="2.5"
  xmlns="http://java.sun.com/xml/ns/javaee"
  xmlns:xsi="http://www.w3.org/2001/XMLSchema-instance"
  xsi:schemaLocation="http://java.sun.com/xml/ns/javaee
  http://java.sun.com/xml/ns/javaee/web-app_2_5.xsd">
  <welcome-file-list>
    <welcome-file>index.jsp</welcome-file>
  </welcome-file-list>
  <jsp-config>
    <taglib>
      <taglib-uri>/WEB-INF/MyTagLib</taglib-uri>
      <taglib-location>/WEB-INF/MyTagLib.tld</taglib-location>
    </taglib>
  </jsp-config>
</web-app>
```

与其他 web.xml 不同之处是添加了<Jsp-config>,到此为止,自定义标签创建完毕。

(3) 用 JSP 程序测试调用自定义标签

接下来编写测试用 JSP 文件 demotagtest.jsp。

```
<!DOCTYPE HTML PUBLIC "-//W3C//DTD HTML 4.01 Transitional//EN">
<%@ taglib uri="/WEB-INF/MyTagLib" prefix="mytag"%>
<html>
  <head>
    <title>My Jsp 'Test.jsp' starting page</title>
  </head>
  <body>
    This is my Jsp page. <br>
    Date : <mytag:demo parameter="date" /><br>
    File : <mytag:demo parameter="filename" />
  </body>
</html>
```

用浏览器打开文件 http://127.0.0.1:8080/web/demotagtest.jsp,结果如图 7-19 所示。

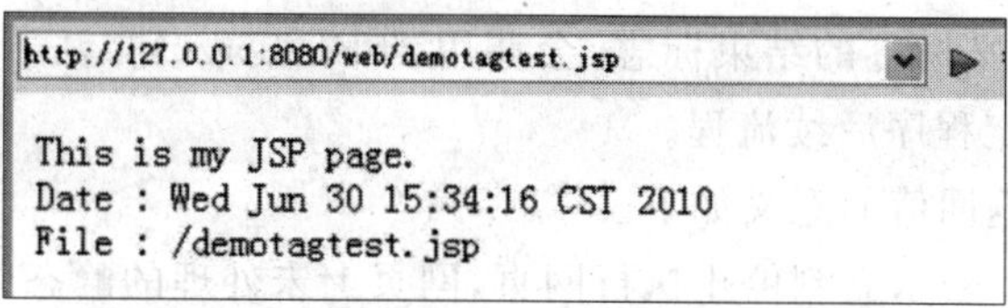


**图 7-19 打开网页 demotagtest.jsp 的效果**

如果 tag 标签含有内容,那处理方式会略有不同,而且还要视 tag 处理类是否要与 body

交互的情况而定。如果要与 body 交互,tag 处理类要对 body 进行操作。

如果 tag 处理类不与 body 交互,tag 处理类应该实现 Tag 接口或从 TagSupport 中派生,如果 body 要被计算,那么 doStartTag()方法应返回 EVAL_BODY_INCLUDE,否则应返回 SKIP_BODY。

如果 tag 处理类要对 body 反复计算,则它应该实现 IterationTag 或从 TagSupport 中派生。如果 tag 处理类认为 body 还未计算完,那它的 doStartTag()方法和 doAfterBody()方法必须返回 EVAL_BODY_AGAIN。

如果 tag 处理类与 body 交互,那么 tag 处理类应实现 BodyTag 接口或从 BodyTagSupport 中派生。这种 tag 处理类一般要实现 doInitBody()和 doAfterBody()方法。

body 允许一些方法来读写它的内容。Tag 处理类可以调用 body 内容的 getString()或 getReader()方法从 body 中提取信息,也可用 writeOut()方法将 body 的内容写入 out 对象中。其中 out 对象通过 tag 处理类的 getPreviousOut()方法获得。

如果 body 的内容需要被计算,那么 doStartTag()方法必须返回 EVAL_BODY_BUFFERED;否则,它将返回 SKIP_BODY。

doInitBody()方法在 body 内容中已经设好,但未被计算之前调用。可以根据不同的 body 内容来制定初始化策略。

doAfterBody()方法在 body 内容已被计算后进行调用。

和 doStartTag()方法一样,doAfterBody()方法返回一个指示符指示是否要继续计算 body,如果要继续计算,则 doAfterBody()方法应返回 EVAL_BODY_BUFFERED;否则它应返回 SKIP_BODY。

tag 处理类调用 release()方法将它的状态重置为初始状态,并释放所有的私有资源。

**5. 技术分析**

(1) 自定义标签实现

TagSupport 类提供了两个处理标签的方法。

```
public int doStartTag() throws JspException;
public int doEndTag() throws JspException;
```

JSP 容器遇到自定义标签的起始标志,就会调用 doStartTag()方法。doStartTag()方法返回一个整数值,用来决定程序的后续流程。

doStartTag()方法返回值的意义如下。

Tag.SKIP_BODY:表示标签之间的内容被忽略。

Tag.EVAL_BODY_INCLUDE:表示标签之间的内容被正常执行。

JSP 容器遇到自定义标签的结束标志,会调用 doEndTag()方法。doEndTag()方法也返回一个整数值,用来决定程序后续流程。

doEndTag()方法返回值的意义如下。

Tag.SKIP_PAGE:表示立刻停止执行网页,网页上未处理的静态内容和 JSP 程序均被忽略并立刻返回到客户的浏览器上。

Tag.EVAL_PAGE:表示按照正常的流程继续执行 JSP 网页。

EVAL_BODY_INCLUDE:把 body 读入存在的输出流中,doStartTag()方法可用。

EVAL_PAGE：继续处理页面，doEndTag()方法可用。

SKIP_BODY：忽略对 body 的处理，doStartTag()和 doAfterBody()方法可用。

SKIP_PAGE：忽略对余下页面的处理，doEndTag()方法可用。

EVAL_BODY_TAG：已经废止，由 EVAL_BODY_BUFFERED 取代。

EVAL_BODY_BUFFERED：申请缓冲区，由 setBodyContent()方法得到的 BodyContent 对象来处理 tag 的 body，如果类实现了 BodyTag，那么 doStartTag()方法可用；否则非法。

EVAL_BODY_AGAIN：请求继续处理 body，返回至 doAfterBody()方法，这个返回值在制作循环 tag 的时候是很有用的。

(2) 简单标签

JSP 技术在 javax.Servlet.jsp.tagext 中提供了多个 Tag Handler 接口，JSP 1.2 中定义了 Tag、BodyTag、IterationTag 接口，在 JSP 2.0 中新增了 SimpleTag 接口。JSP 还提供了上述接口的实现类 TagSupport、BodyTagSupport 和 SimpleTagSupport(SimpleTagSupport 只在 JSP 2.0 中才有)。

通过继承 SimpleTagSupport 的定制动作为简单标记处理器，继承 TagSupport 或 BodyTagSupport 的定制标签为传统标记处理器，原因是传统标记处理器是 JSP 1.1 及 1.2 版本时使用的，而简单标记处理器是 JSP 2.0 时才提供的，简单标记处理器相对传统标记处理器实现得更为简单。

一般情况下，自定义标签处理类主要继承自 TagSupport、BodyTagSupport 这两个类。通过继承这两个类，重新定义那些需要自定义的行为的方法，从而简化了标签处理程序的开发。

**例 7-10** 编写一个简单的标签 helloTag，实现输出红色的字符："hello!"。

7.6 例 7-10 - 例 7-14.wmv

首先开发标签的实现类，程序如下：

```
package tag;
import javax.Servlet.jsp.JspWriter;
import javax.Servlet.jsp.tagext.TagSupport;
public class HelloTag extends TagSupport {
  //----标签开始时调用此方法-------
   public int doStartTag(){
     try{
       JspWriter out=pageContext.getOut();
       out.print("标签开始了。<font color=\"red\">hello! </font>");
     }catch(Exception e){
       System.out.println(e);
     }
     return EVAL_BODY_INCLUDE;
   }
  //----标签结束时调用此方法-------
   public int doEndTag(){
     try{
       JspWriter out=pageContext.getOut();
       out.print("标签结束了。");
     }catch(Exception e){
       System.out.println(e);
```

```
        }
        return EVAL_PAGE;
    }
}
```

代码中为正确输出引号,对此字符用"\"作了转义。

在标签描述文件中需要<tag>定义标签 helloTag,指定由类 tag.HelloTag 实现。

```
<tag>
    <!--标签名称-->
    <name>helloTag</name>
    <!--标签对应的处理类-->
    <tag-class>tag.HelloTag</tag-class>
    <!--标签体内容,没有标签体则设为 empty-->
    <body-content>empty</body-content>
</tag>
```

用 useHelloTag.jsp 测试这个标签,代码如下:

```
<%@ taglib uri="/WEB-INF/MyTagLib" prefix="myTag" %>
<%@ page contentType="text/html;charset=GB2312" %>
<html>
  <head>
    <title>一个简单的自定义标签</title>
  </head>
  <body>
      <myTag:helloTag/>
  </body>
</html>
```

应用这个简单的自定义标签的结果如图 7-20 所示。

(3) 内容标签

① TagSupport 与 BodyTagSupport 的区别

TagSupport 与 BodyTagSupport 的区别主要是标签处理类是否需要与标签体交互,如果不需要交互,就用 TagSupport;否则就用 BodyTagSupport。交互是指标签处理类是否要读取标签体的内容和改变标签体返回的内容。

用 TagSupport 实现的标签都可以用 BodyTagSupport 来实现,因为 BodyTagSupport 继承了 TagSupport,如图 7-21 所示。

http://localhost:8080/web/useHelloTag.jsp

标签开始了。hello! 标签结束了。

**图 7-20 useHelloTag.jsp 运行结果**

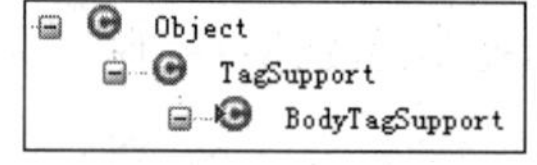


**图 7-21 TagSupport 与 BodyTagSupport 的区别**

② doStartTag()与 doEndTag()

doStartTag()方法是遇到标签开始时会呼叫的方法,其合法的返回值是 EVAL_BODY_INCLUDE 与 SKIP_BODY,前者表示将显示标签间的文字,后者表示不显示标签间的文字;doEndTag()方法是在遇到标签结束时呼叫的方法,其合法的返回值是 EVAL_PAGE 与 SKIP_PAGE,前者表示处理完标签后继续执行以下的 JSP 网页,后者是表示不处理接下来的

JSP 网页。

doAfterBody()方法是在显示完标签间内容之后呼叫的,其返回值有 EVAL_BODY_AGAIN 与 SKIP_BODY,前者会再显示一次标签间的文字,后者则继续执行标签处理的下一步。

预定的处理顺序是：doStartTag()方法返回 SKIP_BODY,doAfterBodyTag()方法返回 SKIP_BODY,doEndTag()方法返回 EVAL_PAGE。

继承了 TagSupport 之后,如果没有改写任何方法,标签处理的执行顺序是：doStartTag()→不显示文字→doEndTag()→执行接下来的网页。

如果改写了 doStartTag()方法,则必须指定返回值,如果指定了 EVAL_BODY_INCLUDE,则执行顺序是 doStartTag()→显示文字→doAfterBodyTag()→doEndTag()→执行下面的网页。

**例 7-11** 编写自定义标签程序,通过 doStartTag()、doAfterBody()、doEndTag()方法插入跟踪语句,观测这些方法执行时机以及 JspWriter 对象所起的作用。

在标签库文件中定义 display 标签。

```
<tag>
    <name>display</name>
    <tag-class>tag.DisplayTag</tag-class>
    <body-content>JSP</body-content>
</tag>
```

DisplayTag.java 源码如下：

```
package tag;
import java.io.IOException;
import javax.Servlet.jsp.*;
import javax.Servlet.jsp.tagext.TagSupport;
public class DisplayTag extends TagSupport {
  public int doStartTag() throws JspException {
    System.out.println("*********  doStartTag()........\n");
    return this.EVAL_BODY_INCLUDE;
  }

  public int doAfterBody() throws JspException {
    System.out.println("*********  doAfterBody()........\n");
    return this.SKIP_BODY;
  }

  public int doEndTag() throws JspException {
    System.out.println("*********  doEndTag()........\n");
    JspWriter out=this.pageContext.getOut();
    try {
      out.println("Hello China!");
    } catch(IOException e) {
      e.printStackTrace();
    }
    return super.doEndTag();
  }
}
```

用 useDisplay.jsp 进行测试，源码如下：

```
<%@ taglib uri="/WEB-INF/MyTagLib" prefix="myTag" %>
<%@ page contentType="text/html;charset=GB2312" %>
<html>
  <head>
    <title>My Jsp 'index.jsp' starting page</title>
  </head>
  <body>
   <myTag:display>
        中国<br>
   </myTag:display>
  </body>
</html>
```

通过浏览器看到的结果如图 7-22 所示。
同时在控制台输出的结果如图 7-23 所示。

http://localhost:8080/web/useDisplay.jsp

中国
Hello China!

图 7-22 useDisplay.jsp 运行结果

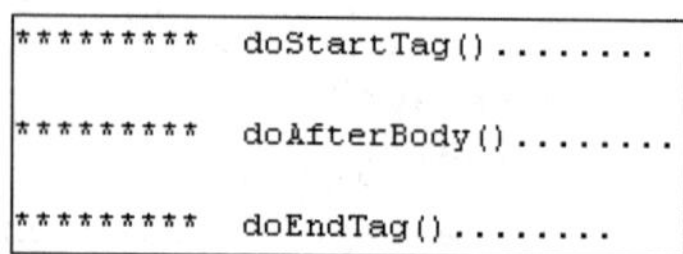


图 7-23 控制台结果

**例 7-12** 用 BodyTagSupport 实现 bodydemo 标签。
创建过程和上面基本相同，只是程序文件和配置内容有些差异。实现的程序清单如下：

```
import javax.Servlet.jsp.tagext.*;

public class BodyDemoTag extends BodyTagSupport {
  public int doStartTag() throws JspTagException {
    return EVAL_BODY_BUFFERED;
  }

  public int doEndTag() throws JspTagException {
    String body=this.getBodyContent().getString();
    HttpServletRequest request=(HttpServletRequest)pageContext.getRequest();

    body=body.replace("$date", new Date().toString());
    body=body.replace("$filename", request.getServletPath());

    try {
      pageContext.getOut().print(body);
    }
    catch(IOException e) {
      throw new JspTagException(e.getMessage());
    }

    return SKIP_BODY;
  }
}
```

将新的标签 bodydemo 加入标签文件中。

```
<tag>
    <name>bodydemo</name>
    <tag-class>tag.BodyDemoTag</tag-class>
    <body-content>Jsp</body-content>
</tag>
```

在 useBodyDemoTag.jsp 中使用标签 bodydemo,程序如下:

```
<%@ taglib uri="/WEB-INF/MyTagLib" prefix="myTag" %>
<%@ page contentType="text/html;charset=GB2312" %>
<html>
  <head>
    <title>My Jsp starting page</title>
  </head>
  <body>
    <myTag:bodydemo>
      Date: $date<br>
      File: $filename
    </myTag:bodydemo>
  </body>
</html>
```

效果如图 7-24 所示。

```
http://localhost:8080/web/useBodyDemoTag.jsp

Date: Thu Sep 27 22:42:55 CST 2012
File: /useBodyDemoTag.jsp
```

**图 7-24 useBodyDemoTag.jsp 运行结果**

(4) JSP 自定义嵌套标签

实际工程中往往需要多个标签来配合完成一定的功能,嵌套的标签存在父子关系,其中,父为外层标签,子为内层标签。

**例 7-13** 开发嵌套的父标签程序 haveChildTag,把 helloTag 作为其子标签。执行父标签 haveChildTag 时,先对布尔类型的属性 isOutput 进行判断,当该属性为 true 时,则输出子标签内容;如果为 false,则不输出子标签 helloTag。

父标签实现类 tag.HaveChildTag.java 代码如下:

```
package tag;
import javax.Servlet.jsp.tagext.BodyTagSupport;
public class HaveChildTag extends BodyTagSupport {
  private boolean isOutput; //是否输出子标签内容
  //----标签开始时调用此方法-------
  public int doStartTag() {
    if(isOutput)
      return EVAL_BODY_INCLUDE;
    else return SKIP_BODY;
  }
  //----标签结束时调用此方法-------
  public int doEndTag() {
    try{
      if(bodyContent!=null)
        bodyContent.writeOut(bodyContent.getEnclosingWriter());
    }catch(Exception e) {
      System.out.println(e);
```

```
    }
      return EVAL_PAGE;
    }
    public boolean getIsOutput() {
      return isOutput;
    }
    public void setIsOutput(boolean isOutput) {
      this.isOutput=isOutput;
    }
}
```

本程序中，BodyContent 是 javax.Servlet.jsp.jspWriter 的子类，但与其父类有所区别。BodyContent 对象的内容不自动写入 Servlet 的输出流，而是存储在一字符串缓存中。当标签体完成后其对象仍可在 doEndTag()方法中得到应用，由 getString()或 getReader()方法操作。并在必要时修改及写入恢复的 JspWriter 输出流。

BodyContent 类的主要方法如下。

public void flush()throws IOException：复写 JspWrite.flush()方法以便它总是产生溢出。刷新写入已失效，因为它没有连接到将被写入的实际输出流中。

public void clearBody()：重置 BodyContent 缓存为空。

public Reader getReader()：返回 Reader 读取体内容。

public String getString()：返回包含体内容的一个字符串。

public void writeOut(Write w)：将体内容写入指定输出。

public JspWrite getEnclosingWrite()：返回栈中下一个更高的写入者对象(可能是另一个 BodyContent 对象)。

(5) 开发迭代标签

**例 7-14** 开发一个迭代标签，可以输出 List 对象的各个分量。

页面和标签程序通过 request 属性传递数据，标签的两个属性 allObjects 和 eachObject 分别代表保存 List 对象的属性名和 List 各个分量的属性名。页面通过属性向标签程序传递一个 List 对象，标签程序通过另一属性像循环一样逐一返回这个 List 对象的各个分量，从而实现迭代。

假如通过下面格式使用标签：

```
<iteratetag:iterate allObjects="all" eachObject="each">
    ${each}<br/>
</iteratetag:iterate>
```

JSP 首先把要迭代 List 对象赋值给一个 request 的 all 属性。标签程序的 doStartTag()方法通过标签属性 allObjects 读取这个 List 类型的属性值。doAfterBody()方法可以不断读取其分量并赋给属性 each(属性名保存在 eachObject 变量中)。

本标签程序中需要迭代，所以在 doAfterBody()方法返回 EVAL_BODY_AGAIN，表明 body 需要重新计算，这将导致 doAfterBody()方法循环执行。当迭代结束时，doAfterBody()方法返回 SKIP_BODY 结束处理。

标签程序 IterateTag.java 代码如下：

```
package tag;
```

```
import java.util.*;
import javax.Servlet.jsp.*;
import javax.Servlet.jsp.tagext.TagSupport;

public class IterateTag extends TagSupport {
  //属性名称
  private String allObjects;
  //每次迭代的对象
  private String eachObject;
  //所以接收到的数据
  private Iterator<?>iter;
    @Override
    public int doStartTag() throws JspException {
    Object value;
    //读取 request 属性 allObjects
    value=super.pageContext.getAttribute(allObjects,PageContext.REQUEST_SCOPE);

    //如果是 List 接口的实例
    if(value !=null && value instanceof List<?>) {
      //像 List 接口进行向下转型
      this.iter=((List<?>) value).iterator();
      if(iter.hasNext()) {
        super.pageContext.setAttribute(id, iter.next());
        //执行标签体内容
        return TagSupport.EVAL_BODY_INCLUDE;
      }else{
      //退出标签执行
        return TagSupport.SKIP_BODY;
      }
    }else{
      //不是 List 接口实例,不处理
      //退出标签执行
      return TagSupport.SKIP_BODY;
    }
  }

  @Override
  public int doAfterBody() throws JspException {
    //判断是否还有内容
    if(iter.hasNext()) {
      super.pageContext.setAttribute(id, iter.next());
      //重复执行标签体
      return TagSupport.EVAL_BODY_AGAIN;
    }else{
      //退出标签执行
      return TagSupport.SKIP_BODY;
    }
  }

  public String getAllObjects() {
    return allObjects;
  }

  public void setAllObjects(String allObjects) {
    this.allObjects=allObjects;
```

```
  }

  public String getEachObject() {
    return id;
  }

  public void setEachObject(String id) {
    this.id=id;
  }

  public Iterator<?>getIter() {
    return iter;
  }

  public void setIter(Iterator<?>iter) {
    this.iter=iter;
  }
}
```

MyTagLib.tld 文件中定义标签 iterate 如下：

```
<tag>
    <!--标签名称 -->
    <name>iterate</name>
    <!--实现这个标签的类-->
    <tag-class>tag.IterateTag</tag-class>
    <!--标签体内容为空 -->
    <body-content>Jsp</body-content>
    <attribute>
        <!--eachObject 为属性名 -->
        <name>eachObject</name>
        <!--表示此值必须设置 -->
        <required>true</required>
        <!--表示属性值是请求时表达式的结果 -->
        <rtexprvalue>true</rtexprvalue>
    </attribute>

    <attribute>
    <!--allObjects 为属性名 -->
        <name>allObjects</name>
        <!--表示此值必须设置 -->
        <required>true</required>
        <!--表示属性值是请求时表达式的结果 -->
        <rtexprvalue>true</rtexprvalue>
    </attribute>
</tag>
```

web.xml 中为<web-app>增加子标签：

```
<Jsp-config>
  <taglib>
    <taglib-uri>/WEB-INF/MyTagLib</taglib-uri>
    <taglib-location>/WEB-INF/MyTagLib.tld</taglib-location>
  </taglib>
```

```
</Jsp-config>
```

demotagtest.jsp 代码如下：

```
<%@ page language="java" import="java.util.*" pageEncoding="UTF-8"%>
<%@ taglib prefix="iteratetag" uri="/WEB-INF/MyTagLib"%>
<html>
  <head><title>迭代标签</title></head>
  <body>
    <%
        ArrayList list=new ArrayList();
        list.add("Java");
        list.add("Linux");
        list.add("C");
        //为属性 all 赋值
        request.setAttribute("all",list);
     %>
    <iteratetag:iterate allObjects="all" eachObject="each">
        <!--输出属性 each 的值 -->
        ${each}<br/>
    </iteratetag:iterate>
  </body>
</html>
```

程序执行后，结果如图 7-25 所示。

demotagtest.jsp 页面将一个 List 对象以 request 属性方式传到标签程序，标签程序把该 List 对象逐一通过属性 each 传递回页面并显示，实现了类似循环的功能。

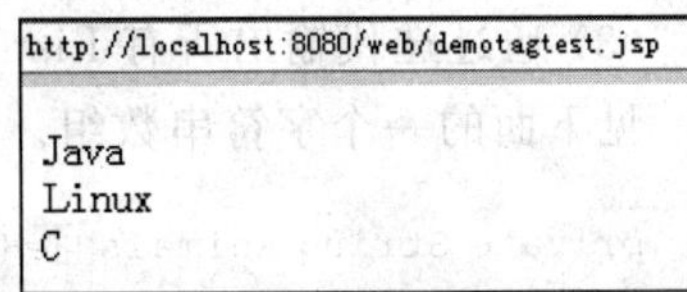


图 7-25　demotagtest.jsp 运行结果

**6. 问题与思考**

(1) 在本节实例中，引用 demo 标签时，在标签体需要执行一段 JSP 程序，程序代码如下：

```
<mytag:demo parameter="date" >
    <%="Hello World!"%>
</mytag:demo>
```

修改程序实现以上要求。

**提示**

① 在标签配置文件中，<body-content>不能为 empty，而是 JSP，代码如下：

```
<body-content>Jsp</body-content>
```

② 标签实现程序的 doStartTag()方法结束后不能返回 SKIP_BODY，而是返回 EVAL_BODY_INCLUDE。

(2) 设计自定义标签 haveChildTag 和 helloTag。其中，helloTag 是 haveChildTag 的子标签，在 useHaveChildTag.jsp 页面中声明并调用标签如下：

```
<%@ taglib uri="/myTag" prefix="myTag" %>
<%@ page contentType="text/html;charset=GB2312" %>
<%@ page import="java.util.Date" %>
<html>
```

```
    <head><title>开发嵌套的标签</title></head>
    <body>
        输出子标签时的结果：<br>
        <myTag:haveChildTag isOutput="true">
          <myTag:helloTag/>
        </myTag:haveChildTag><br>
        不输出子标签时的结果：<br>
        <myTag:haveChildTag isOutput="false">
          <myTag:helloTag/>
        </myTag:haveChildTag><br>
    </body>
</html>
```

**提示** 标签库文件中除定义 helloTag 标签外，还需继续用<tag>再定义 haveChildTag 标签。

```
<tag>
    <name>haveChildTag</name>
    <tag-class>tag.HaveChildTag</tag-class>
    <attribute>
        <name>isOutput</name>
        <required>true</required>
        <rtexprvalue>true</rtexprvalue>
    </attribute>
</tag>
```

(3) 通过迭代输出所有 List 分量。

见下面的一个字符串数组。

```
private String animals[]={"Tiger", "Lion", "Cat", "Dog" , "Deer", "Chicken",
  "Sheep", "Horse", "Rabit" , "Snake"};
```

编写程序，把它转换为 List 对象，并用 List 的 iterator()方法实现迭代，通过迭代输出所有 List 分量。

**提示** 主要程序段如下：

```
list=Arrays.asList(animals);
Iterator iter=list.iterator();
while(iter.hasNext()){
    System.out.println(iter.next());
}
```

(4) 开发迭代标签，对 ArrayList 数据进行迭代。

**提示** ArrayList 实现了 List 是可变大小的数组，例如：

```
ArrayList testCol=new ArrayList();
testCol.add("北京");
testCol.add("上海");
testCol.add("深圳");
testCol.add("广州");
```

(5) 从 MySQL 数据库 edu 中读数据表 student 的数据，它包含编号(code)、姓名(name)、密码(password)、性别(gender)、邮箱(email)等字段。自定义一个实现迭代的标签，把 student 的数据显示在网页的一个表格中。

第 8 章

# RIA 技术

Chapter 8

## 8.1 JavaScript 语言

### 8.1.1 用 JavaScript 显示文字

**知识要点**

1. JavaScript 程序结构
2. JavaScript 语法
3. JavaScript 引入网页的两种方式

8.1.1.wmv

JavaScript 是一种由 Netscape 的 LiveScript 发展而来的客户端脚本语言,它继承了面向对象的动态类型并区分大小写,其主要目的是为了解决服务器端的速度问题,为客户提供更流畅的浏览效果。

JavaScript 使网页增加互动性,减少下载时间。JavaScript 能及时响应用户的操作,可对提交表单做实时的检查,无须浪费时间交由 CGI 验证。

**1. 实例**

编写程序,从屏幕输出:Hello World!。

**2. 分析**

本程序由网页 displaycharacter.html 实现,该网页中有一条通过运用 JavaScript 输出文字的语句。

```
<html>
    <body>
        <!--JavaScript 程序块-->
        <script type="text/javascript">
            输出"Hello World!"
        </script>
    </body>
</html>
```

**3. 代码实现**

```
/*文件名:displaycharacter.html
Copyright(C): 2009
功能:实现软键盘输入。
```

```
4.   */
5.  <html>
6.    <body>
7.      <script type="text/javascript">
8.        document.write("Hello World!")
9.      </script>
10.   </body>
11. </html>
```

代码第 8 行的 document 指本页面，方法 write()可以将文字输出到页面。

**4. 测试与运行**

用浏览器打开网页 displaycharacter.html，结果如图 8-1 所示。

图 8-1 displaycharacter.html 的网页效果

**5. 技术分析**

(1) 概述

JavaScript 只是一种脚本语言，它直接把代码写到 HTML 文档中，浏览器读取的时候才进行编译、执行，所以能查看 HTML 源文件就能查看 JavaScript 源代码。

JavaScript 的正式名称是“ECMAScript”。这个标准由 ECMA 组织发展和维护，ECMA-262 是正式的 JavaScript 标准。

1998 年，该标准成为 ISO 标准(ISO/IEC 16262)。2005 年 12 月，ECMA 发布 ECMA-357 标准(ISO/IEC 22537)，主要增加了对扩展标记语言 XML 的有效支持。

(2) JavaScript 基本语法

JavaScript 的语法规则与 Java 语言类似。下面只对一些区别加以说明。

① 变量与常量。同 Java 一样，JavaScript 的变量需要声明。声明变量可以用：

```
var <变量>[=<值>];
```

关键字 var 用做声明变量。最简单的声明方法就是“var＜变量＞;”，这将为＜变量＞准备内存，给它赋初始值 null。如果加上“=＜值＞”，则给＜变量＞赋予自定义的初始值＜值＞。

JavaScript 有一个特别的常量 NaN(Not a Number)。当运算无法返回正确的数值时，就会返回“NaN”值。NaN 值非常特殊，因为它不是数字，所以任何数跟它都不相等，甚至 NaN 本身也不等于 NaN。

② 分支与循环。同 Java 一样，JavaScript 语言也有 if 分支，需要循环时也有 for 循环和 while 循环。例如，下面一段包含循环和分支的 JavaScript 代码。

```
for(i=1; i<10; i++) {
  if(i==3 || i==5 || i==8) continue;
  document.write(i);
}
```

输出结果：124679。

JavaScript 也可以使用 switch 语句实现多路分支。

如果要把某些数据分类，例如，要把学生的成绩按优、良、中、差分类，可以用 if 语句，代码如下：

```
if(score >=0 && score<60) {
  result='fail';
} else if(score<80) {
  result='pass';
} else if(score<90) {
  result='good';
} else if(score <=100) {
  result='excellent';
} else {
  result='error';
}
```

看起来没有问题，但如果使用太多的 if 语句，程序可读性就会较差。switch 语句就是解决这种问题的最好方法。上边的 if 语句用 switch 改写，代码如下：

```
switch(parseInt(score / 10)) {
  case 0:
  case 1:
  case 2:
  case 3:
  case 4:
  case 5:
    result='fail';
    break;
  case 6:
  case 7:
    result='pass';
    break;
  case 8:
    result='good';
    break;
  case 9:
    result='excellent';
    break;
  default:
    if(score==100)
      result='excellent';
    else
      result='error';
}
```

其中，parseInt()方法是取整。针对分数是 100 以及 Score 值不合规范的情况。

(3) 使用方法

JavaScript 加入网页有以下两种方法。

① 直接加入 HTML 文档:这是最常用的方法,大部分含有 JavaScript 的网页都采用这种方法,例如:

```
<script type="application/javascript">
    <!--
    document.writeln("这是 JavaScript! 采用直接插入的方法!");
    //-JavaScript 结束
    -->
</script>
```

在这个例子中,可看到标签<script>...</script>,<script language="JavaScript">用来告诉浏览器这是用 JavaScript 编写的程序,需要调动相应的解释程序进行解释(w3c 已经建议使用新的标准:<script type="application/javascript">)。

HTML 的注释标签<! --和-->用来去掉浏览器不能识别的 JavaScript 源代码,这对不支持 JavaScript 语言的浏览器来说非常有用。

**注意** 在非 xhtml 文档中插入 script 标签时,如果不是引用外部文件,应该在 script 内加上 cdata 声明,避免"大于"和"小于"运算符引起的浏览器解析错误。

语句//-JavaScript 结束中的双斜杠表示 JavaScript 的注释部分,即从//开始到行尾的字符都被忽略。至于程序中所用到的 document.writeln()函数则表示将括号中的文字输出到窗口中,这在后面将会详细介绍。另外一点需要注意的是,<script>...</script>的位置并不是固定的,可以包含在<head>...</head> 或<body>...</body>中的任何地方。

还有一个更高级版本的嵌入脚本,它使用了 HTML 中的 CDATA 语法(Character Data,就是把 CDATA 中的文本全部当作纯文本处理,直到遇到 CDATA 的结束命令)。

```
<script language="javascript" type="text/javascript">
    <!--//--><!CDATA[[//><!--
    //javascript 代码
    //--><!]]>
</script>
```

② 引用方式:如果已经存在一个 JavaScript 源文件(通常以 js 为扩展名),则可以采用这种引用的方式,以提高程序代码的利用率。其基本格式如下:

```
<script src="url" type="text/javascript"></script>
```

其中的 url 就是程序文件的地址。同样,这样的语句可以放在 HTML 文档头部或主体的任何部分。如果要实现"直接插入方式"中所举例子的效果,可以首先创建一个 JavaScript 源代码文件"Script.js",其内容如下:

```
document.writeln("这是 JavaScript! 采用直接插入的方法!");
```

在网页中可以这样调用程序:

```
<script src="Script.js" type="text/javascript"></script>
```

也可以同时在导入文件时指定 javascript 的版本,例如:

```
<script src="Script.js" type="text/javascript; version=1.8"></script>
```

**例 8-1** 函数使用的一个例子。

```
<html>
    <head>
        <script type="text/javascript">
          function myfunction(){
            alert("HELLO")
          }
        </script>
    </head>
    <body>
        <form>
            <input type="button"
            onclick="myfunction()"
            value="Call function"/>
        </form>
    </body>
</html>
```

在浏览器地址栏输入该网页,结果如图 8-2 所示。

单击 Call function 按钮,弹出如图 8-3 所示对话框。

**图 8-2 funcdemo.html 显示结果**

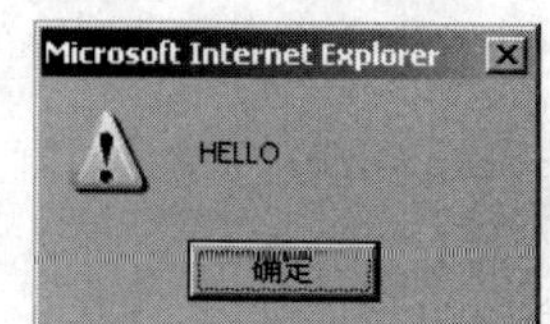


**图 8-3 函数 myfunction()结果**

**6. 问题与思考**

(1) 用 HTML“黑体”标签格式化文本,请用 JavaScript 实现。

参考代码如下:

```
<html>
   <body>
       <script type="text/javascript">
           document.write("<h1>Hello World!</h1>")
       </script>
   </body>
</html>
```

(2) 打开页面弹出一个窗口,请用 JavaScript 实现。

参考代码如下:

```
<html>
```

```
  <head>
    <script type="text/javascript">
      function message(){
        alert("网页教学网欢迎你的光临")
      }
    </script>
  </head>
    <body onload="message()">
    </body>
</html>
```

(3) 用 JavaScript 语言实现在 BODY 区内输出显示文本。

参考代码如下：

```
<html>
  <head></head>
  <body>
    <script type="text/javascript">
      document.write("欢迎光临网页教学网 http://www.webjx.com")
    </script>
  </body>
</html>
```

(4) 调用其他的一个 JS 文件。

参考代码如下：

```
<html>
  <head></head>
  <body>
    <script src="×××.js"
    </script>
    <p>
      The actual script is in an external script file called "×××.js"
    </p>
  </body>
</html>
```

### 8.1.2 JavaScript 对象

8.1.2.wmv

**知识要点**

1. JavaScript 内部对象
2. 浏览器对象
3. 自定义对象

在 Web 应用中，特别是在输入密码等情况时，为防止木马程序截获输入的字符，常用软键盘的方法进行输入。下面的 JavaScript 程序实现一个软键盘。

**1. 实例**

编写 JavaScript 程序，从键盘读取 0～9 10 个数字，并按输入顺序输出结果。

## 2. 分析

本程序首先定义一个 JavaScript 方法 ad(str)，调用该方法把输入的数字放入 input 标签的 pass 变量中，该变量通过 document 对象按名获取。

```
<html>
  <head>
    <title>软件盘</title>
    <script>
      <!--定义方法 ad()-->
      function ad(str){
        把字符串 str 累加到 form1 的名称为 pass 的 input;
      }
    </script>
  </head>
  <body>
    <form method=post action="" name="form1">
      密码：<input type="password" name="pass">
    </form>
      实现查看输入值按钮;
      0 按钮;
      1 按钮;
      2 按钮;
      3 按钮;
      4 按钮;
      5 按钮;
      6 按钮;
      7 按钮;
      8 按钮;
      9 按钮;
  </body>
</html>
```

## 3. 代码实现

```
/*文件名：softkeyboard.html
Copyright(C)：2009
功能：实现软键盘输入
 */
<html>
  <head>
    <title>软件盘</title>
    <script>
      function ad(str){
        document.form1.pass.value=document.form1.pass.value+str;
      }
    </script>
  </head>
  <body>
    <form method=post action="" name="form1">
      密码:<input type="password" name="pass">
```

```
17.      </form>
18.      <input type="button" onclick="alert(document.form1.pass.value)" value=
           "查看输入值"><br>
19.      <a href="javascript:ad('0')">0</a> 
20.      <a href="javascript:ad('1')">1</a> 
21.      <a href="javascript:ad('2')">2</a> 
22.      <a href="javascript:ad('3')">3</a> 
23.      <a href="javascript:ad('4')">4</a> 
24.      <a href="javascript:ad('5')">5</a> 
25.      <a href="javascript:ad('6')">6</a> 
26.      <a href="javascript:ad('7')">7</a> 
27.      <a href="javascript:ad('8')">8</a> 
28.      <a href="javascript:ad('9')">9</a> 
29.    </body>
30.  </html>
```

(1) 把字符串 str 累加到 form1 的名称为 pass 的 input

程序第 10 行中，document 指本页面，document.form1.pass.value 表示该页面 form1 表单的 pass 对象的值，该表达式把调用方法 ad()时传来的字符串 str 合并到 pass 对象。

(2) 实现查看输入值按钮

程序第 18 行用一个类型为 button 的 input 实现，一旦单击该按钮，即调用方法 alert()，输出 pass 对象的值。

(3) 0～9 按钮

程序第 19 行中，文字 0 实际是一个超链接，单击该链接，即转移到 javascript 的方法 ad('0')，把 0 累加到对象 pass 中。

其他超链接 1、2、3、4、5、6、7、8、9 的实现方法同 0 类似。

**4. 测试与运行**

用浏览器打开网页 softkeyboard.html，结果如图 8-4 所示。

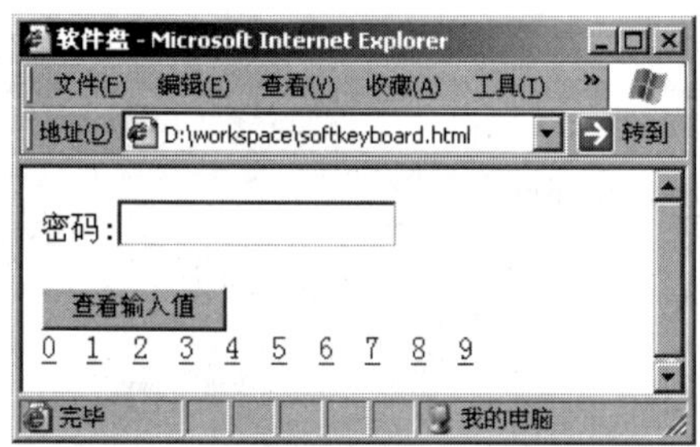


图 8-4 softkeyboard.html 的网页效果

分别单击 0、3、1、4、2，并单击“查看输入值”按钮，出现一个弹出窗口，显示刚刚输入的软键盘按钮，如图 8-5 所示。

**5. 技术分析**

JavaScript 是一种面向对象编程的脚本语言，其对象主要有内部对象、浏览器对象和自定义对象三类。

**图 8-5 单击 03142 后弹出的窗口**

(1) 常用的内部对象

① Number 对象

- Number 对象的属性

Number.MAX_VALUE：返回"最大值"。

Number.MIN_VALUE：返回"最小值"。

Number.NaN 或 NaN：返回"NaN"。

Number.NEGATIVE_INFINITY：返回负无穷大，比"最小值"还小的值。

Number.POSITIVE_INFINITY：返回正无穷大，比"最大值"还大的值。

- Number 对象的方法

toString()：返回字符串形式的数值。如：若 a==123；则 a.toString()=='123'。

② String 对象

- String 对象的属性

length：返回该字符串的长度。

- String 对象的方法

charAt()：返回该字符串位于第＜位置＞位的单个字符。

**注意** 字符串中的一个字符是第 0 位，第二个字符是第 1 位，最后一个字符是第length−1 位。

charCodeAt()：返回该字符串位于第＜位置＞位的单个字符的 ASCII 码。

fromCharCode()：String.fromCharCode(a,b,c...)；返回一个字符串，该字符串每个字符的 ASCII 码由 a,b,c...确定。

indexOf()：该方法从＜字符串对象＞中查找＜另一个字符串对象＞(如果给出＜起始位置＞，就忽略之前的位置)，如果找到了，就返回它的位置，没有找到就返回"−1"。所有的"位置"都是从零开始的。

lastIndexOf()：与 indexOf()相似，不过是从后边开始查找。

split()：返回一个数组，该数组是从＜字符串对象＞中分离出来的，＜分隔符字符＞决定了分离的地方，它本身不会包含在所返回的数组中。例如：'1&2&345&678'.split('&')返回数组：1,2,345,678。

substring()：返回原字符串的子字符串，该字符串是原字符串从＜始＞位置到＜终＞位置的前一位置的一段。＜终＞−＜始＞=返回字符串的长度(length)。如果没有指定＜终＞或指定位置超过了字符串的长度，则子字符串从＜始＞位置一直取到原字符串末尾。如果所指定的位置不能返回字符串，则返回空字符串。

substr()：返回原字符串的子字符串，该字符串是原字符串从＜始＞位置开始，长度为＜长＞的一段。如果没有指定＜长＞或指定长度超过字符串的长度，则子字符串从＜始＞位置一直取到原字符串末尾。如果所指定的位置不能返回字符串，则返回空字符串。

toLowerCase()：返回把原字符串所有大写字母都变成小写的字符串。

toUpperCase()：返回把原字符串所有小写字母都变成大写的字符串。

③ Array 数组对象

数组对象是一个对象的集合，集合中的对象可以是不同类型。数组的每一个成员对象都有一个“下标”，用来表示它在数组中的位置。

• 数组的定义

```
var <数组名>=new Array();
```

这样就定义了一个空数组。以后要添加数组元素，就使用语句：

```
<数组名>[<下标>]=...;
```

**注意** 这里的方括号不是“可以省略”的意思，数组的下标表示方法就是用方括号括起来。

如果想在定义数组时直接初始化数据，使用语句：

```
var <数组名>=new Array(<元素 1>, <元素 2>, <元素 3>...);
```

例如，var myArray=new Array(1,4.5,'Hi')；定义了一个数组 myArray，数组中的元素是：myArray[0]==1；myArray[1]==4.5；myArray[2]=='Hi'。

但是，如果元素列表中只有一个元素，而这个元素又是一个正整数，这将定义一个包含<正整数>个空元素的数组。

**注意** JavaScript 只有一维数组，千万不要用"Array(3,4)"这种方法定义 4×5 的二维数组，或者用"myArray[2,3]"这种方法返回“二维数组”中的元素。任意"myArray[...,3]"这种形式的调用其实只返回了"myArray[3]"。要使用多维数组，请用以下虚拟法：

```
var myArray=new Array(new Array(), new Array(), new Array(), ...);
```

其实这是一个一维数组，数组中的每一个元素又是一个数组。调用这个“二维数组”的元素时：

```
myArray[2][3]=...;
```

• Array 对象的属性

length：返回数组的长度，即数组里有多少个元素。它等于数组里最后一个元素的下标加一。所以，想添加一个元素，只需要：

```
myArray[myArray.length]=...
```

• Array 对象的方法

join()：返回一个字符串，该字符串把数组中的各个元素串起来，用<分隔符>置于元素与元素之间。这个方法不影响数组原来的内容。

reverse()：使数组中的元素顺序反过来。如果对数组[1,2,3]使用这个方法，它将使数组变成[3,2,1]。

slice()：返回一个数组，该数组是原数组的子集，始于<始>，终于<终>。如果不给出<终>，则子集一直取到原数组的末尾。

sort()：使数组中的元素按照一定的顺序排列。如果不指定<方法函数>，则按字母顺序排列。在这种情况下，80 比 9 排得靠前。

④ Math 对象

Math 对象提供对数据的数学计算。下面所提到的属性和方法，不再详细说明“用法”，大家在使用的时候记住用“Math.＜名＞”这种格式。

- Math 对象的属性

E：常数 e(2.718281828…)。

LN2：返回 2 的自然对数(ln2)。

LN10：返回 10 的自然对数(ln10)。

LOG2E：返回以 2 为底的 e 的对数(log2e)。

LOG10E：返回以 10 为底的 e 的对数(log10e)。

PI：返回 π(3.1415926535…)。

SQRT1_2：返回 1/2 的平方根。

SQRT2：返回 2 的平方根。

- Math 对象的方法

abs(x)：返回 x 的绝对值。

acos(x)：返回 x 的反余弦值(余弦值等于 x 的角度)，用弧度表示。

asin(x)：返回 x 的反正弦值。

atan(x)：返回 x 的反正切值。

atan2(x,y)：返回复平面内点(x,y)对应的复数的幅角，用弧度表示，其值在 −π 到 π 之间。

ceil(x)：返回大于等于 x 的最小整数。

cos(x)：返回 x 的余弦值。

exp(x)：返回 e 的 x 次幂(ex)。

floor(x)：返回小于等于 x 的最大整数。

log(x)：返回 x 的自然对数(lnx)。

max(a,b)：返回 a,b 中较大的数。

min(a,b)：返回 a,b 中较小的数。

pow(n,m)：返回 n 的 m 次幂(nm)。

random()：返回大于 0 小于 1 的一个随机数。

round(x)：返回 x 四舍五入后的值。

sin(x)：返回 x 的正弦值。

sqrt(x)：返回 x 的平方根。

tan(x)：返回 x 的正切值。

⑤ Date 对象

Date 对象可以存储任意一个日期，从 0001 年到 9999 年，并且可以精确到毫秒(1/1000 秒)。在内部，日期对象是一个整数，它是从 1970 年 1 月 1 日零时整开始计算到日期对象所指的日期的毫秒数。如果所指日期比 1970 年早，则它是一个负数。如果不指定时区，所有日期时间都采用 UTC(世界时)时区，它与 GMT(格林尼治时间)在数值上是一样的。

- 日期对象的定义

```
var d=new Date;
```

这个方法使 d 成为日期对象，并且已有初始值：当前时间。如果要自定义初始值，可以用：

```
var d=new Date(99, 10, 1);            //99年10月1日
var d=new Date('Oct 1, 1999');        //99年10月1日
```

最好的方法就是用下面介绍的"方法"严格定义时间。

• 日期对象的方法

以下有很多"g/set[UTC]×××"这样的方法，它表示既有"get×××"方法，又有"set×××"方法。"get"是获得某个数值，而"set"是设定某个数值。如果带有字母 UTC，则表示获得/设定的数值是基于 UTC 时间的，没有则表示基于本地时间或浏览器默认时间。

如无说明，方法的使用格式为："<对象>.<方法>"，下同。

g/set[UTC]FullYear()：返回/设置年份，用四位数表示。如果使用"x.set[UTC]FullYear(99)"，则年份被设定为 0099 年。

g/set[UTC]Year()：返回/设置年份，用两位数表示。设定的时候浏览器自动以 19 开头，故使用"x.set[UTC]Year(00)"把年份设定为 1900 年。

g/set[UTC]Month()：返回/设置月份。

g/set[UTC]Date()：返回/设置日期。

g/set[UTC]Day()：返回/设置星期，0 表示星期天。

g/set[UTC]Hours()：返回/设置小时数，24 小时制。

g/set[UTC]Minutes()：返回/设置分。

g/set[UTC]Seconds()：返回/设置秒。

g/set[UTC]Milliseconds()：返回/设置毫秒。

g/setTime()：返回/设置时间，该时间就是日期对象的内部处理方法，从 1970 年 1 月 1 日零时整开始计算到日期对象所指的日期的毫秒数。如果要使某日期对象所指的时间推迟 1 小时，就用："x.setTime(x.getTime()+60 * 60 * 1000);"(1 小时 60 分，1 分 60 秒，1 秒 1000 毫秒)。

getTimezoneOffset()：返回日期对象采用的时区与格林尼治时间所差的分钟。在格林尼治东方的时区，该值为负，例如：中国时区(GMT+0800)返回-480。

toString()：返回一个字符串，描述日期对象所指的日期。这个字符串的格式类似于："Fri Jul 21 15:43:46 UTC+0800 2000"。

toLocaleString()：返回一个字符串，描述日期对象所指的日期，用本地时间表示格式。如："2000-07-21 15:43:46"。

toGMTString()：返回一个字符串，描述日期对象所指的日期，用 GMT 格式。

toUTCString()：返回一个字符串，描述日期对象所指的日期，用 UTC 格式。

parse()：Date.parse(<日期对象>)返回该日期对象的内部表达方式。

⑥ 全局对象

全局对象是预定义的对象，目的在于把全局函数对象化。在 Microsoft JScript 语言参考中，它叫作 Global 对象，但是引用它的方法和属性从来不用"Global.×××"(况且这样做会出错)，而直接用"×××"。

• 全局对象的属性

NaN：其含义前面已有提及。

• 全局对象的方法

eval()：把括号内的字符串当作标准语句或表达式来运行。

isFinite()：如果括号内的数字是“有限”的(介于 Number.MIN_VALUE 和 Number.MAX_VALUE 之间)，就返回 true；否则返回 false。

isNaN()：如果括号内的值是“NaN”，则返回 true；否则返回 false。

parseInt()：返回把括号内的内容转换成整数之后的值。如果括号内是字符串，则字符串开头的数字部分被转换成整数，如果以字母开头，则返回“NaN”。

parseFloat()：返回把括号内的字符串转换成浮点数之后的值，字符串开头的数字部分被转换成浮点数，如果以字母开头，则返回“NaN”。

toString()：“<对象>.toString();”表示把对象转换成字符串。如果在括号中指定一个数值，则转换过程中所有数值转换成特定进制。

escape()：返回括号中的字符串经过编码后的新字符串。该编码应用于 URL，也就是把空格写成“%20”这种格式。“+”不被编码，如果要使得“+”也被编码，请用：escape('...', 1)。

unescape()：是 escape()的反过程。将括号中字符串解编成一般字符串。

(2) 浏览器对象

浏览器对象模型就是用于描述对象与对象之间层次关系的模型，该对象模型提供了独立于内容的、可以与浏览器窗口进行互动的对象结构。BOM 由多个对象组成，其中代表浏览器窗口的 Window 对象是 BOM 的顶层对象，其他对象都是该对象的子对象。

从图 8-6 中可以看出，Window 对象是 BOM 中的顶层对象，该对象代表了浏览器窗口。在 Window 对象之下有下述几个子对象。

Document 对象：该对象代表浏览器窗口中所加载的文档。使用 Document 对象可以操作文档中的内容。在整个 BOM 中，只有 Document 对象与 HTML 文档的内容相关。

Frames 数组：该数组代表浏览器窗口中的框架。HTML 中允许将一个浏览器窗口分为多个框架，每个框架中可以加载一个 HTML 文档。在这种框架页中，每一个框架都是 Frames 数组中的一个元素，而 Frames 数组中的每一个元素都是一个 Window 对象。

History 对象：该对象代表当前浏览器窗口的浏览历史。通过该对象可以将当前浏览器窗口中的文档前进或后退到某一个已经访问过的 URL(统一资源定位符)。

Location 对象：该对象代表当前文档的 URL。URL 分为几个部分，如协议部分、主机部分、端口部分等。使用 Location 对象可以分别获得这些部分，并且可以通过修改这些部分的值来加载一个新文档。

Navigator 对象：该对象是浏览器对象，代表了浏览器的信息。该对象与 Window 对象不同，Window 对象可以用于控制浏览器窗口的一些属性，如浏览器窗口大小、位置等。而 Navigator 对象包含的是浏览器的信息，如浏览器的名称、版本号等。

Screen 对象：该对象代表当前显示器的信息。使用 Screen 对象可以获得用户显示器的分辨率、可用颜色数量等信息。

Document 对象代表 HTML 文档，而 HTML 文档中包括了很多元素，BOM 将这些元素看成不同的对象。从图 8-6 中可以看出，Document 对象还有下述几个子对象。

Anchors 数组：该数组代表了文档中的所有锚。数组中的每一个元素都是一个锚对象。

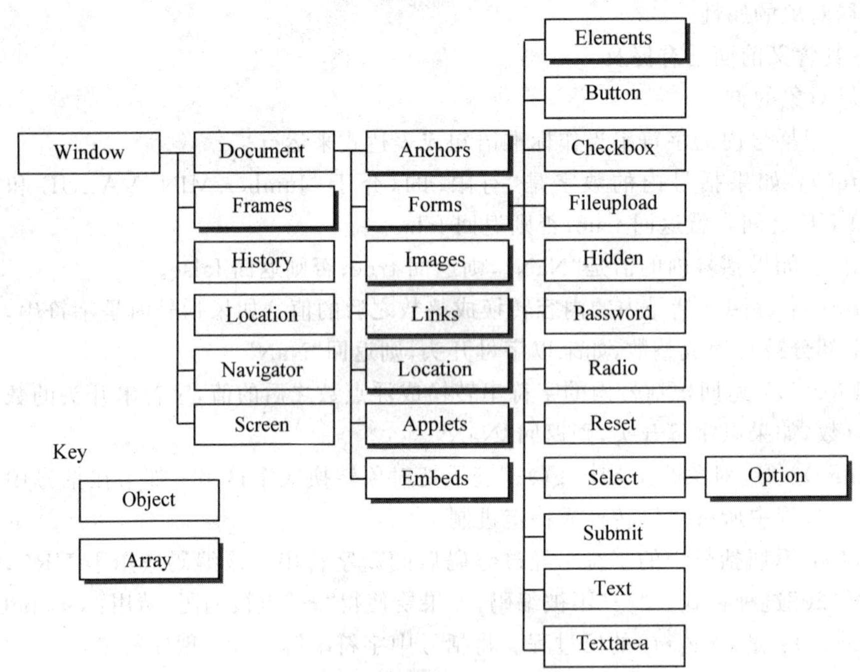


图 8-6 BOM 的结构示意图

每一个锚对象都对应着 HTML 文档中的一个包含 name 属性的<a>标签，通过锚对象可以获得锚的命名，以及超链接中的文字。

Applets 数组：该数组代表了嵌在网页中的所有小程序。数组中的每一个元素都是一个 Applet 对象，通过 Applet 对象可以获得 Java 小程序的公有字段。

Embeds 数组：与 Applets 类似，但建议使用 Embeds 数组。

Forms 数组：该数组代表文档中的所有表单。数组中的每一个元素都是一个 Form 对象。每一个 Form 对象都对应着 HTML 文档中的一个<form>标签。通过 Form 对象可以获得表单中的各种信息，也可以提交或重置表单。由于表单还包括很多表单元素，因此，Form 对象的子对象还可以对这些表单元素进行引用，以完成更具体的应用。

Images 数组：该数组代表文档中的所有图片。数组中的每一个元素都是一个 Image 对象。每一个 Image 对象都对应着 HTML 文档中的一个<img>标签。通过 Image 对象可以获得图片的各种信息。

Links 数组：该数组代表文档中的所有超链接。数组中的每一个元素都是一个 Link 对象。每一个 Link 对象都对应着 HTML 文档中的一个包含 href 属性的<a>标签，通过 Link 对象可以获得超链接中 URL 的各部分信息。

Location 对象：该对象与 Window 对象中的 Location 对象完全相同。由于该对象与 HTML 文档并没有太大关系，因此，不建议使用该对象，建议使用 Window 对象的 Location 子对象。

BOM 并不是 W3C 中的标准，因此，不同的浏览器所支持的 BOM 中的对象、对象的属性和方法都有可能不同。

Document 对象下有很多子对象，因此 Document 对象是一个十分重要的对象。事实上，大多数浏览器都支持 Document 对象。在 W3C 正式定义 DOM 之前，BOM 中的 Document

分支就已经被众多浏览器支持。DOM 被正式定义之后，分为 1 级 DOM（DOM Level 1）、2 级 DOM（DOM Level 2）和 3 级 DOM（DOM Level 3）三个层次，而 BOM 中的 Document 分支被称为 0 级 DOM（DOM Level 0），因为该分支定义了文档功能的基本功能。

（3）自定义对象

```
//对象的定义
function view(){
    for(p in this) document.write(p+":"+this[p]+"<br>")
}
function personal(name,sex,age,birthday,show) {
    this.name=name
    this.sex=sex
    this.age=age
    this.birthday=new Date(birthday)
    this.show=view         //不要加括号;调用函数的时候再加括号
}
//创建对象实例
var lining=new personal("李宁","男",50,"January 05,2005 12:00:00")
//对象方法的使用
document.write(lining.name+";"+lining.sex+";"+lining.age+";"+lining.birthday);
lining.show()
```

对象属性的引用有以下三种方式。

① 使用点(.)运算符

```
university.Name="云南省"
university.city="昆明市"
university.Date="1999"
```

② 通过对象的下标实现引用

```
university[0]-"云南"
university[1]="昆明市"
university[2]="1999"
```

通过数组形式的访问属性，可以使用循环操作获取其值。

```
function showuniversity(object) {for(var j=0;j<2; j++) document.write(object[j])}
```

采用 for...in 则可以在不知其属性个数的情况下访问该属性。

```
function showmy(object){for (var prop in this) document.write(this[prop])}
```

③ 通过字符串的形式实现

```
university["Name"]="云南"
university["City"]="昆明市"
university["Date"]="1999"
```

对象方法的引用只有点(.)方式。

(4) 软键盘资源

用 JavaScript 实现软键盘的效果有多种，下面一一介绍。

① 第 1 种效果如图 8-7 所示。

出处：http://blog.csdn.net/copall/archive/2006/07/14/920886.aspx。

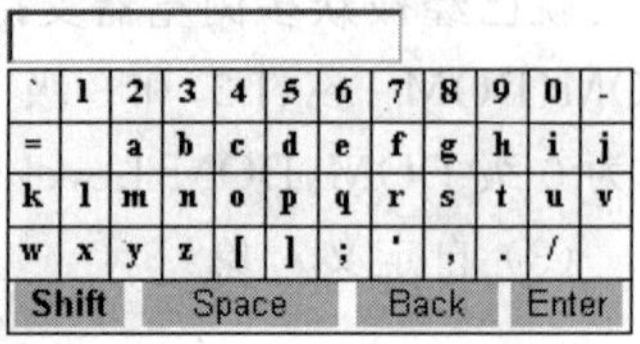

图 8-7 软键盘(1)

② 第 2 种效果如图 8-8 所示。

还可以实现如图 8-9 所示的效果。

图 8-8 软键盘(2)

出处：http://www.cnblogs.com/sccxszy/archive/2007/01/28/632502.html。

③ 第 3 种效果如图 8-10 所示。

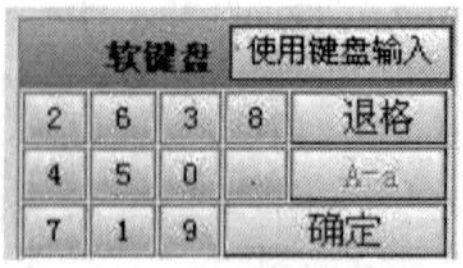

图 8-9 软键盘(3)

图 8-10 软键盘(4)

出处：http://www.iecn.net/bbs/view/13219.html。

④ 第 4 种效果如图 8-11 所示。

图 8-11 软键盘(5)

出处：http://www.codeproject.com/jscript/jvk.asp。

**6. 问题与思考**

(1) 实现一个由数字 0～9 组成的软键盘，提交后由 Servlet 或 JSP 接收输入值。

(2) 计算从今天到下一次元旦还有多少天。

**提示：**

```
<script>
window.onload=function(){
  var now=new Date();                          //获取当前时间
  var timedate=new Date("2021,01,02");         //截止时间
```

```
  //getTime()方法可返回距 1970 年 1 月 1 日之间的毫秒数
  var date=timedate.getTime()-now.getTime();
  //Math.ceil()向上取整
  var time=Math.ceil(date/(24 * 60 * 60 * 1000));
  document.getElementById('date').innerHTML=time;
}
</script>
```

其中,id 为 date 的标签可以是 div。

### 8.1.3 JavaScript 事件驱动及事件处理

8.1.3.wmv

**知识要点**

1. JavaScript 事情处理机制
2. 事件属性

JavaScript 是基于对象(object-based)的语言,其基本特征就是采用事件驱动(event-driven)。通常把鼠标或热键的动作称为事件(Event),而由鼠标或热键引发的程序的动作称为事件驱动(Event Driver),而对事件进行处理的程序或函数称为事件处理程序(Event Handler)。onload 和 onunload 是两个常用的事件,其意义如下。

onload:页面内容完成时触发此事件程序。

onunload:当前页面将被改变时触发此事件程序。

下面是一个自动装载和自动卸载的程序。当装入 HTML 文档时调用 loadform()函数,退出该文档进入另一 HTML 文档时则首先调用 unloadform()函数,确认后方可进入。

**1. 实例**

编写 JavaScript 程序,分别激发事件 onload 和 onunload,并执行相应操作。

**2. 分析**

本程序由网页 javascriptdemo1.html 实现,该网页标签<body>中将有两个事件 onload 和 onunload,激发后分别执行方法 loadform()和 unloadform(),这两个方法在标签<head>中定义。

```
<html>
  <head>
    <script Language="JavaScript">
      <!--
      定义方法 loadform()
      定义方法 unloadform()
      //-->
    </script>
  </head>
  <body onload="loadform()" onunload="unloadform()">
    <a href="test.htm">调用</a>
  </body>
</html>
```

### 3. 代码实现

```
1.  /* 文件名: javascriptdemo1.html
2.  Copyright(C): 2019
3.  功能: 实现软键盘输入。
4.  */
5.  <html>
6.    <head>
7.      <script Language="JavaScript">
8.        <!--
9.        function loadform(){
10.         alert("这是一个自动装载例子!");
11.       }
12.       function unloadform(){
13.         alert("这是一个卸载例子!");
14.       }
15.       //-->
16.     </script>
17.   </head>
18.   <body onload="loadform()" onunload="unloadform()">
19.     <a href="test.htm">调用</a>
20.   </body>
21. </html>
```

(1) 定义方法 loadform()

JavaScript 有许多内建的方法产生对话框,如: window.alert()、window.confirm()、window.prompt()等。源代码第 9～11 行中,alert()方法生成一个独立的小窗口,用它来显示一条信息和一个"确定"按钮。当显示这个对话框时,程序暂停执行。

(2) 定义方法 unloadform()

程序第 13 行,当卸载该网页时,弹出该对话框。

### 4. 测试与运行

用浏览器打开网页 javascriptdemo1.html,激发事件 onload,并运行方法 loadform(),结果如图 8-12 所示。

**图 8-12 用浏览器初始打开 javascriptdemo1.html 页面效果**

单击"确定"按钮后,出现网页主体部分的内容,如图 8-13 所示。

单击"调用"链接按钮转到页面 test.html,激发事件 onunload,并执行方法 unloadform(),结果如图 8-14 所示。

图 8-13 显示网页主体内容

图 8-14 方法 unloadform ()运行结果

**5. 技术分析**

(1) 事件处理程序

在 JavaScript 中对象事件的处理通常使用函数 Function,其基本格式与函数一样,可以将前面所介绍的函数作为事件处理程序。

格式如下:

```
Function 事件处理名(参数表){
   事件处理语句集;
   …
}
```

(2) 事件驱动

JavaScript 事件驱动中的事件是通过鼠标或热键的动作引发的。它主要有以下几个事件。

① 单击事件 onclick:当用户单击鼠标按钮时,产生 onclick 事件。同时 onclick 指定的事件处理程序或代码将被调用执行。通常在下列基本对象中产生:button(按钮对象)、checkbox(复选框)或(检查列表框)、radio(单选按钮)、reset buttons(重要按钮)、submit buttons(提交按钮)。

例如可通过下列按钮激活 change()文件。

```
<form>
    <input type="button" value=" " onclick="change()">
</form>
```

在 onclick 等号后,可以使用自己编写的函数作为事件处理程序,也可以使用 JavaScript 中内部的函数,还可以直接使用 JavaScript 的代码等。例如:

```
<input type="button" value=" " onclick=alert("这是一个例子")/> ;
```

② onchange 改变事件:当利用 text 或 textarea 元素输入字符值时引发该事件,同时当在 select 选择列表中一个选项状态发生改变后也会引发该事件。

例如以下是引用片段:

```
<form>
    <input type="text" name="test" value="test" onchange="check('this.test)">
</form>
```

③ 选中事件 onselect：当 text 或 textarea 对象中的文字高亮显示后，引发该事件。

④ 获得焦点事件 onfocus：当用户单击 text 或 textarea 以及 select 对象时，引发该事件。此时该对象成为前台对象。

⑤ 失去焦点 onblur：当 text 对象或 textarea 对象以及 select 对象不再拥有焦点而退到后台时，引发该事件，它与 onfocas 事件是对应的关系。

⑥ 载入文档 onload：当文档载入时，引发该事件。onload 的一个作用就是在首次载入一个文档时检测 cookie 的值，并用一个变量为其赋值，使它可以被源代码使用。

⑦ 卸载文件 onunload：当 Web 页面退出时引发 onunload 事件，并可更新 cookie 的状态。

(3) 事件的返回值

事件的返回值通常是由事件处理程序提供，但 JavaScript 中并不要求所有的事件都有返回值。如果事件处理程序没有返回值，浏览器会以默认的情况进行处理。不过，开发者可以通过事件的返回值判断事件处理程序是否正确处理了程序。在这种情况下，事件的返回值通常是布尔值。如果事件的返回值为 true，则浏览器会采取默认的操作；如果事件的返回值为 false，则浏览器会阻止默认的操作。

以提交表单为例，当用户单击"提交"按钮时，浏览器会将表单内容提交到<form>标签的 action 属性值所指定的 URL，这是浏览器默认的操作。在用户单击"提交"按钮时，将会激发 submit 事件。如果 submit 事件返回 false，则浏览器会阻止默认的操作，即不提交表单数据。

(4) 事件属性

描述 event 代表事件的状态，例如触发 event 对象的元素、鼠标的位置及状态、按下的键等。event 对象只在事件发生的过程中才有效。event 的某些属性只对特定的事件有意义，比如，fromElement 和 toElement 属性只对 onmouseover 和 onmouseout 事件有意义。下面的例子检查鼠标是否在链接上单击，并且如果 Shift 键被按下，将取消链接的跳转。

```
<html>
<head><title>Cancels Links</title>
<script language="JScript">
    function cancelLink() {
        if(window.event.srcElement.tagName=="A" && window.event.shiftKey)
        window.event.returnvalue=false;
    }
</script>
<body onclick="cancelLink()">
```

下面的例子在状态栏中显示鼠标的当前位置。

```
<body onmousemove="window.status='X='+window.event.x+'Y='+window.event.y">
```

事件的属性一般有：altKey、button、cancelBubble、clientX、clientY、ctrlKey、fromElement、keyCode、offsetX、offsetY、propertyName、returnvalue、screenX、screenY、shiftKey、srcElement、srcFilter、toElement、type、x、y 等。

① altKey：检查 Alt 键的状态。event.altKey 的值如下。

当 Alt 键按下时，值为 true；否则为 false。只读。

② button：检查按下的鼠标键。event.button 的值：0 没按键；1 按左键；2 按右键；3 按左

右键;4 按中间键;5 按左键和中间键;6 按右键和中间键;7 按所有的键。这个属性仅用于 onmousedown、onmouseup 和 onmousemove 事件。对其他事件,不管鼠标状态如何,都返回 0(比如 onclick)。

③ cancelBubble:检测是否接受上层元素的事件控制。event. cancelBubble [= cancelBubble]的值如下。

true:不被上层元素的事件控制。

false:允许被上层元素的事件控制,是默认值。

下面的代码演示了当在图片上单击(onclick)时,如果 Shift 键同时也被按下,就取消上层元素(body)上的事件 onclick 所引发的 showSrc()函数。

```
<script language="JScript">
function checkCancel() {
    if(window.event.shiftKey)
    window.event.cancelBubble=true;
}
function showSrc() {
    if(window.event.srcElement.tagName=="img")
    alert(window.event.srcElement.src);
}
</script>
<body onclick="showSrc()">
<img onclick="checkCancel()" src="sample.gif">
```

④ clientX:返回鼠标光标在窗口客户区域中的 X 坐标。event.clientX 是只读属性,所以只能通过它得到鼠标光标的当前位置,却不能用它改变鼠标光标的位置。

⑤ clientY:返回鼠标光标在窗口客户区域中的 Y 坐标。event.clientY 是个只读属性,所以只能通过它得到鼠标光标的当前位置,却不能用它更改鼠标光标的位置。

⑥ ctrlKey:检查 Ctrl 键的状态。当 Ctrl 键按下时,event.ctrlKey 的值为 true;否则为 false。只读。

⑦ fromElement:检测当 onmouseover 和 onmouseout 事件发生时,鼠标光标所离开的元素。参考 toElement 语法。event.fromElement 是只读属性。

⑧ keyCode:检测键盘事件相对应的内码。

这个属性用于 onkeydown、onkeyup 和 onkeypress 事件。event.keyCode[=keyCode]是可读写的值,可以是任何一个 Unicode 键盘内码。如果没有引发键盘事件,则该值为 0。

⑨ offsetX:检查相对于触发事件的对象,鼠标光标位置的水平坐标。

⑩ offsetY:检查相对于触发事件的对象,鼠标光标位置的垂直坐标。

⑪ propertyName:设置或返回元素改变后的属性的名称。event. propertyName[= sProperty ]是一个字符串,指定或返回触发事件的元素在事件中改变后的属性的名称。这个属性是可读写的。无默认值。

可以通过使用 onpropertychange 事件,得到 propertyName 的值。

下面的例子通过调用 onpropertychange 事件,弹出一个对话框,显示 propertyName 的值。

```
<head>
    <script>
```

```
            function changeProp()
            {
                btnProp.value="This is the new value";
            }
            function changeCSSProp()
            {
                btnStyleProp.style.backgroundColor="aqua";
            }
        </script>
    </head>
    <body>
        <P>The event object property propertyName is used here to return which
        property has been altered.</P>
        <input type=button ID=btnProp onclick="changeProp()"
        value="Click to change the value property of this button"
        onpropertychange='alert(event.propertyName+" property has changed value")'>
        <input type=button ID=btnStyleProp
        onclick="changeCSSProp()"
        value="Click to change the CSS backgroundColor property of this button"
        onpropertychange='alert(event.propertyName+" property has changed value")'>
    </body>
```

⑫ returnvalue：设置或检查从事件中返回的值。event.returnvalue[=Boolean]的值如下：true 事件中的值被返回;false 源对象上事件的默认操作被取消。

⑬ screenX：检测鼠标光标相对于用户屏幕的水平位置。event.screenX 是只读属性，所以只能通过它得到鼠标光标的当前位置，却不能用它更改鼠标光标的位置。

⑭ screenY：检测鼠标光标相对于用户屏幕的垂直位置。event.screenY 是只读属性，所以只能通过它得到鼠标光标的当前位置，却不能用它更改鼠标光标的位置。

⑮ shiftKey：检查 Shift 键的状态。当 Shift 键按下时，event.shiftKey 的值为 true；否则为 false。只读。

⑯ srcElement：返回触发事件的元素。只读。

⑰ srcFilter：返回触发 onfilterchange 事件的滤镜。只读。

⑱ toElement：检测 onmouseover 和 onmouseout 事件发生时，鼠标光标进入的元素。参考 fromElement。event.toElement 是只读属性。下面的代码演示了当鼠标光标移到按钮上时，弹出一个对话框，显示“mouse arrived”。

```
<script>
    function testMouse(oObject) {
        if(oObject.contains(event.toElement)) {
            alert("mouse arrived");
        }
    }
</script>
<button id=onButton onmouseover="testMouse(this)">Mouse Over This.</button>
```

⑲ type：返回事件名。event.type 返回没有“on”作为前缀的事件名，比如，onclick 事件返回的 type 是 click。只读。

⑳ X：返回鼠标光标相对于 css 属性中有 position 属性的上级元素的 X 轴坐标。如果 css

属性中没有 position 属性的上级元素，默认以 body 元素作为参考对象。如果事件触发后，鼠标光标移出窗口，则 event.x 返回的值为－1。

这是只读属性，所以只能通过它得到鼠标光标的当前位置，却不能用它更改鼠标光标的位置。

㉑ Y：返回鼠标光标相对于 css 属性中有 position 属性的上级元素的 Y 轴坐标。如果没有 css 属性中有 position 属性的上级元素，默认以 body 元素作为参考对象。如果事件触发后，鼠标光标移出窗口，则 event.y 返回的值为－1。

这是只读属性，所以只能通过它得到鼠标光标的当前位置，却不能用它更改鼠标光标的位置。

很多应用软件左侧是导航栏，右侧为工作区。应用中常需要隐藏左侧的导航栏。下面用 JavaScript 编程实现左侧导航栏的显示和隐藏。

**例 8-2** 用 JavaScript 实现左侧导航栏的显示与隐藏。

假设用 div＋css 布局实现导航栏和工作区。当左侧导航栏隐藏时，右侧的工作区占满浏览器窗口；显示导航栏时不会完全遮挡右侧工作区的内容，即右侧工作区的宽度会随着左侧导航栏显示与隐藏而发生改变。

下面是实现该功能的源代码。

```
<!DOCTYPE html PUBLIC "-//W3C//DTD XHTML 1.0 Transitional//EN"
  "http://www.w3.org/TR/xhtml1/DTD/xhtml1-transitional.dtd">
<html xmlns="http://www.w3.org/1999/xhtml">
  <head>
    <meta http-equiv="Content-Type" content="text/html; charset=utf-8"/>
    <title>Untitled Document</title>
    <style type="text/css">
      #container {
        width:960px;
        margin:0 auto;
      }
      .left {float:left;}
      .right {float:right;}
      #lefter {
        width:340px;
        height:100px;
        border:1px solid #666;
      }
      #btn {
        width:10px;
        height:50px;
        border:1px solid #666;
        background-color:#666;
        color:white;
        padding:25px 0;
        cursor:pointer;
      }
      #righter {
        width:600px;
```

```
        height:100px;
         border:1px solid #666;
        }
    </style>
    <script type="text/javascript">
     window.onload=function(){
        (function(){
          document.getElementById("btn").onclick=function(){
            var lefts=document.getElementById("lefter");
            var rights=document.getElementById("righter");
            if(lefts.style.display=="block"){
              lefts.style.display="none";
              rights.style.width=942+"px";
              this.innerHTML=">";
            }else{
              lefts.style.display="block";
              rights.style.width=600+"px";
              this.innerHTML="<";
            }
          };
        })();
      };
  </script>
</head>

  <body>
    <div id="container">
      <div id="lefter" class="left"></div>
      <div id="btn" class="left"></div>
      <div id="righter" class="right"></div>
    </div>
  </body>
</html>
```

在浏览器中的效果如图 8-15 所示。

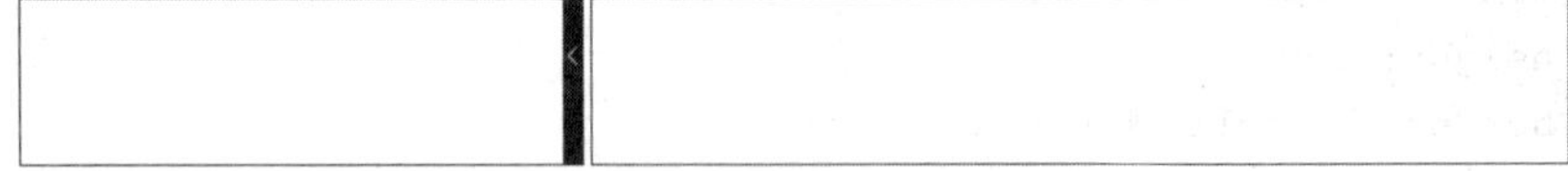

**图 8-15 左侧导航栏显示**

当单击“＜”按钮时，左侧导航栏隐藏，如图 8-16 所示。

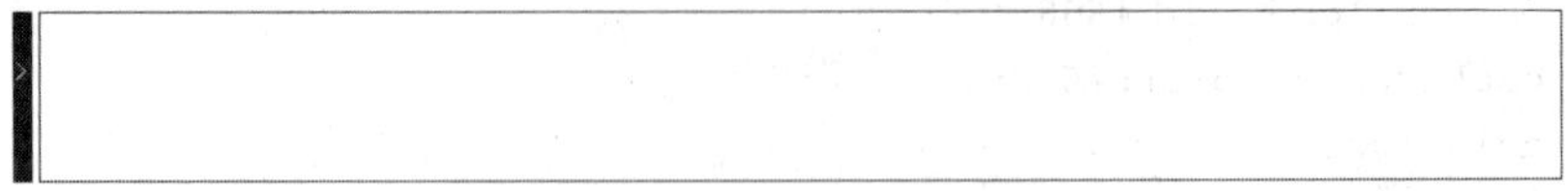

**图 8-16 左侧导航栏隐藏**

这里用到了 css 风格中 display 的 none 和 block 两个值。none 值用于隐藏对象内容，被隐藏的对象不会占用自身定义的空间。

display 属性为 block 时表示块状元素，不管 div 中文字字数有多少，总以块状显示，即占满浏览器宽度。

```
<div style="background-color:red;">深圳信息职业技术学院</div>
```

对应效果：

深圳信息职业技术学院

与 block 不同的是，inline 只占据所占字数的宽度。

```
<div style="display:inline;background-color:red;">深圳信息职业技术学院</div>
```

对应效果：

深圳信息职业技术学院

**6. 问题与思考**

用户在注册时，要求用户输入用户名和密码，而且密码需输入两次以确保正确性。编写 JavaScript 程序，实现用户注册。当用户两次输入的密码不相符时，不向服务器提交数据。

**提示** 首先创建了一个文本框、两个密码框和一个"提交"按钮。当单击"提交"按钮时，会激发 submit 事件。以下代码说明当激发 submit 事件时，调用 checkData()函数来处理该事件。

```
<form name="myForm" action="submit.htm" onsubmit="return checkData()">
```

以上代码中，onsubmit 属性值为"return checkData()"，这说明要从 checkData()函数中获得返回值。

如果 checkData()的返回值为 false，则阻止提交操作；否则，将数据提交到 submit.htm 网页中。

如果<form>标签的代码为

```
<form name="myForm" action="submit.htm" onsubmit="checkData()">
```

则在单击"提交"按钮时，虽然会执行 checkData()函数中的语句，但是在执行完该函数中的语句之后，无论结果如何，都会执行默认的操作，即将数据提交到 submit.htm 网页中。这是因为没有使用 return 语句获得事件的返回值。

参考程序代码如下：

```
<html>
  <head>
    <title>事件的返回值</title>
    <meta http-equiv="content-type" content="text/html;charset=gb2312">
    <script type="text/javascript" language="javascript">
      <!--function checkData(){
        if(myForm.myName.value=="")
        {
          alert("请输入姓名");
        }else if(myForm.myPassword1.value==""){
```

```
            alert("请输入密码");
          }else if(myForm.myPassword2.value==""){
            alert("请重复密码");
          }else if(myForm.myPassword1.value!=myForm.myPassword2.value){
            alert("两次密码输入不一致,请重新输入");
          }else{
            return true;
          }
          return false;
          }
        -->
      </script>
    </head>
    <body>
      <form name="myForm" action="submit.htm" onsubmit="return
        checkData()">
        姓     名: <input type="text" name="myName">
        <br>
        密     码: <input type="password" name="myPassword1"><br>
        重复密码: <input type="password" name="myPassword2"><br>
        <input type="submit" value="注册">
      </form>
    </body>
  </html>
```

## 8.2 jQuery 技 术

**知识要点**

8.2.wmv

1. jQuery 程序结构
2. jQuery 对象和 DOM 对象的相互转换
3. jQuery 常用选择器

jQuery 是继 Prototype 之后又一个优秀的 JavaScript 库,是一个由 John Resig 创建于 2006 年 1 月的开源项目。现在的 jQuery 团队主要包括核心库、UI 和插件等开发人员以及推广和网站设计维护人员。

jQuery 凭借简洁的语法和跨浏览器的特征,极大地简化了 JavaScript 开发人员遍历 HTML 文档、操作 DOM、处理事件、执行动画和开发 Ajax 的操作。其独特而优雅的代码风格改变了 JavaScript 程序员的设计思路和编写程序的方式。

**1. 实例**

设计一个包含 document 的 jQuery 对象的程序,启动后弹出对话框显示"Hello jQuery!"。

**2. 分析**

本程序由 newjquery.html 实现,该程序利用 document 的 jQuery 对象设计一个弹出对话框。

### 3. 代码实现

```
1.  <!DOCTYPE html>
2.  <html>
3.    <head>
4.      <meta charset="utf-8" />
5.      <title>Hello jQuery</title>
6.    </head>
7.    <body>
8.      <script src="js/jquery-3.3.1.min.js" type="text/javascript" charset=
        "utf-8"></script>
9.      <script type="text/javascript">
10.       $(document).ready(function(){
11.         alert("Hello jQuery!");
12.       });
13.     </script>
14.   </body>
15. </html>
```

(1) 引入 jQuery 包

代码中第 8 行引入 jquery-×.×.×.min.js 包。

(2) 弹出框

代码第 9～13 行中,js 使用 document 对象设计弹出框。

### 4. 测试与运行

jQuery 可以从官网下载,完整的 jQuery 库文件一般包括 jquery-×.×.×.js、jquery-×.×.×.min.js 和 jquery-×.×.×.min.map 三个文件。jQuery 的开发不依赖特定的开发工具,使用常用 Web 开发工具即可,如:Eclipse、Visual Studio、Dreamweaver、intelliJ IDEA、HBuilder、webstorm、sublime、notepad＋＋等。用 Eclipse 建立 jQuery 项目后的文件结构如图 8 17 所示。

启动服务,用 Google 浏览器查看运行结果如图 8-18 所示。

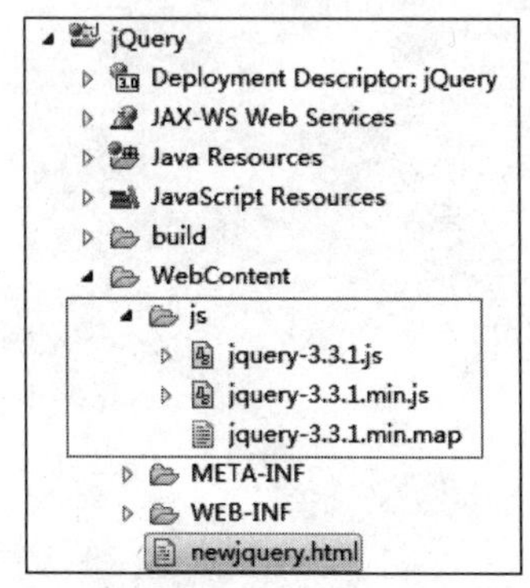


图 8-17 jQuery 项目部署

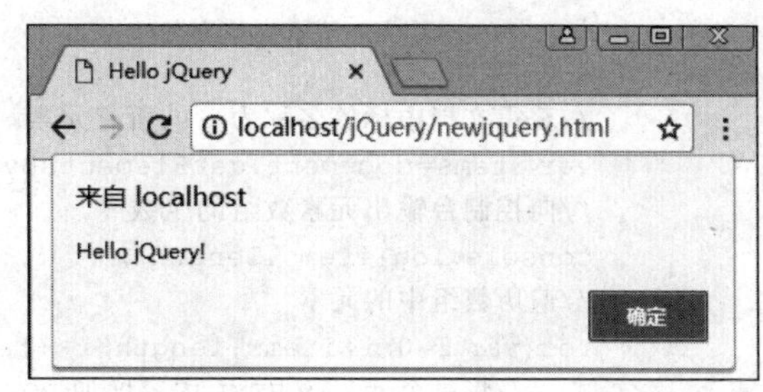


图 8-18 newjquery.html 结果

### 5. 技术分析

jQuery 是免费、开源的,使用 MIT 许可协议。jQuery 的语法设计可以使开发更加便捷,例如操作文档对象、选择 DOM 元素、制作动画效果、事件处理、使用 Ajax 以及其他功能。除此以外，jQuery 还提供了 API 让开发者编写插件，其模块化的使用方式使开发者可以轻松地开发出功能强大的静态或动态网页。jQuery 的特点如下。

- 功能强大，强调的理念是写得少，做得多(write less，do more)。
- 封装了大量常用的 DOM 操作。
- 灵活的事件处理机制。
- 拥有完善的 Ajax 功能。
- 扩展性强、插件丰富。
- 易学易用。
- 多浏览器支持(支持 Internet Explorer 6.0+、Opera 9.0+、Firefox 2+、Safari 2.0+、Chrome 1.0+，在 2.0.0 中取消了对 Internet Explorer 6、7、8 的支持)、兼容性好。

(1) DOM 对象和 jQuery 对象

① DOM 对象：使用 JavaScript 中的 DOM API 操作获得的元素对象称为 DOM 对象。文档对象模型(Document Object Model，DOM)是 W3C 组织推荐的处理可扩展标记语言的标准编程接口。在网页上，组织页面(或文档)的对象被组织在一个树形结构中，用来表示文档中对象的标准模型就称为 DOM。

**例 8-3** 设计 html 页面，获得 DOM 对象。

本例由 getdom.html 实现，代码如下：

```
<!DOCTYPE html>
<html>
    <head>
        <meta charset="UTF-8">
        <title>DOM 元素</title>
    </head>
    <body>
        <h2>DOM 元素</h2>
        <p id="foo">Foo</p>
        <p id="bar">Bar</p>
        <script type="text/javascript">
          //获得文档中 id 为 foo 的元素
          var foo=document.getElementById("foo");
          //将元素的 HTML 内容修改为 Foo DOM
          foo.innerHTML="Foo DOM";

          //获得文档中标签名称为 p 的所有元素
          var items=document.getElementsByTagName("p");
          //向控制台输出元素数组的个数
          console.log(items.length);
          //遍历数组中的元素
          for(var i=0;i<items.length;i++) {
              //将每个元素的 HTML 内容增加 DOM 字符
              items[i].innerHTML+="DOM";
          }
        </script>
    </body>
</html>
```

示例中的 foo 是一个 DOM 对象，items 是一个 DOM 数组，innerHTML 是 DOM 元素的一个属性。运行结果如图 8-19 所示。

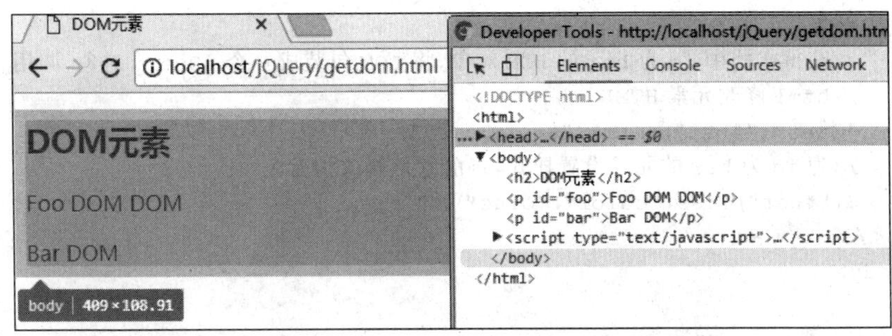

**图 8-19 getdom.html 运行结果**

运行 getdom.html 的同时，用 Chrome 浏览器的 Ctrl＋Shift＋I 组合键启动开发者工具，调试上面的代码，添加监视 foo 对象，在右侧展开监视的 foo 对象，可以看到该 DOM 对象的所有属性、方法与事件信息。

② jQuery 对象：通过 jQuery 包装 DOM 对象后产生的对象叫 jQuery 对象。jQuery 对象是对 DOM 元素封装后的数组，所以也称为包装集。无论选择器匹配了多个元素还是零个元素，jQuery 对象都不再是 null，即只能够用 jQuery 对象的 length 属性判断选择器是否选中了元素。

③ 将 DOM 转换成 jQuery 对象：要使用 jQuery 中的方法与属性，就需要把一个 JavaScript 中的 DOM 对象转换成 jQuery 对象。

转换方法一：使用工厂方法 jQuery(DOM 对象)，如 jQuery(document.getElementById("foo"))也可以写成是 jQuery 方法的简写形式 $(document.getElementById("foo"))。

转换方法二：简化形式 jQuery(选择器)，如 jQuery("#foo")，也可以写成 $("#foo")。

示例代码 domjquery.html 如下：

```
<!DOCTYPE html>
<html>
    <head>
        <meta charset="UTF-8">
        <title>DOM 转换成 jQuery 对象</title>
    </head>
    <body>
        <h2>DOM 转换成 jQuery 对象</h2>
        <p id="foo">Foo</p>
        <p id="bar">Bar</p>
        <script src="js/jquery-3.3.1.min.js" type="text/javascript" charset=
          "utf-8"></script>
        <script type="text/javascript">
          //方法一
          //在文档中获得 id 为 foo 的 DOM 对象
          var foo=document.getElementById("foo");
          //将 DOM 对象转换成 jQuery 对象
          var $foo1=jQuery(foo);
          var $foo2=$(foo);
          //调用 jQuery 对象中的方法
```

```
            $foo1.html("Foo jQuery");
            $foo2.css("color","red");

            //方法二
            //获得文档中 id 为 bar 的 DOM 对象,将 DOM 包装成一个 jQuery 对象,调用 jQuery 方法
            //html 修改元素 HTML
            jQuery("#bar").html("Bar jQuery");
            //为 id 为 bar 的元素设置样式,将前景色修改为蓝色
            $("#bar").css("color","blue");
        </script>
    </body>
</html>
```

运行结果如图 8-20 所示。

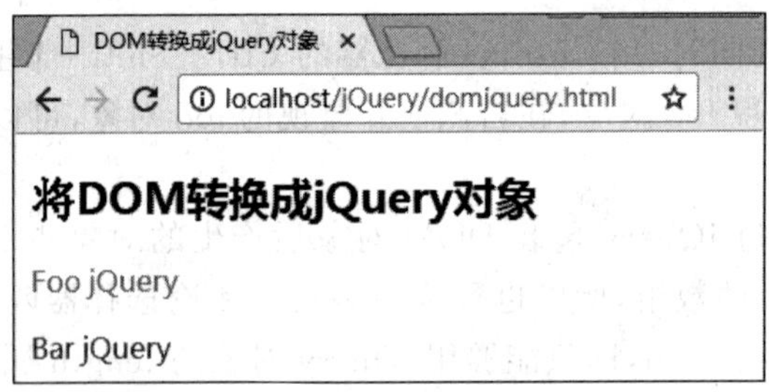


**图 8-20　domjquery.html 运行结果**

④ 将 jQuery 对象转换成 DOM 对象：DOM 对象是 jQuery 对象的组成部分,jQuery 对象是对 DOM 对象的包装升级,每一个 jQuery 对象都是一个集合,是一个包装集,每个包装集中可以包含 0～$N$ 个 DOM 元素。将 jQuery 对象转换成 DOM 对象的方法如下。

方法一：jQuery 对象[下标]。

方法二：jQuery 对象.get(下标)。

示例代码 jquerydom.html 如下：

```
<!DOCTYPE html>
<html>
    <head>
        <meta charset="UTF-8">
        <title>jQuery 对象转换成 DOM 对象</title>
    </head>
    <body>
        <h2>jQuery 对象转换成 DOM 对象</h2>
        <p id="foo">Foo</p>
        <p id="bar">Bar</p>
        <script type="text/javascript" src="js/jquery-3.3.1.min.js" ></script>
        <script type="text/javascript">
          //方法一
          var $foo=$("#foo");
          //从 jQuery 对象中获得下标为 0 的 DOM 元素,并调用 DOM 属性
          $foo[0].innerHTML="foo DOM";

          //方法二
          var $p=$("p");
```

```
            //从 jQuery 对象中获得下标为 1 的 DOM 元素,并调用 DOM 属性
            $p.get(1).innerHTML="bar DOM";
        </script>
    </body>
</html>
```

jquerydom.html 运行结果如图 8-21 所示。

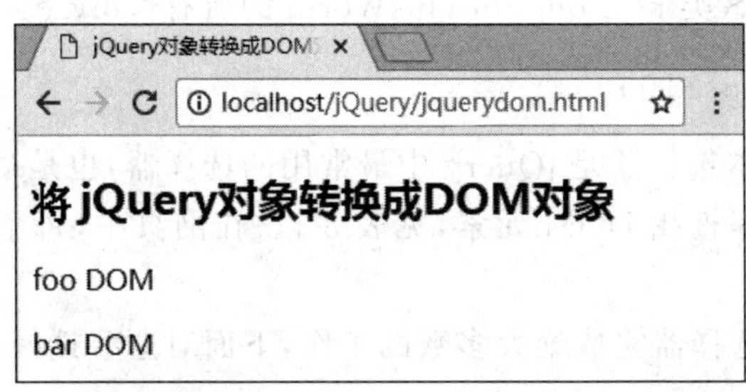


图 8-21 jquerydom.html 运行结果

⑤ DOM 对象与 jQuery 对象的区别。

- DOM 对象只能调用 DOM 方法、属性与事件。
- jQuery 对象只能调用 jQuery 方法、属性与事件。
- 可以将 DOM 转换成 jQuery 对象,也可以将 jQuery 转换成 DOM 对象。
- $ 只是 jQuery 的别名形式。
- 每一个 jQuery 对象都是一个 DOM 对象的集合。

(2) 常用选择器

通过 jQuery 中的选择器实际上获得的是 HTML 中的 DOM 元素。在 jQuery 中使用 CSS 匹配(CSS like)进行元素指定,比其他 JavaScript 库都简单,这也是 jQuery 网页设计受欢迎的理由。

jQuery 的重点是从 HTML 页面中获取元素并对其进行各项操作。如果熟悉 CSS,就会很清楚选择器的威力,通过元素的特性或元素在文档中的位置描述元素组。有了 jQuery,就能够利用现有知识发挥选择器的威力,在很大程度上简化了 JavaScript 代码。CSS 中可以使用的选择器基本都可以用到 jQuery 中,反之不然。

① 选择器和包装集:为了使设计和内容分离而把 CSS 引入 Web 技术的时候,需要以某种方式从外部样式表中引用页面元素组。开发出来的方法就是通过使用选择器基于元素的属性或元素在 HTML 文档中的位置简明地表现元素。

例如,选择器:p a。

引用所有嵌套于<p>元素之内的超链接(<a>元素)组。jQuery 利用同样的选择器,不仅支持目前 CSS 中使用的常见选择器,还支持尚未被大多数浏览器完全实现的、更强大的选择器。收集一组元素,可以使用以下简单的语法。

```
$(selector)或者 jQuery(selector)
```

也许刚开始会觉得 $()符号有些奇怪,但大部分 jQuery 用户很快就会喜欢上它的简洁。例如,为了获取嵌套在<p>元素内的一组超链接,使用语句如下:

```
$("p a");
```

$()函数返回特别的 JavaScript 对象,它包含着与选择器相匹配的 DOM 元素的数组。该对象拥有大量预定义的有用方法,能够作用于该组元素。

用编程的话来说,这种构造称为包装器(wrapper),因为它用扩展功能对匹配的元素进行包装。使用术语 jQuery 包装器或者包装集(wrapped set)指明能够在其上用 jQuery 定义的方法去操作、匹配元素的集合。

假定想选择带有 CSS 类 notLongForThisWorld 的所有<div>元素,jQuery 语句如下:

```
$("notLongForThisWorld");
```

② 基本选择器:基本选择器是 jQuery 中最常用的选择器,也是最简单的选择器。它通过元素 id、class 和标签名等查找 DOM 元素,见表 8-1。在网页中,每个 id 名称只能使用一次,class 允许重复使用。

可以使用这些基本选择器完成绝大多数的工作,下面对这些选择器一一进行讲解。

**表 8-1　基本选择器**

| 选　择　器 | 描　　述 | 返　回 | 示　　例 |
|---|---|---|---|
| #id | 根据给定的 id 匹配一个元素 | 单个元素 | $("#test")选取 id 为 test 的元素 |
| .class | 根据给定的类名匹配元素 | 集合元素 | $(".test")选取所有 class 为 test 的元素 |
| element | 根据给定的元素名称匹配元素 | 集合元素 | $("p")选取所有的<p>元素 |
| selector1, selector2, selector3... | 将每一个选择器匹配到的元素合并后一起返回 | 集合元素 | $("div,span,p.cls")选取所有<div>、<span>和拥有 class 为 cls 的<p>标签的一组元素 |
| * | 匹配所有元素 | 集合元素 | $("*")选取所有的元素 |

• 通过 id 获取元素

在 CSS 中经常使用 id 控制元素,在 jQuery 中获取元素时也使用同样的方法。与 CSS 一样,在 id 前面加#号。

语法格式如下:

```
$("#id")
```

可以控制指定 id 的 HTML 元素,在 HTML 中有 id 不可重复的规定,因此可以控制文档内部唯一的元素。如果定义了多个同名的 id 元素,则只有第一次出现的同名 id 有效。在 JavaScript 中使用 document 对象的 getElementById(id)方法获取元素,在 jQuery 中则更为简化。同时通过 jQuery 获得 id 对应的元素后可以调用 jQuery 中的相应方法对该元素进行操作,具体代码如下:

```
<script type="text/javascript" src="js/jquery-1.11.3.js"></script>
<div id="notMe"><p>id="notMe"</p></div>
<div id="myDiv">id="myDiv"</div>
<script>
    $("#myDiv").css("border","3px solid red");
</script>
```

• 通过类名获取元素

在网页中使用 class 属性引用样式表中的类样式,因为类样式可重用,所以多个元素可以引用同一个样式。在 jQuery 中,可以获取同一类名的多个 HTML 元素,编写方式与 CSS 相同,即在类名的前面加上点号。

语法格式如下:

```
$(".className")
```

本例通过类名获取元素,因为使用同一个类样式的元素可能有多个,所以通过类名获取元素返回的将是一个数组对象,即 jQuery 中的包装集,然后对此包装集中的元素进行相关操作。示例代码如下:

```
<div class="myclass">div class="notMe"</div>
<div class="myclass otherclass">div class="myClass"</div>
<span class="myclass otherclass">span class="myClass"</span>
<script>
  $(".myclass.otherclass").css("border","13px solid red");
</script>
```

- 通过标签名获取元素

在 CSS 中通常使用标签名为这一类标签定义样式,在 jQuery 中也可以用同样的方法获取标签元素。

如果使用普通 JavaScript,则必须用 document 对象的 getElementsByTagName (tagName) 方法进行元素的抓取。而 jQuery 方法与 CSS 相同,指定需要操作的标签名即可操控所有的标签。

语法格式如下:

```
$("tagName")
```

示例代码如下:

```
<div>DIV1</div>
<div>DIV2</div>
<span>SPAN</span>
<script>
  $("div").css("border","9px solid red");
</script>
```

(3) jQuery 常用脚本

① 常用选择器

```
$('#div1')           //id为div1的节点,如<div id='div1'></div>

$('span')            //所有的span节点,一个包装集
$('p span')          //p标签下的所有span节点,后代节点
$('p>span')          //p标签下的所有span子节点,子代节点

$('.red')            //使用样式red的节点,如<span class="red"></span>

$('*')               //所有节点

$("div,span,p.cls")  //选取所有<div>、<span>和拥有class为cls的<p>标签的一组元素
```

② 基本筛选器

```
$('span:first')                    //第一个节点
$('span:last')                     //最后一个节点

$("td:even")                       //索引为偶数的节点,从 0 开始
$("td:odd")                        //索引为奇数的节点,从 0 开始

$("td:eq(1)")                      //给定索引值的节点
$("td:gt(0)")                      //大于给定索引值的节点
$("td:lt(2)")                      //小于给定索引值的节点

$(":focus")                        //当前获取焦点的节点
$(":animated")                     //正在执行动画效果的节点
```

③ 内容选择器

```
$("div:contains('hello')")         //包含 hello 文本的节点
$("td:empty")                      //不包含子节点或者文本的空节点
$("div:has(p)")                    //含有选择器所匹配的节点
$("td:parent")                     //含有子节点或者文本的节点
```

④ 表单选择器

```
$("input:checked")                 //所有选中的节点
$("select option:selected")        //select 中所有选中的 option 节点
$(":input")                        //匹配所有 input、textarea、select 和 button 节点
$(":text")                         //所有的单行文本框
$(":password")                     //所有密码框
$(":radio")                        //所有单选按钮
$(":checkbox")                     //所有复选框
$(":submit")                       //所有"提交"按钮
$(":reset")                        //所有"重置"按钮
$(":button")                       //所有 button 按钮
$(":file")                         //所有文件域
```

⑤ 筛选与查找

```
$("p").eq(0)                       //当前操作中第 N 个 jQuery 对象,类似索引
$('li').first()                    //第一个节点
$('li').last()                     //最后一个节点
$(this).hasClass("node")           //节点是否含有某个特定的类,返回布尔值
$('li').has('ul')                  //包含特定后代的节点
$("div").children()                //div 中的每个子节点,第一层
$("div").find("span")              //查找 div 下的所有 span 节点

$("p").next()                      //紧邻 p 节点后的一个同辈节点
$("p").nextAll()                   //p 节点之后所有的同辈节点
$("#node").nextUntil("#node2")     //id 为"#node"节点之后到 id 为"#node2"之间所有的
                                   //同辈节点,掐头去尾
$("p").prev()                      //紧邻 p 节点前的一个同辈节点
$("p").prevAll()                   //p 节点之前所有的同辈节点
$("#node").prevUntil("#node2")     //id 为"#node"节点之前到 id 为"#node2"之间所有的
                                   //同辈节点,掐头去尾
```

```
$("p").parent()                        //每个 p 节点的父节点
$("p").parents()                       //每个 p 节点的所有祖先节点,body、html
$("#node").parentsUntil("#node2")      //id 为"#node"节点到 id 为"#node2"之间所有的
                                       //父级节点,掐头去尾
$("div").siblings()                    //所有的同辈节点,不包括自己
```

⑥ 属性操作

```
$("img").attr("src");                  //返回文档中所有图像的 src 属性值
$("img").attr("src","node.jpg");       //设置所有图像的 src 属性
$("img").removeAttr("src");            //将文档中图像的 src 属性删除
$("input[type='checkbox']").prop("checked", true);       //选中复选框
$("input[type='checkbox']").prop("checked", false);      //不选中复选框
$("img").removeProp("src");            //删除 img 的 src 属性
```

⑦ 样式操作

```
$("p").addClass("selected");           //为 p 节点加上"selected"类
$("p").removeClass("selected");        //从 p 节点中删除"selected"类
$("p").toggleClass("selected");        //如果存在就删除,否则就添加 HTML 代码/文本/值
```

⑧ 内容操作

```
$('p').html();                         //返回 p 节点的 html 内容
$("p").html("Hello <b>hello</b>!");//设置 p 节点的 html 内容
$('p').text();                         //返回 p 节点的文本内容
$("p").text("hello");                  //设置 p 节点的文本内容
$("input").val();                      //获取文本框中的值
$("input").val("hello");               //设置文本框中的内容
```

⑨ CSS 操作

```
$("p").css("color");                   //访问查看 p 节点的 color 属性
$("p").css("color","red");             //设置 p 节点的 color 属性为 red
$("p").css({"color": "red", "background": "yellow"});
  //设置 p 节点的 color 属性为 red,background 属性为 yellow(设置多个属性要用{}字典形式)
```

⑩ 定位与偏移

```
$('p').offset()        //节点在当前视口的相对偏移,对象 {top: 5, left: 9}
$('p').offset().top
$('p').offset().left
$("p").position()      //节点相对父节点的偏移,对可见节点有效,Object {top: 5, left: 8}
$(window).scrollTop()              //获取滚轮滑的高度
$(window).scrollLeft()             //获取滚轮滑的宽度
$(window).scrollTop('25')          //设置滚轮滑的高度为 25
```

⑪ 尺寸

```
$("p").height();                   //获取 p 节点的高度
$("p").width();                    //获取 p 节点的宽度
$("p:first").innerHeight()         //获取第一个匹配节点内部区域高度(包括补白、不包括边框)
$("p:first").innerWidth()          //获取第一个匹配节点内部区域宽度(包括补白、不包括边框)
$("p:first").outerHeight()         //匹配节点外部高度(默认包括补白和边框)
$("p:first").outerWidth()          //匹配节点外部宽度(默认包括补白和边框)
```

```
$("p:first").outerHeight(true) //为 true 时包括边距
```

⑫ DOM 内部插入

```
$("p").append("<b>hello</b>");          //在每个 p 节点后面追加内容
$("p").appendTo("div");                 //p 节点追加到 div 后
$("p").prepend("<b>Hello</b>");         //在每个 p 节点前面追加内容
$("p").prependTo("div");                //p 节点追加到 div 前
```

⑬ DOM 外部插入

```
$("p").after("<b>hello</b>");           //在每个 p 节点同级之后插入内容
$("p").before("<b>hello</b>");          //在每个 p 节点同级之前插入内容
$("p").insertAfter("#node");            //将所有 p 节点插入 id 为 node 节点的后面
$("p").insertBefore("#node");           //将所有 p 节点插入 id 为 node 节点的前面
```

⑭ DOM 替换

```
$("p").replaceWith("<b>Paragraph. </b>");
                                        //将所有匹配的节点替换成指定的 HTML 或 DOM 节点
$("<b>Paragraph. </b>").replaceAll("p");
                                        //用匹配的节点替换所有 selector 匹配到的节点
```

⑮ DOM 删除

```
$("p").empty();                         //删除匹配的节点集合中所有的子节点,不包括本身
$("p").remove();                        //删除所有匹配的节点,包括本身
$("p").detach();                        //删除所有匹配的节点(和 remove()不同的是: 所有
                                        //绑定的事件、附加的数据会保留)
```

⑯ DOM 复制

```
$("p").clone()                          //克隆节点并选中克隆的副本
$("p").clone(true)                      //布尔值指事件处理函数是否会被复制
```

⑰ DOM 加载完成事件

```
$(document).ready(function(){
    您的代码...
});

//缩写
$(function($) {
    您的代码...
});
```

⑱ 绑定事件

```
//bind 为每个匹配节点绑定事件处理函数,绑定多个用{}。
$("p").bind("click", function(){
    alert($(this).text());
});
$('#div1').bind({
    "mouseover":function() {
```

```
        $('#div1').parent().removeClass("hide");
    },"mouseout":function() {
        $('#div1').parent().addClass("hide");
    }
});

$("p").one("click", function(){})        //事件绑定后只会执行一次
$("p").unbind("click")                   //反绑一个事件

//与 bind 不同的是当时间发生时才临时绑定。
$("p").delegate("click",function(){
  您的代码
});
$("p").undelegate();                 //p 节点删除由 delegate()方法添加的所有事件
$("p").undelegate("click")           //从 p 节点删除由 delegate()方法添加的所有 click 事件
$("p").click();                      //单击事件
$("p").dblclick();                   //双击事件
$("input[type=text]").focus()  //节点获得焦点时,触发 focus 事件
$("input[type=text]").blur()   //节点失去焦点时,触发 blur 事件
$("button").mousedown()              //当按下鼠标时触发事件
$("button").mouseup()                //节点上放松鼠标按钮时触发事件
$("p").mousemove()                   //当鼠标指针在指定的节点中移动时触发事件
$("p").mouseover()                   //当鼠标指针位于节点上方时触发事件
$("p").mouseout()                    //当鼠标指针从节点上移开时触发事件
$(window).keydown()                  //当键盘或按钮被按下时触发事件
$(window).keypress()                //当键盘或按钮被按下时触发事件,每输入一个字符就触发一次
$("input").keyup()                   //当按钮被松开时触发事件
$(window).scroll()                   //当用户滚动时触发事件
$(window).resize()                   //当调整浏览器窗口的大小时触发事件
$("input[type='text']").change()          //当节点的值发生改变时触发事件
$("input").select()                       //当 input 节点中的文本被选择时触发事件
$("form").submit()                        //当提交表单时触发事件
$(window).unload()                        //用户离开页面时
```

⑲ 事件对象

```
$("p").click(function(event){
    alert(event.type); //"click"
});
```

(event object)属性方法代码如下:

```
event.pageX                 //事件发生时,鼠标距离网页左上角的水平距离
event.pageY                 //事件发生时,鼠标距离网页左上角的垂直距离
event.type                  //事件的类型
event.which                 //按下了哪一个键
event.data                  //在事件对象上绑定数据,然后传入事件处理函数
event.target                //事件针对的网页节点
event.preventDefault()      //阻止事件的默认行为(比如单击链接,会自动打开新页面)
event.stopPropagation()     //停止事件向上层节点冒泡
```

⑳ 动态事件绑定

```
//当 p 中增加 span 时仍然有效
$("p").on("click",'span',function(){
    alert($(this).text());
});
```

㉑ 动画效果

```
$("p").show()                     //显示隐藏的匹配节点
$("p").show("slow");              //参数表示速度,("slow","normal","fast"),也可为 600 毫秒
$("p").hide()                     //隐藏显示的节点
$("p").toggle();                  //切换,显示/隐藏
$("p").slideDown("600");          //用 600 毫秒时间将段落滑下
$("p").slideUp("600");            //用 600 毫秒时间将段落滑上
$("p").slideToggle("600");        //用 600 毫秒时间将段落滑上、滑下,淡入、淡出
$("p").fadeIn("600");             //用 600 毫秒时间将段落淡入
$("p").fadeOut("600");            //用 600 毫秒时间将段落淡出
$("p").fadeToggle("600");         //用 600 毫秒时间将段落淡入、淡出
$("p").fadeTo("slow", 0.6);       //用 600 毫秒时间将段落的透明度调整到 0.6
```

㉒ 工具方法

```
$("#form1").serialize()           //序列表表格内容为字符串
$("select, :radio").serializeArray();           //序列化表单元素为数组,返回 JSON 数据
$.trim()                          //去除字符串两端的空格
$.each()                          //遍历一个数组或对象,for 循环
$.inArray()                       //返回一个值在数组中的索引位置,不存在则返回-1
$.grep()                          //返回数组中符合某种标准的节点
$.extend({a:1,b:2},{b:3,c:4},{c:5:d:6})
                                  //将多个对象合并到第一个对象{a:1,b:3,c:5,d:6}
$.makeArray()                     //将对象转化为数组
$.type()                          //判断对象的类别(函数对象、日期对象、数组对象、正则对象等)
$.isArray()                       //判断某个参数是否为数组
$.isEmptyObject()                 //判断某个对象是否为空(不含任何属性)
$.isFunction()                    //判断某个参数是否为函数
$.isPlainObject()                 //判断某个参数是否为用"{}"或"new Object"建立的对象
$.support()                       //判断浏览器是否支持某个特性
```

下面推荐两个学习 jQuery 的网站。

- http://www.runoob.com/jquery/jquery-tutorial.html
- http://www.w3school.com.cn/jquery/index.asp

### 6. 问题与思考

通过 jQuery 对象实现例 8-3 所示的结果。
主要参考代码如下:

```
<script type="text/javascript">
    //从文档中获得 id 为 foo 的 jQuery 对象
```

```
    var $foo=$("#foo");
    //修改$foo元素的 HTML 内容为 Foo jQuery
    $foo.html("Foo jQuery");
    //获得页面中所有的 p 标签元素
    var $items=$("p");
    //从控制台输出元素个数
    console.log($items.size());
    //遍历并修改元素的 HTML 内容
    $items.html($items.html()+" jQuery");
</script>
```

代码中的 foo 是一个 jQuery 对象，items 也是一个 jQuery 对象。

## 8.3 Ajax 技术

### 8.3.1 一般 Ajax 对象

**知识要点**

1. Ajax 对象的基本概念
2. Ajax 对象的编程方法
3. Ajax 对象属性及意义

8.3.1.wmv

本小节将向读者介绍第一个 Ajax 的 hello world 程序。该程序实现了最简单的 Ajax 交互，向服务器端的一个文件发送请求，并将其返回的内容以警示框的方式显示出来。其中的核心内容主要表现在 JavaScript 代码部分。

**1. 实例**

利用 XMLHttpRequest 对象读取服务器端文件。

**2. 分析**

本程序由 helloworld.html 文件实现，该程序利用 XMLHttpRequest 对象读取服务器端文件 helloworld.xml 的内容。

```
<html>
   <head>
        <title>第一个 Ajax 程序</title>
   </head>
   <body>
        <script language="javascript">
             创建 XMLHttpRequest 对象；
             获取服务器端 helloworld.xml 文件内容；
        </script>
   </body>
</html>
```

**3. 代码实现**

```
1.  /*文件名: helloworld.html
2.  Copyright(C): 2019
3.  功能: 读后台 helloworld.xml 文件。
4.  */
5.  <html>
6.    <head>
7.      <title>第一个 Ajax 程序</title>
8.    </head>
9.    <body>
10.     <script language="javascript">
11.       var xmlHttp;
12.       xmlHttp=new ActiveXObject("Microsoft.XMLHTTP");
13.       xmlHttp.onreadystatechange=function(){
14.         if(xmlHttp.readyState==4){
15.           alert("获取结果为: "+xmlHttp.responseText);
16.         }
17.       }
18.       xmlHttp.open("GET","helloworld.xml",true);
19.       xmlHttp.send(null);
20.     </script>
21.   </body>
22. </html>
```

(1) 创建 XMLHttpRequest 对象

代码第 11、12 行创建了一个 XMLHttpRequest 对象。绝大多数浏览器都增加了对 XMLHttpRequest 的支持。在 IE 浏览器中使用 ActiveXObject 方式创建 XmlHttp 对象，而在其他浏览器(如 Firefox、Opera 等)中，则需要通过 Window. XMLHttpRequest 创建 XMLHttpRequest 对象，这为引用该对象增加了困难。为了兼容不同的浏览器，一般可以使用下面代码来实现。

```
var xmlHttp;
if(window.XMLHttpRequest) {          //兼容 Mozilla、Safari 等浏览器对象
    xmlHttp=new XMLHttpRequest();
}
else if(window.ActiveXObject) {      //兼容 IE 浏览器
  try {
      xmlHttp=new ActiveXObject("Msxml2.XMLHTTP");       //创建 Msxml2.XMLHTTP 控件对象
  } catch(e) {
    try {     //创建 Microsoft.XMLHTTP 控件对象,该控件作用为获取指定 URL 的内容
        xmlHttp=new ActiveXObject("Microsoft.XMLHTTP");
    } catch(e) {}
  }
}
```

上面代码段中，首先定义一个变量 xmlHttp，用来存储 XMLHttpRequest 对象的实例。然后使用一个条件结构，分别判断当前用户所使用的浏览器，并根据不同类型的浏览器决定定义实例的方法。对于 Mozilla、Safari 等非 IE 浏览器来说，如果它们支持 XMLHttpRequest 对

象，也就是说如果 window.XMLHttpRequest 为真，即存在 XMLHttpRequest 对象，可以使用 xmlHttp＝new XMLHttpRequest()；方法进行定义。

对于 IE 浏览器来说，则支持 ActiveXObject 外挂组件来实现，因此可以使用 xmlHttp＝new ActiveXObject("Msxml2.XMLHTTP")；或 xmlHttp＝new ActiveXObject("Microsoft.XMLHTTP")；两种方法来实现。

(2) 获取服务端 helloworld.xml 文件内容

代码第 13～19 行获取服务器端文件内容。下面分析 XMLHttpRequest 对象的三个重要属性。

① onreadystatechange 属性。onreadystatechange 属性存有处理服务器响应的函数。下面的代码定义一个空的函数，可同时对 onreadystatechange 属性进行设置。

```
xmlHttp.onreadystatechange=function() {
    //需要在这里写一些代码
}
```

② readyState 属性。readyState 属性存有服务器响应的状态信息。每当 readyState 改变时，onreadystatechange 函数就会被执行。

readyState 属性的值如下。

| 状态 | 描　述 |
|---|---|
| 0 | 请求未初始化(在调用 open()之前) |
| 1 | 请求已提出(调用 send()之前) |
| 2 | 请求已发送(这里通常可以从响应得到内容头部) |
| 3 | 请求处理中(响应中通常有部分数据可用，但是服务器还没有完成响应) |
| 4 | 请求已完成(可以访问服务器响应并使用它) |

向 onreadystatechange 函数添加一条 If 语句可以测试响应是否已完成(意味着可获得数据)。

```
xmlHttp.onreadystatechange=function() {
    if(xmlHttp.readyState==4) {
        //从服务器的 response 获得数据
    }
}
```

③ responseText 属性。通过 responseText 属性取回由服务器返回的数据。

代码中，把时间文本框的值设置为等于 responseText：

```
xmlHttp.onreadystatechange=function() {
    if(xmlHttp.readyState==4) {
        document.myForm.time.value=xmlHttp.responseText;
    }
}
```

要想把请求发送到服务器，需要使用 open()方法和 send()方法。

open()方法需要 3 个参数，第 1 个参数定义发送请求所使用的方法(GET 还是 POST)；第 2 个参数规定服务器端脚本的 URL；第 3 个参数规定应当对请求进行异步处理。

send()方法可将请求送往服务器。

#### 4. 测试与运行

将以上代码保存为 helloworld.html。在执行该代码之前在文件同一路径建立一个 helloworld.xml 文件,在其中输入字符"hello world!"并保存。

在 Tomcat 执行环境下运行该文件,其执行结果如图 8-22 所示。查看执行结果可以发现,程序弹出了一个警示框,里面显示的内容为程序从 helloworld.xml 中读取的内容。说明 Ajax 机制已经开始起作用。

图 8-22 helloworld.html 结果

#### 5. 技术分析

(1) XMLHttpRequest 组件

微软公司在 IE 5 版本(1999 年 3 月)浏览器中就以 ActiveX 对象的形式引入了 XMLHttpRequest 对象,由于其他浏览器不支持该组件,所以最初诞生的几年里除了微软公司在 Outlook 中使用该组件外没有得到重视。

后来其他浏览器虽然增加了对 XMLHttpRequest 对象的支持,但是仅把它作为一个本地 JavaScript 对象来使用,而不是作为一个 ActiveX 外部组件实现。如今微软公司已在 IE 7 版本中把 XMLHttpRequest 升级为一个窗口对象的属性。

尽管不同类型的浏览器在支持 XMLHttpRequest 的细节略有不同,但是,所有的浏览器都提供了类似的功能,且都提供了相同的属性和方法(外部接口),这样就避免了兼容性问题。W3C 组织正在努力标准化 XMLHttpRequest 对象。

XMLHttpRequest 组件能够在不刷新网页的基础上实现浏览器与服务器的通信。XMLHttpRequest 提供了客户端与 HTTP 服务器通信的协议。客户端可以通过 XMLHttpRequest 对象向 HTTP 服务器发送请求并使用 DOM(文档对象模型)进行处理,然后再显示响应的数据。

(2) XMLHttpRequest 对象的建立

Ajax 实现了在"后台"与服务器通信的功能。在不同的浏览器以及不同的版本中,对 XMLHTTP 的支持也不同,所以本来很简单的一个对象,却不得不编写大量的代码适应不同的浏览器。

```
function CreateHTTPObject(){
    var xmlhttp;
    try {
        xmlhttp=new ActiveXObject("Msxml2.XMLHTTP");
    }
```

```
    catch(e){
        try{
            xmlhttp=new ActiveXObject("Microsoft.XMLHTTP");
        }
        catch(e) {
            xmlhttp=false;
        }
    }

    if(!xmlhttp && typeof(XMLHttpRequest)!="undefined"){
        try{
            xmlhttp=new XMLHttpRequest();
        }
        catch(e) {
            xmlhttp=false;
        }
    }

    if(!xmlhttp && window.createRequest){
        try{
            xmlhttp=window.createRequest();
        }
        catch(e){
            xmlhttp=false;
        }
    }

    return xmlhttp;
}
```

在上述代码中,将创建 XMLHTTP 的程序封装成一个函数,以兼容不同的浏览器。建议把上述代码复制下来,需要时直接使用,避免重新编写。

实际上大多数浏览器只使用两类对象,如果觉得没有必要,也可以采用如下的代码。

```
function CreateHTTPObject(){
  if(window.ActiveXObject){
      return new ActiveXObject("Microsoft.XMLHTTP");
  } else if(window.XMLHttpRequest){
      return new XMLHttpRequest();
  }
  return false;
}
```

(3) XMLHttpRequest 对象的属性和方法

实例化对象之后,就可以利用该对象提供的属性和方法完成 HTTP 的请求和响应处理了。下面分析 XMLHttpRequest 对象提供的属性和方法。

主要属性如下。

onreadystatechange: 指定当 readyState 属性改变时的事件处理句柄。

readyState: 返回当前请求的状态。

responseBody: 返回正文信息。

responseStream：以文本流的形式返回响应信息。

responseText：以字符串的形式返回响应信息。

responseXML：以 XML 数据的形式返回响应信息。

status：返回当前请求的 HTTP 状态码。

statusText：返回当前请求的响应行状态。

主要方法如下。

abort：取消当前请求。

getAllResponseHeaders：获取响应的所有 HTTP 头信息。

getResponseHeader：从响应信息中获取指定的 HTTP 头信息。

open：创建一个新的 HTTP 请求，并指定此请求的方法、URL 以及验证信息(用户名/密码)。

send：发送请求到 HTTP 服务器并接收回应。

setRequestHeader：单独指定请求的某个 HTTP 头信息。

XMLHttpRequest 对象没有事件，只有 14 个成员对象。

(4) XMLHttpRequest 实例发送和处理请求

创建一个 XMLHttpRequest 对象实例之后，就可以使用 open()方法创建一个 HTTP 请求了，也就是建立一个与后台服务器程序的连接。例如：

```
xmlHttp.open("GET","http://localhost/deel.aspl", false);
```

在上面的代码中，利用 open()方法为 xmlHttp 对象实例建立了一个与后台 deel.asp 文件的连接。

open()方法中第 1 个参数设置发送 HTTP 请求的方法。使用 GET 方法表示把发送的参数附加在 URL 后面进行传递，如果要上传大量数据，可以使用 POST 方法(大小写不敏感)。

第 2 个参数用来设置要打开的服务器文件(该文件可以是任意类型的文件)，一般是 ASP 文件，因为希望后台程序处理客户端的请求。

第 3 个参数用来指定这个请求是否为异步请求。所谓异步，就是发出请求之后，不需要等待服务器的响应，客户端同时可以继续执行其他操作。默认为 true，如果要发送一个同步请求，需要把这个参数设置为 false。

如果连接的请求文件需要认证，则在 open()方法的后面还应提供用户名和密码参数。

当建立连接请求之后，就可以使用 send()方法发送请求到 HTTP 服务器并接收服务器的响应。send()方法只有一个参数，该参数可以携带请求数据，也就是发送给服务器的数据。

send()方法虽然能够接收服务器的响应，但是如何把接收的数据读取出来，还需要 responseBody、responseStream、responseText 和 responseXML 属性来实现。下面用一个简单的示例来说明。

首先，启动 Dreamweaver CS3，并打开 mysite 动态站点。选择"窗口"→"文件"菜单命令，打开"文件"面板。在"文件"面板中新建一个文本文件(hello.txt)，并在其中输入"Hello，World"字符串。

然后，新建一个静态页面(如 XMLHttpRequest_1.html)。打开静态页面，切换到"代码"视图，并在任意位置(建议在头部)输入以下 JavaScript 脚本函数。

```
<script>
    function startRequest() {
        var xmlhttp=new ActiveXObject("Microsoft.XMLHTTP");
        xmlhttp.open("GET", " hello.txt ", true);
        xmlhttp.send(null);
        alert(xmlhttp.responseText);
    }
</script>
```

这个脚本函数中，首先实例化了 XMLHttpRequest 对象，并把该对象赋值给变量 xmlhttp。

使用 open()方法与刚刚新建的 hello.txt 文件建立连接，然后使用 send()方法发送请求到服务器，再从服务器接收响应的数据。上面代码在 send()方法中没有发送任何数据，参数为空。

接着，使用 alert()方法显示接收的文本信息。

最后，在页面中增加一个按钮，用来触发该函数。这时如果预览该页面，单击其中的按钮，则会显示一个提示对话框，并显示"Hello，World"字符信息。

```
<input name="" type="button" onclick="startRequest();" value="请求服务器"/>
```

此时可能会问：静态网页怎样与服务器进行通信并处理信息？一般与服务器进行通信都需要刷新页面，这里没有发现页面刷新。这其实都是 XMLHttpRequest 对象在后面起的作用。

服务器端再新建一个 XML 文件(如 hello.xml)，然后在其中输入下面的数据。

```
<?xml version="1.0" encoding="GB2312"?>
<the>Hello,World</the>
```

如果要读取 XML 数据，可使用 responseXML 属性来显示。代码如下：

```
<script>
    function startRequest() {
        var xmlhttp=new ActiveXObject("Microsoft.XMLHTTP");
        xmlhttp.open("GET", "hello.xml", true);
        xmlhttp.send(null);
        alert(xmlhttp.responseXML);
    }
</script>
```

但是如果直接使用上面的 xmlhttp.responseXML 属性来读取服务器响应的信息，所读取的是一个对象(即拥有一定数据结构的变量)，所以无法显示任何数据。

这时可以使用 XML DOM 提供的方法和属性提取其中的字符串。代码如下：

```
<script>
  function startRequest() {
    var xmlhttp=new ActiveXObject("Microsoft.XMLHTTP");
    xmlhttp.open("GET", "hello.xml", true);
    xmlhttp.send(null);
    alert(xmlhttp.responseXML.getElementsByTagName("the")[0].firstChild.data);
  }
```

```
</script>
```

在上面代码中使用了 DOM 提供的 getElementsByTagName 方法获取 the 节点，然后再定位第一个 the 节点的子节点内容。

(5) 在请求中发送数据

上面的实例演示了如何与服务器端指定文件建立连接，并获取服务器的响应数据，但是没有涉及如何把客户端数据发送到服务器端以实现数据的交互。实现把数据从客户端向服务器端传递有两种方法。

① 通过查询字符串进行参数传递。

首先在服务器端新建一个 ASP 文件(hello.asp)，在该文件中输入以下代码。

```
<%
    name=Request.QueryString("name")
    Response.AddHeader "Content-Type","text/html;charset=GB2312"
    Response.Write "Hello:" & name
%>
```

其中第 1 行代码表示获取客户端传递的查询字符串参数值；第 2 行代码表示设置响应内容的字符编码，这里设置服务器准备响应客户端的内容为中文简体编码；第 3 行代码表示把响应信息返回给客户端。

然后，在前台页面中修改代码如下(XMLHttpRequest_4.html)：

```
<script>
    function startRequest() {
        var xmlhttp=new ActiveXObject("Microsoft.XMLHTTP");
        xmlhttp.open("GET", "hello.asp?name=zhuyinhong", true);
        xmlhttp.send();
        alert(xmlhttp.responseText);
    }
</script>
<input name="" type="button" onclick="startRequest();" value="请求服务器" />
```

所要传递的参数被附加在 URL 的后面，前面补加“?”分隔符。这就是 GET()方法发送数据。

② 上面所举示例是通过 GET()方法向服务器传递数据，下面再尝试如何通过 POST()方法向服务器传递数据。

首先，在服务器中新建一个 ASP 文件(hello1.asp)，在该文件中获取客户端传递的值，并返回响应，代码如下：

```
<%@Language="VBScript" CodePage="936"%>
<%
    name=Request.Form("name")
    Response.AddHeader "Content-Type","text/html;charset=GB2312"
    Response.Write "Hello:" & name
%>
```

依然以上面示例为例，上下两个示例的后台处理文件基本相同，不同点就是接收客户端数据的方法略有不同。

然后新建一个静态页面(XMLHttpRequest_5.html)，输入以下脚本代码。

```
<script>
    function startRequest() {
        var xmlhttp=new ActiveXObject("Microsoft.XMLHTTP");
        xmlhttp.open("POST", "hello1.asp", false);
        xmlhttp.setRequestHeader('Content-type','application/x-www-form-
        urlencoded');
        xmlhttp.send("name=zhuyinhong");
        alert(xmlhttp.responseText);
    }
</script>
<input name="" type="button" onclick="startRequest();" value="请求服务器" />
```

可以看到,该示例代码的基本结构与上面示例的代码结构没有太大变化。但是在 open()方法中设置为 POST 方法。最关键的是增加了 setRequestHeader()方法,该方法专门用来设置请求的消息头,这里必须定义请求消息的内容类型为 application/x-www-form-urlencoded,它表示传递的是表单值,一般使用 POST 发送表单值时都必须设置该选项。

然后在 send()方法中附加要传递的值,该值是一个或多个"名/值"对,多个"名/值"对之间使用"&"分隔符进行分隔。这样在服务器端 ASP 程序中就可以利用 Request.Form()方法捕获传递过来的值。

在"名/值"对中,"名"可以为表单域的名称(与表单域相对应),"值"可以是固定的值,也可以是一个变量。如果是变量,就可以把表单域内包含的值直接传递给变量,再由变量负责把数据传递给服务器端。这时还必须把 open()方法中的第 3 个参数设置为 false,即关闭异步通信功能。

(6) 跟踪 XMLHttpRequest 对象

由于 XMLHttpRequest 对象不通过刷新页面传递数据,很多时候用户是无法准确判断数据是否已经发送给服务器,或者服务器是否已经返回了数据。

为此,XMLHttpRequest 对象提供了很多属性和方法实时跟踪数据传输的状态,这样用户就可以很方便地使用脚本处理和控制 HTTP 的请求和响应。

当 XMLHttpRequest 对象把一个 HTTP 请求发送到服务器端时,要经历几个状态,这时可以调用 XMLHttpRequest 对象的 readyState 属性判断请求和响应的状态。

readyState 属性包括 5 个取值。借助 readyState 属性的这些取值,就可以判断请求和响应是否成功。

属性值如下。

0(未初始化):对象已建立,但是尚未初始化,即尚未调用 open()方法。

1(初始化):对象已建立,尚未调用 send()方法。

2(发送数据):send()方法已调用,但是当前的状态及 HTTP 头部信息未知。

3(数据传送中):服务器已接收部分数据,因为响应及 HTTP 头部信息不全,这时通过 responseBody 和 responseText 获取部分数据会出现错误。

4(完成):数据接收完毕,此时可以通过 responseBody 和 responseText 获取完整的响应数据。

如果 readyState 属性返回值为 4,则说明响应完毕,此时就可以放心地读取返回的数据了。但是在实际开发中,习惯上把处理响应的代码封装在一个函数内,然后借用 onreadystatechange 事件属性来触发该函数。onreadystatechange 属性表示当 readyState 属性改变时将调用指定函数。

另外，XMLHttpRequest 对象还提供了 status 属性，利用该属性可以更精确地跟踪 HTTP 请求和响应的状态及细节。由于 status 属性包含的值众多，感兴趣的读者可以进一步查看详细的参考手册。不过请记住，如果当 status 属性取值为 200 或 0 时，表示服务器响应完毕，常利用这个属性值来判断响应是否成功。

例如，在上面示例基础上再定义一个脚本函数。

```
function handleStateChange(){
    if(xmlHttp.readyState==4){
        if(xmlHttp.status==200 || xmlHttp.status==0){
            alert(xmlhttp.responseText);
        }
    }
}
```

不要忘记在脚本前面定义一个公共变量 xmlHttp，然后，修改 startRequest()函数。

```
var xmlhttp;
function startRequest() {
    xmlhttp=new ActiveXObject("Microsoft.XMLHTTP");
    xmlhttp.open("POST", "hello1.asp", false);
    xmlhttp.onreadystatechange=handleStateChange;
    xmlhttp.setRequestHeader('Content-type','application/x-www-form-urlencoded');
    xmlhttp.send("name=zhuyinhong");
}
```

可以看到，这里没有把读取响应数据的代码行放在 startRequest()函数的后面，而是单独放在一个函数中，然后通过 onreadystatechange 事件属性调用这个事件的句柄函数。onreadystatechange 属性应该位于 send()方法前面，否则不会响应。

**例 8-4** 编写程序，利用 XMLHttpRequest 对象读取 JSP 动态网页，输出实时时间。

下面代码实现中，Ajax.html 利用 XMLHttpRequest 对象 xmlHttp 读取 Ajax.jsp 网页，Ajax.jsp 是一个不断输出刷新时间的程序。

Ajax.html 程序如下：

```
<html>
    <head>
        <title>Ajax 程序</title>
    </head>
    <body>
        <script language="javascript">
          function ajaxFunction(){
            //声明一个保存 XMLHttpRequest 对象的 xmlHttp 变量
            var xmlHttp;
            xmlHttp=new ActiveXObject("Microsoft.XMLHTTP");
            xmlHttp.onreadystatechange=function(){
              if(xmlHttp.readyState==4){
                //alert("获取结果为: "+xmlHttp.responseText);
                document.myform.time.value=xmlHttp.responseText;
              }
            }
```

```
            xmlHttp.open("GET","Ajax.jsp",true);
            xmlHttp.send(null);
          }
        </script>
          <form name="myform">
            <input type="button" value="click me" onclick="ajaxFunction();"/>
              时间: <input type="text" name="time" />
          </form>
    </body>
</html>
```

Ajax.jsp 程序如下：

```
<%@ page contentType="text/html;charset=utf-8" %>
<%@ page import="java.util.Date,java.text.SimpleDateFormat" %>
<%
  response.setContentType("text/html");
  response.setHeader("Pragma","No-cache");
  response.setHeader("Cache-Control","no-cache");
  response.setDateHeader("Expires", 0);
  Date d=new Date();
  SimpleDateFormat df=new SimpleDateFormat("yyyy-MM-dd hh:mm:ss");
  out.println(df.format(d));
%>
```

启动服务器，打开 Ajax.html 页面，结果如图 8-23 所示。

图 8-23 Ajax.html 运行结果

单击 click me 按钮后，结果如图 8-24 所示。

图 8-24 时间框数据不断更新

不断单击 clicke me 按钮，在时间框里的数据会不断更新。

如果希望时间自动刷新，可以在 ajaxFunction ( ) 方法中增加一条 setInterval ('ajaxFunction()',1000)语句，见下面改进后的 ajaxFunction()方法。

```
function ajaxFunction(){
    //声明一个保存 XMLHttpRequest 对象的 xmlHttp 变量
    var xmlHttp;
```

```
        xmlHttp=createXMLHttpRequest();
        //设置定时器,时间每秒钟自动更新
        setInterval('ajaxFunction()',1000);
        //打开与服务器的连接
        xmlHttp.open("GET","Ajax.jsp",true);
        //发送请求
        xmlHttp.send(null);
        //给异步对象的 onreadystatechange 事件注册监听器
        xmlHttp.onreadystatechange=function(){
            if(xmlHttp.readyState==4){
                //alert("获取结果为: "+xmlHttp.responseText);
                document.myform.time.value=xmlHttp.responseText;
            }
        }
    }
```

**注意**　Ajax.jsp 程序中的几段语句：

```
response.setHeader("Pragma","No-cache");
response.setHeader("Cache-Control","no-cache");
response.setDateHeader("Expires", 0);
```

是必不可少的,否则,单击 clicke me 按钮,时间框里的数据不会更新。

以上 3 行代码的作用是禁用浏览器缓存,这 3 行代码可以用以下代码替代。

```
<head>
    <meta http-equiv=Pragma content=no-cache>
    <meta http-equiv=Cache-Control content=no-cache>
    <meta http-equiv=Expires content=0>
</head>
```

**6. 问题与思考**

(1) 编写程序,利用 XMLHttpRequest 对象读 JSP 动态网页,输出实时网页访问量。

**提示**　服务器启动后就产生 application 对象,当客户在所访问的网站的各个页面之间浏览时,这个 application 对象都是同一个,直到服务器关闭。所以可以利用 JSP 的 application 对象实现网页计数器功能,参考程序如下:

```
<%@ page contentType="text/html;charset=GB2312" %>
<html>
  <head>
    <title>  Java 计数器程序  </title>
  </head>
  <body>
    <%
      if(application.getAttribute("count")==null){
        application.setAttribute("count",new Integer(0));
      }
      Integer count=(Integer)application.getAttribute("count");
      application.setAttribute("count",new Integer(count.intValue()+1));
```

```
      count=(Integer)application.getAttribute("count");
    %>
    <center>这是第<%=count.intValue()%>个访问者!</center>
  </body>
</html>
```

(2) 编写 Ajax 程序，利用 XMLHttpRequest 的 responseXML 属性解析下面的 xml 文件。

```
<?xml version="1.0" encoding="UTF-8"?>
<students>
  <student code="856101">
    <name>张兰</name>
    <password>490722</password>
    <gender>"female"</gender>
  </student>
  <student code="856102">
    <name>刘军</name>
    <password>232391</password>
    <gender>"male"</gender>
  </student>
</students>
```

**提示** 如果要读 name 标签的内容，可以用 xmlObj.responseXML.getElementsByTagName('name')[0].firstChild.data 语句实现，其中 xmlObj 是一个 XMLHttpRequest 对象。

(3) data.xml 文件内容如下：

```
<?xml version="1.0" encoding="UTF-8"?>
<author>
  <name>Mr.Wang</name>
</author>
```

用 Ajax 技术编写 Ajax.html，解析该文件，实现如图 8-25 所示的运行效果。

图 8-25 Ajax.html 运行效果

单击弹出新页面中的 See Author 链接，程序将从 data.xml 文件中解析出作者并显示，如图 8-26 所示。

从页面提交到显示从服务器获得的结果，这段过程没有发现页面重新刷新。

**提示** Ajax.html 代码如下：

```
<html>
  <head>
```

图 8-26 单击 See Author 链接的效果

```
    <meta http-equiv="Content-Type" content="text/html; charset=ISO-8859-1">
    <title>A simple AJAX example</title>
    <script type="text/javascript"><!--
      function findAuthor(file){
         var xmlObj=null;
         if(window.XMLHttpRequest){
             xmlObj=new XMLHttpRequest();
        } else if(window.ActiveXObject){
              xmlObj=new ActiveXObject("Microsoft.XMLHTTP");
        } else {
           return;
        }
        xmlObj.onreadystatechange=function(){
           if(xmlObj.readyState==4){
             updateObj('author',
            xmlObj.responseXML.getElementsByTagName('name')[0].firstChild.data);
           }
        }
        xmlObj.open('GET', file, true);
        xmlObj.send('');
    }
    function updateObj(obj, data){
      var textNode=document.createTextNode(data);
      document.getElementById(obj).appendChild(textNode);
    }
    //--></script>
  </head>
  <body>
    <h1>A simple AJAX program</h1>
    <p id="obj">This page is powered by <a id='link' href="data.xml"
      title="View the author."
      onclick="findAuthor('data.xml'); this.style.display='none'; return false">See
      Author.</a><span id="author" style="color: olive; font-weight: bolder">
        </span>
    </p>
  </body>
</html>
```

(4) 编写程序,实现无刷新 Url 提交页面发布。

**提示**

① 根据浏览器类别创建 XMLHttpRequest 对象。

```
function xmlhttp() {
  var A=null
  try {
    A=new ActiveXObject("Msxml2.XMLHTTP");
  }
  catch(e) {
    try {
      A=new ActiveXObject("Microsoft.XMLHTTP");
    }
    catch(oc) {
      if(typeof XMLHttpRequest!="Undefined") {
        A=new XMLHttpRequest();
      }
    }
  }
  return A;
}
```

② 提交 Url 的代码

将参数传入即可获取结果。

```
function Ajax(url) {
  var XmlHttp=new xmlhttp();
  try {
    XmlHttp.open("POST",url,true);
      var result=SendUrl();
  }
  catch(e) {
    alert(e);
  }
}
function SendUrl() {
  XmlHttp.send();
  XmlHttp.onreadystatechange=function() {
   if(XmlHttp.readyState==4 && XmlHttp.status==200) {
     var result=XmlHttp.responseText;
     return result;
    }
  }
}
```

(5) 编写程序生成验证码。单击“看不清”链接按钮,实现不用刷新整个页面即可更换验证码。

参考程序如下:

```
<%@ page contentType="text/html; charset=UTF-8" language="java" %>
<!DOCTYPE HTML PUBLIC "-//W3C//DTD HTML 4.01 Transitional//EN">
<html>
  <head>
```

```
    <title>认证码输入页面</title>
    <meta http-equiv="Content-Type" content="text/html; charset=UTF-8">
    <meta http-equiv="Pragma" content="no-cache">
    <meta http-equiv="Cache-Control" content="no-cache">
    <meta http-equiv="Expires" content="0">
  </head>
  <body>
    <script language="javascript">
      function reImage(){
              //var xhr;//声明一个保存 XMLHttpRequest 对象的 xmlHttp 变量

        var xmlHttp;
        xmlHttp=new ActiveXObject("Microsoft.XMLHTTP");
        xmlHttp.onreadystatechange=function(){
          if(xmlHttp.readyState==4){
            var img=document.getElementById("imgwd");
            img.src="http://127.0.0.1:8080/webdemo/Servlet/Image";
            //alert("获取结果为: "+xmlHttp.responseText);
            //document.myform.time.value=xmlHttp.responseText;
          }
        }
        xmlHttp.open("GET","Ajax.jsp",true);
        xmlHttp.send(null);
      }
    </script>
    <form method=post action="check.jsp">
      <table>
        <tr>
          <td><img border=0 id=imgwd src="http://127.0.0.1:8080/webdemo/Servlet/
          Image"></td>
          <td><a href="javascript:reImage();">看不清</a></td>
        </tr>
      </table>
    </form>
  </body>
</html>
```

### 8.3.2 jQuery 的 Ajax 对象

8.3.2.wmv

**知识要点**

1. jQuery 的 Ajax 用法
2. 常用 Ajax 脚

$.post、$.get 是一些简单的方法，如果要处理复杂的逻辑，还是需要用到 jQuery.ajax()。jQuery 在异步提交方面封装得很好，直接用 Ajax 非常麻烦，jQuery 大大简化了操作，不用考虑浏览器的差异。

**1. 实例**

当单击 Web 前端表单中一个类型为 submit 的 input 按钮后，将利用 Ajax 从前端传递数据给后台 jsp,如果成功通过,对话框显示传递内容。

**2. 分析**

本实例由 getdata.html 读取 db.jsp 的内容。实践中 $.ajax 最重要的是参数的使用,其主要参数描述如下。

url:必选。规定把请求发送到哪个 URL。

data:可选。映射或字符串值,规定连同请求发送到服务器的数据。

success(data,textStatus,jqXHR)可选。请求成功时执行的回调函数。

datatype:可选。规定预期的服务器响应的数据类型,默认执行智能判断(xml、json、script 或 html)。

**注意**

(1) data 主要有三种方式,分别为 html 拼接的 data。json 数组的 data 以及 form 表单经 serialize()序列化的 data。一般通过 dataType 指定。

(2) $.ajax 只以文本方式提交 form,如果异步提交包含<file>无法上传,需要使用 jquery.form.js 的 $.ajaxSubmit。

**3. 代码实现**

getdata.html 代码如下:

```
<html>
  <head>
    <title>Ajax demo</title>
  </head>
  <body>
    <script src="js/jquery-3.3.1.min.js" type="text/javascript" charset=
      "utf-8"></script>
    <script type="text/javascript">
      $(function(){
        $("#submit-button").click(function(){
          $.ajax({
            type: "GET",
            url: "/web/db.jsp",
            data:{
              qq:$("#qq").val(),
              phone:$("#phone").val()
            },
            //dataType:"json",
            success: function(obj){
              alert(obj);
            }
          });
        });
      });
    </script>
    <div id="submit-information">
      <input type="text" id="qq" value="">
```

```
27.         <input type="text" id="phone" value="">
28.         <input id="submit-button" type="submit" value="submit">
29.       </div>
30.     </body>
31.  </html>
```

db.jsp 代码如下：

```
1.  <%
2.    request.setCharacterEncoding("utf-8");
3.    String qqNum=request.getParameter("qq");
4.    String phoneNum=request.getParameter("phone");
5.    out.println("qq:"+qqNum);
6.    out.println("phone:"+phoneNum);
7.  %>
```

(1) 表单设计

源代码 getdata.html 的第 26～28 行，取 id 分别是 qq、phone 的 input 标签负责接收用户输入参数值。

(2) $.ajax 参数配置

源代码 getdata.html 的第 10～21 行，取 id 分别是 qq、phone 的参数值，以 GET 方式提交到 db.jsp。

(3) 获取服务器端 db.jsp 的内容

在 db.jsp 源代码的第 1～7 行中，db.jsp 读取参数后，再用 out 对象返回 ajax。

**4. 测试与运行**

启动 Tomcat 服务，在地址栏输入 getdata.html 准备读 QQ 号和电话号码，如图 8-27 所示。

图 8-27 getdata 要求输入 QQ 号和电话号码

提交后把 QQ 号和电话号码传到 db.jsp，再返回通过对话框显示出来，如图 8-28 所示，说明 db.jsp 接收到了数据，并传回浏览器。

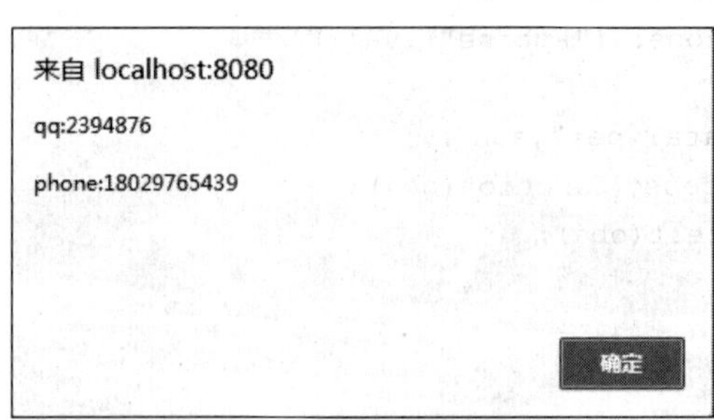


图 8-28 对话框显示返回的值

### 5. 技术分析

jQuery 为 Ajax 带来方便，语法格式如下：

```
jQuery.ajax(url,[settings])
```

通过 HTTP 请求加载远程数据。

$.ajax()返回其创建的 XMLHttpRequest 对象。除非需要操作不常用的选项，否则大多数情况下无须直接操作该函数，以获得更多的灵活性。

最简单的情况下，$.ajax()可以不带任何参数直接使用。

**注意** *所有的选项都可以通过 $.ajaxSetup()函数进行全局设置。*

(1) 回调函数

如果要处理 $.ajax()得到的数据，则需要使用 beforeSend、error、dataFilter、success、complete 回调函数。

- beforeSend 在发送请求之前调用，并且传入一个 XMLHttpRequest 作为参数。
- error 在请求出错时调用。传入 XMLHttpRequest 对象，描述错误类型的字符串以及一个异常对象(如果有)。
- dataFilter 在请求成功之后调用。传入返回的数据以及"dataType"参数的值，并且将必须返回新的数据(可能是处理过的)传递给 success 回调函数。
- success 当请求之后调用。传入返回后的数据，以及包含成功代码的字符串。
- complete 当请求完成之后调用，无论成功或失败。传入 XMLHttpRequest 对象，以及一个包含成功或错误代码的字符串。

(2) 数据类型

$.ajax()函数依赖服务器提供的信息处理返回的数据。如果服务器报告返回的数据是 XML，那么返回的结果就用普通的 XML 方法或者 jQuery 的选择器遍历；如果得到其他类型，比如 HTML，则数据以文本形式对待。

通过 dataType 选项还可以指定其他不同数据处理方式。除了单纯的 xml，还可以指定 html、json、jsonp、script 或者 text。其中，text 和 xml 类型返回的数据不会经过处理。只是简单地将 XMLHttpRequest 的 responseText 或 responseHTML 属性传递给 success 回调函数。

**注意** *必须确保网页服务器报告的 MIME 类型与选择的 dataType 匹配。比如，如果是 xml 类型，服务器端就必须声明 text/xml 或者 application/xml 来获得一致的结果。*

如果指定为 html 类型，任何内嵌的 JavaScript 都会在 HTML 作为一个字符串返回之前执行。类似地，指定 script 类型也会先执行服务器端生成的 JavaScript，然后再把脚本作为一个文本数据返回。

如果指定为 json 类型，则会把获取到的数据作为一个 JavaScript 对象进行解析，并且把构建好的对象作为结果返回。为了实现这个目的，它首先尝试使用 JSON.parse()，如果浏览器不支持，则使用一个函数来构建。JSON 数据是一种可以方便地通过 JavaScript 解析的结构化数据。如果获取的数据文件存放在远程服务器上(域名不同，也就是跨域获取数据)，则需要使用 jsonp 类型。使用这种类型会创建一个查询字符串参数 callback=?，这个参数会加在请求的 URL 后面。服务器端应当在 JSON 数据前加上回调函数名，以便完成一个有效的 JSONP 请求。如果要指定回调函数的参数名来取代默认的 callback，可以设置 $.ajax()的

jsonp 参数。

**注意** JSONP 是 JSON 格式的扩展。它要求一些服务器端的代码检测并处理查询字符串参数。

如果指定了 script 或者 jsonp 类型，那么当从服务器接收到数据时，实际上是用了 <script>标签而不是 XMLHttpRequest 对象。这种情况下，$.ajax()不再返回一个 XMLHttpRequest 对象，并且也不会传递事件处理函数，比如 beforeSend。

(3) 发送数据到服务器

默认情况下，Ajax 请求使用 GET 方法。如果要使用 POST 方法，可以设定 type 参数值。这个选项也会影响 data 选项中的内容如何发送到服务器。

data 选项既可以包含一个查询字符串，比如 key1=value1&key2=value2，也可以是一个映射，比如 {key1: 'value1', key2: 'value2'}。如果是一个映射，则数据会被转换成查询字符串。这个处理过程也可以通过设置 processData 选项为 false 回避。如果希望发送一个 XML 对象给服务器时，这种处理并不合适，并且在这种情况下，也应当改变 contentType 选项的值，用其他合适的 MIME 类型取代默认的 application/x-www-form-urlencoded。

(4) 高级选项

global 选项用于阻止响应注册的回调函数，比如 ajaxSend，或者 ajaxError，以及类似的方法。这在有些时候很有用，比如发送的请求非常频繁且简短时，就可以在 ajaxSend 里禁用。

如果服务器需要 HTTP 认证，可以使用用户名和密码通过 username 和 password 选项进行设置。

Ajax 请求是限时的，所以错误警告被捕获并处理后，可以用来提升用户体验。请求超时这个参数通常保留其默认值，也可以通过 jQuery.ajaxSetup 进行全局设定，很少为特定的请求重新设置 timeout 选项。

默认情况下，请求总会被发出去，但浏览器有可能从它的缓存中调取数据。要禁止使用缓存的结果，可以设置 cache 参数为 false。如果希望判断数据自从上次请求后没有更改过就报告出错，可以设置 ifModified 为 true。

scriptCharset 允许给 <script>标签的请求设定一个特定的字符集，用于 script 或者 jsonp 类似的数据。当脚本和页面字符集不同时，非常好用。

Ajax 的第一个字母是 asynchronous 的开头字母，这意味着所有的操作都是并行的，完成的顺序没有前后关系。$.ajax()的 async 参数总是设置成 true，这标志着在请求开始后，其他代码依然能够执行。不建议把这个选项设置成 false，否则意味着所有的请求都不再是异步的，这也会导致浏览器被锁死。

$.ajax 函数返回它创建的 XMLHttpRequest 对象。通常 jQuery 只在内部处理并创建这个对象，但用户也可以通过 xhr 选项传递一个自己创建的 xhr 对象。返回的对象通常已经被丢弃，但依然提供一个底层接口来观察和操控请求。比如，调用对象上的 abort()可以在请求完成前挂起请求。

(5) 常用 Ajax 脚本

```
//保存数据到服务器，成功时显示信息
$.ajax({
    type: "POST",
    url: "some.php",
```

```
    data: "name=John&location=Boston",
    success: function(msg){
        alert("Data Saved: "+msg);
    }
});
//加载 feeds.html 文件内容
$("#feeds").load("feeds.html");
//请求 test.php 网页,传送两个参数,忽略返回值
$.get("test.php", {name: "John", time: "2pm"});
//从 Flickr JSONP API 载入 4 张最新的关于猫的图片
$. getJSON ( " http://api. flickr. com/services/feeds/photos _ public. gne? tags =
cat&tagmode=any&format=json&jsoncallback=?", function(data){
    $.each(data.items, function(i,item){
        $("<img/>").attr("src", item.media.m).appendTo("#images");
        if(i==3) return false;
    });
});
//加载并执行 test.js ,成功后显示信息
$.getScript("test.js", function(){
    alert("Script loaded and executed.");
});
//向页面 test.php 发送数据,并输出结果(HTML 或 XML,取决于所返回的内容)
$.post("test.php", {name: "John", time: "2pm"},function(data){
    alert("Data Loaded: "+data);
});
//Ajax 请求完成时执行函数
$("#msg").ajaxComplete(function(event,request, settings){
    $(this).append("<li>请求完成.</li>");
});
//Ajax 请求失败时显示信息
$("#msg").ajaxError(function(event,request, settings){
    $(this).append("<li>出错页面:"+settings.url+"</li>");
});
//Ajax 请求发送前显示信息
$("#msg").ajaxSend(function(evt, request, settings){
    $(this).append("<li>开始请求: "+settings.url+"</li>");
});
//Ajax 请求开始时显示信息
$("#loading").ajaxStart(function(){
    $(this).show();
});
//Ajax 请求结束后隐藏信息
$("#loading").ajaxStop(function(){
    $(this).hide();
});
//当 Ajax 请求成功后显示消息
$("#msg").ajaxSuccess(function(evt, request, settings){
    $(this).append("<li>请求成功!</li>");
});
//请求前过滤
```

```
$.ajaxPrefilter(function(options, originalOptions, jqXHR){
    //Modify options, control originalOptions, store jqXHR, etc
});
//设置全局 Ajax 默认选项,设置 Ajax 请求默认地址为 "/xmlhttp/",禁止触发全局 Ajax 事件,用
//POST 代替默认 GET 方法。其后的 Ajax 请求不再设置任何选项参数
$.ajaxSetup({
    url: "/xmlhttp/",
    global: false,
    type: "POST"
});
$.ajax({data: myData});
```

**6. 问题与思考**

用 $.ajax 实现例 8-4 的功能,即单击“提交”按钮时读取时间并显示出来。

**提示** 浏览器端的 $.ajax 主要参数配置如下:

```
$("#testAjax").click(function(){
    $.ajax({
        type: "GET",
        url: "/web/Ajax.jsp",
        //data: "name=garfield&age=18",
        //dataType:"json",
        success: function(data){
            document.myform.time.value=data;
            //alert(data);
            //$("document myform time").val(data.value);
        }
    });
});
```

# 参 考 文 献


[1] 王斐，祝开艳.Java Web 开发基础——从 Servlet 到 JSP[M].2 版.北京：清华大学出版社，2019.

[2] 汪诚波.Java Web 开发技术与实践[M].北京：清华大学出版社，2019.

[3] 郭克华.Java Web 程序设计[M].北京：清华大学出版社，2018.

[4] 张洪伟.Tomcat Web 开发及整合应用[M].北京：清华大学出版社，2006.

[5] 赛奎春.JSP 工程应用与项目实践[M].北京：机械工业出版社，2005.

[6] 孙卫琴，李洪成.Tomcat 与 Java Web 开发技术详解[M].北京：电子工业出版社，2004.

[7] 佚名.JSP 中的 EL 表达式详细介绍[EB/OL].http://blog.csdn.net/zdwzzu2006/article/details/4672383，2009-10-14.

[8] 佚名.JSP EL 学习笔记[EB/OL].http://www.java3z.com/cwbwebhome/article/article8/8124.html?id=2453，2010-03-03.

[9] 佚名.如何让 JSP 支持 EL[EB/OL].http://blog.csdn.net/symgdwyh/article/details/4315363，2009-07-02.

[10] 佚名.JSP 中的 EL 表达式[EB/OL].http://www.2cto.com/kf/201407/318605.html，2014-07-20.

[11] 佚名.一个小时学会 jQuery[EB/OL].https://www.cnblogs.com/best/p/5748515.html，2017-03-17.

[12] 季诗筱.ajax 实现 JavaScript 与 JSP 数据的传递[EO/OL].https://blog.csdn.net/xiaozhuxmen/article/details/50740516，2016-02-25.

[13] 北方的刀郎.JavaScript String（字符串）对象实例[EO/OL].https://blog.csdn.net/forest_fire/article/details/50944360，2016-03-21.